JN107146

計測のための
フィルタ回路設計

各種フィルタの実践からロックイン・アンプまで

遠坂俊昭 著

CQ出版社

はじめに

本書は「**計測のためのアナログ回路設計**」の後編です.

前書では，センサに生じた微小信号の*S/N*を劣化させず扱いやすい電圧にまで増幅する技術を主眼に説明しました．本書ではそれら増幅された信号から不要な雑音成分を除去し，必要な信号のみを抽出するフィルタリングが主題です.

フィルタと一口に言ってもその種類と技術は膨大で，抵抗とコンデンサ1本ずつの*CR*フィルタから分析周波数が数十GHzにまで及ぶスペクトル・アナライザまでさまざまです.

本書では低周波信号処理に必要な*CR*フィルタ，アクティブ・フィルタ，*LC*フィルタそして低周波のフィルタでは極限の*Q*が実現できるロックイン・アンプまでを設計法と共に実験データとシミュレーション・データを多用して解説しました.

一般にフィルタに関する本は理論から解説してあり，実際の設計に必要な事項までたどり着くのに骨が折れます．本書はCQ出版の本らしく，実際の設計に必要な事項に重点をおき説明してあります．したがって実際の設計に直ちに役立つことは受け合いですが，逆にフィルタの基礎理論から学びたい方には若干物足りない面があると思います．したがって,巻末に記載した文献などでさらにフィルタの知識を深めていただくようお願いします.

ロックイン・アンプにはPLL(Phase Locked Loop)についての知識が必須ですが，PLLに使用するフィルタ定数の算出法についてやさしく解説した本があまり見あたりません.

本書ではこの**PLLに使用するフィルタの算出法**についても設計法と実験データ，シミュレーション・データを多用してやさしく説明したつもりですので，「PLLはいまひとつ?」と困っている方はぜひ読んでください.

また，**ロックイン・アンプの使い方**がよくわからないと悩んでいる物理・化学系の方にも本書をお奨めします．計測器を完全に使いこなすには計測器の原理をよく理解することが大切です．また各種実験を行う場合，たんにメーカ製の計測器を購入して接続するだけではなく，ちょっとした治具を製作することで実験の確度や速度が飛躍的に改良できることがあります.

このようなときいちいちメーカに特注で製作してもらっていたら時間もかかり得策ではありません．ぜひ本書を読んでプリアンプやフィルタの自作，外来雑音除去の技術を習得しオリジナリティの高い実験に挑戦してください.

前書「計測のためのアナログ回路設計」と本書は，CQ出版社 取締役で電子回路技術研究会の主宰者である蒲生良治氏から勧められて書き始めたものです．休日を利用し，シミュレータのためパソコンのキーを叩き，はんだごてを握りながらの作業のため，半年の予定が5年も費やしてしまいました．

辛抱強く，遅い原稿を待ってくれた蒲生良治氏と筆者の師である㈱エヌエフ回路設計ブロック 常務取締役の荒木邦彌氏，それにいろいろ助言してくれた電子回路技術研究会の同志に厚くお礼申し上げます．

またこの間の怠慢を詫びるとともに手作り餃子の上手な妻，宏子に感謝します．

1998年夏　著者

目　次

● もっともよく使うアナログ・フィルタ
第3章 アクティブ・フィルタの設計

〈表紙カバー・デザイン〉アイドマ・スタジオ〈本文イラスト〉横溝真理子

第1章
キーワードを理解してからスタートしよう
フィルタのあらまし

1.1 フィルタの特性と種類

● フィルタのいろいろ…本書では周波数領域のフィルタを扱う

フィルタ(filter)は電気の分野以外でもたくさん使われています．身近にはコーヒを抽出するペーパ・フィルタ，紫外線をカットするUVフィルタなどさまざまです．要は不都合な成分を取り除いて，必要なものだけを選り分けるのがフィルタです．

電気の分野でも周波数領域のフィルタだけではなく，信号の到達時間により選別するフィルタや必要な時間のときだけゲートを開く時間領域のフィルタもあります．

本書では主に周波数領域のフィルタで，1 MHz以下の低周波アナログ・フィルタについて紹介します．

センサには温度・振動・光・距離など物理量を検出するさまざまな種類があります．しかしセンサからの信号には欲しい情報だけではなく，不要な雑音が混入している場合が多いのです．しかもセンサからの信号があまりにも小さいと，センサからの信号を伝送する途中で雑音が混入して，**写真1-1**のように信号と雑音が判別できない，雑音によって信号の値が標動してしまう，信号の確度が低下するなどの症状に悩まされます．こんなときまず登場するのが周波数領域のフィルタです．

信号の周波数成分は大事に残して，不要な雑音成分のみを除去すれば，精度の高い信号処理が可能になります．

フィルタには**図1-1**に示すように，どの周波数成分を選り分けるかによって主に四つの種類があります．

〈写真 1-1〉
センサからの信号の一例
(雑音がまざっている)

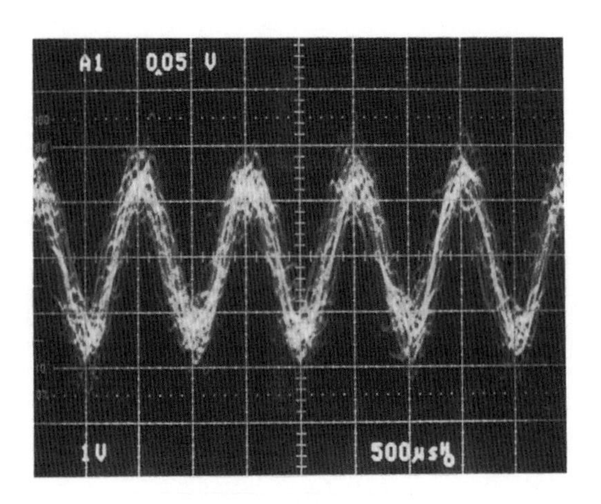

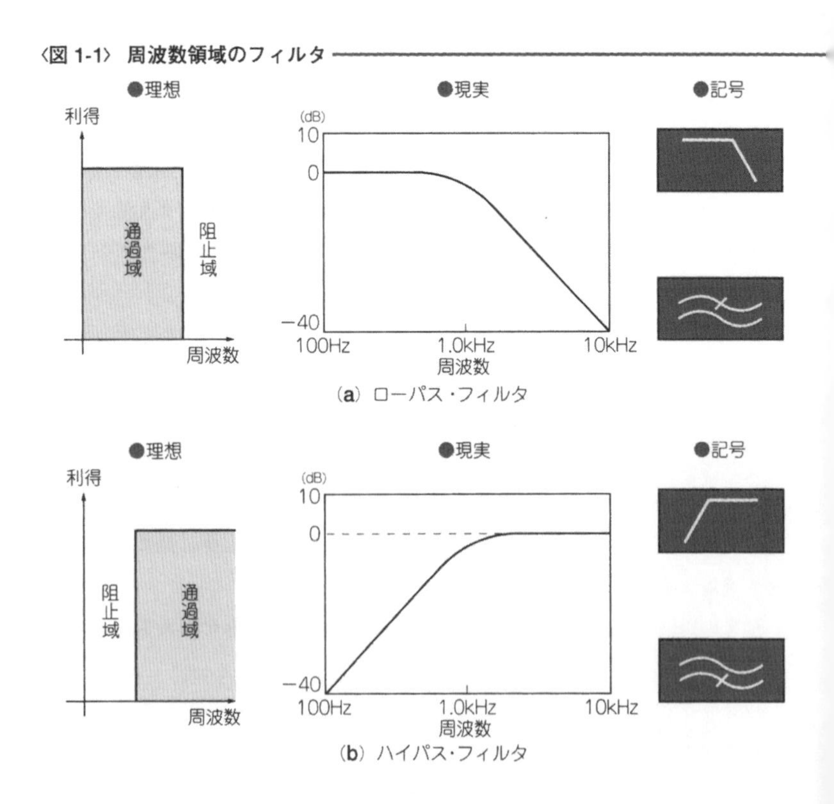

〈図 1-1〉 周波数領域のフィルタ

① ローパス・フィルタ(LPF と略す)…しゃ断周波数以下の成分を通過させる.
② ハイパス・フィルタ(HPF と略す)…しゃ断周波数以上の成分を通過させる.
③ バンドパス・フィルタ(BPF と略す)…特定の周波数成分(帯域)を通過させる.
④ バンドエリミネート・フィルタ(BEF と略す)…特定の周波数成分(帯域)のみ除去する.

フィルタでは通過させる帯域と減衰させる帯域との境目のことを**しゃ断周波数**…**カットオフ周波数**と呼んでいます.

● 雑音とフィルタの帯域幅

フィルタの役割は「不要な周波数の雑音を除去し目的の信号を選択すること」ですが,雑音とひとくちにいってもさまざまです.

検出したい信号と除去したい雑音の周波数成分とレベルが明確な場合は,自ずから最適なフィルタの特性が決定でき,その効果も定量的に表すことができます.

しかし雑音の種類は,使用環境によってさまざまです.除去対象の雑音が明確でない場

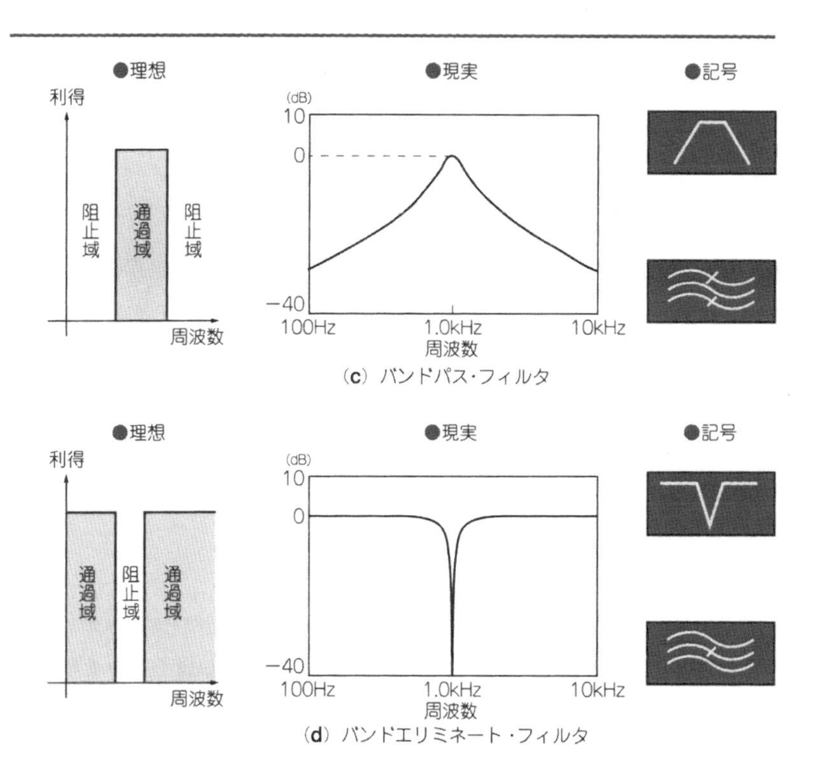

(c) バンドパス・フィルタ

(d) バンドエリミネート・フィルタ

合は，「どのような特性のフィルタがどれだけ効果がある」と定量的に評価することは難しくなります．

このようなとき汎用な雑音対象として使用されるのが**白色雑音**…**ホワイト・ノイズ**と呼ばれるものです．

ホワイト・ノイズはすべての周波数を均一に含んでいる雑音で(白はすべての色を均一に含んでいることからこう呼ばれる)，抵抗から発生する熱雑音やダイオードから発生する雑音，OPアンプの中域周波数で発生する雑音もみなホワイト・ノイズです．

たとえば抵抗から発生する原理的な**熱雑音**は，導体内部の自由電子が不規則運動(ブラウン運動)することから発生し，その振幅は次の式で表されます．

$$V_n = \sqrt{4kTRB} \quad (\mathrm{V_{rms}})$$

k：ボルツマン定数 (1.38 × 10^{-23}J/K)

T：絶対温度 (K)

R：抵抗値 (Ω)

B：周波数帯域幅　(Hz)

このように，抵抗から発生する熱雑音は，絶対温度・抵抗値・周波数帯域の平方根に比例することになりますが，ここでフィルタにとって重要なのは，「周波数スペクトルが均一な雑音の振幅は周波数帯域の平方根に比例する」ということです．

● ホワイト・ノイズに対するフィルタの効果

たとえば周波数帯域1MHzの増幅器から1 $\mathrm{V_{rms}}$ のホワイト・ノイズが発生していたと考え，そこに10kHzのローパス・フィルタ(LPF)を挿入してみましょう．すると出力雑音は，

$$1\,\mathrm{V_{rms}} \times \sqrt{\frac{10\,\mathrm{kHz}}{1\,\mathrm{MHz}}} = 0.1\,\mathrm{V_{rms}}$$

100HzのLPFを挿入すると，

$$1\,\mathrm{V_{rms}} \times \sqrt{\frac{100\,\mathrm{Hz}}{1\,\mathrm{MHz}}} = 0.01\,\mathrm{V_{rms}}$$

に減少することになります．

バンドパス・フィルタ(BPF)についても同様に考えることができます．バンドパス・フィルタの詳細特性は**図1-2**のようになっています．BPFは帯域幅が狭いほど…つまりはQが大きいほど雑音の除去効果が大きくなります．

これに対してハイパス・フィルタ(HPF)の場合は，たとえば100HzのHPFを挿入する

〈図 1-2〉
バンドパス・フィルタには Q がある

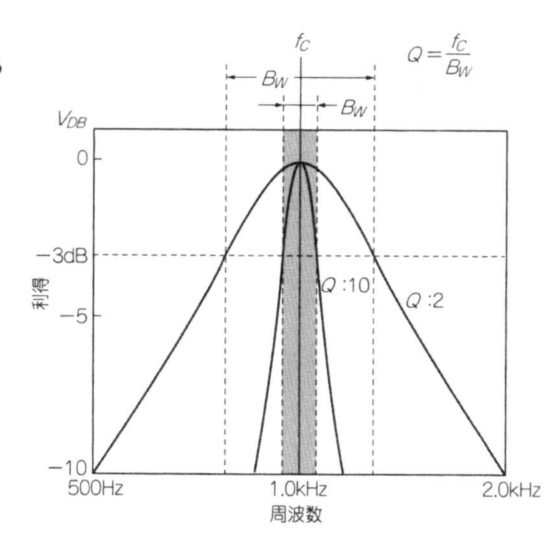

と，

$$1\,\mathrm{V_{rms}} \times \sqrt{\frac{999.9\,\mathrm{kHz}}{1\,\mathrm{MHz}}} = 0.99995\,\mathrm{V_{rms}}$$

10 kHz の HPF を挿入すると，

$$1\,\mathrm{V_{rms}} \times \sqrt{\frac{990\,\mathrm{kHz}}{1\,\mathrm{MHz}}} \fallingdotseq 0.995\,\mathrm{V_{rms}}$$

とほとんど出力雑音が減少することがありません．低域では高域にくらべて周波数帯域幅が狭いため，ホワイト・ノイズの場合には低域をしゃ断しても全体の雑音出力を低減することができないこと表しています．

では HPF は役に立たないかというとそんなことはなく，直流ドリフトをしゃ断したり，特定の低域雑音(電源からの誘導雑音…**ハム**)などの低減には効果を発揮します．

いろいろあるフィルタのうち，信号計測などにもっとも多く使われているのはローパス・フィルタです．センサ信号などを増幅する**プリアンプ**の初段には，雑音除去の目的で必ずと言ってよいほど，LPF が実装されています．

理由は，雑音密度が同じならば周波数が高くなるほど全体の雑音電圧に与える影響が大きくなるため，不要な高域雑音を除去することにより全体の雑音電圧が効果的に減少するからです．

〈図 1-3〉 A-D 変換で生ずるエリアシング誤差

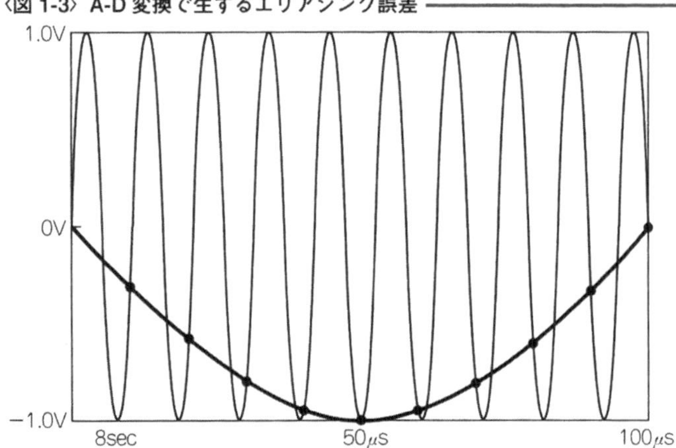

(**a**) エリアシングを時間領域で表現すると…… 95kHzの信号を100kHzでサンプルすると5kHzのエリアシング誤差波形が発生する

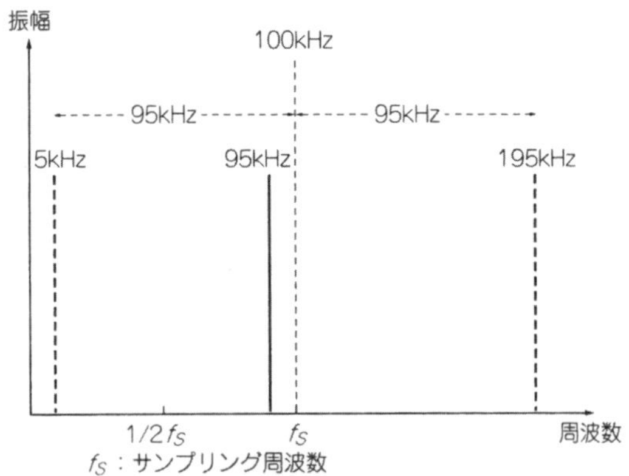

(**b**) エリアシングを周波数領域で表現すると……サンプリング周波数の両端に信号周波数だけ離れたスペクトルが発生する

● エリアシングを防ぐにはローパス・フィルタ

アナログ信号処理に**A-D コンバータ**は必須のものになってきましたが，アナログ信号を A-D コンバータで量子化…ディジタル化するとき，信号の中にサンプリング周波数の半分以上の周波数成分が含まれていると，**図 1-3** に示すようにまったく別な周波数成分が発生して量子化誤差が発生します．これを**エリアシング効果**と呼んでいますが，これを防

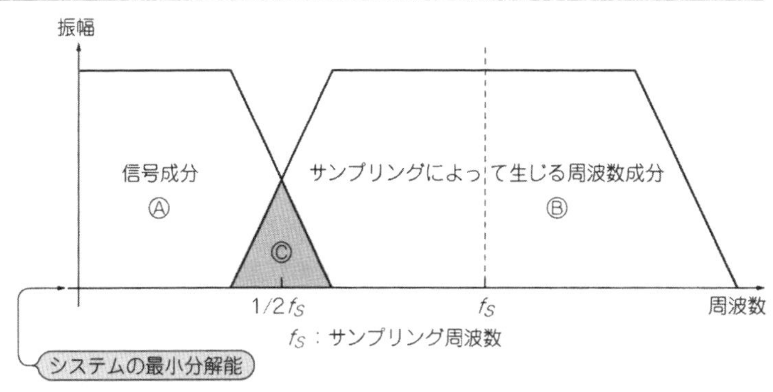

(**c**) 1/2サンプリング周波数以上の信号成分があるとエリアシング誤差が発生する……Ⓐの領域とⒷの領域が交わるⒸの領域がエリアシング誤差

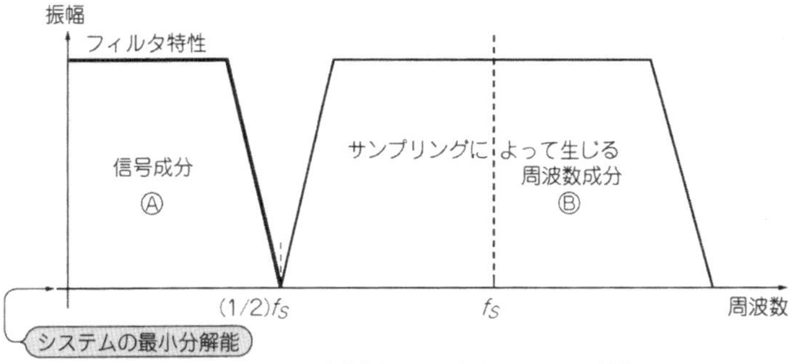

(**d**) エリアシングが発生しないためのフィルタ特性

ぐのが**アンチエリアシング・フィルタ**で，LPF によって構成されます．

図 1-3 の(**a**)は，95 kHz の正弦波を 100 kHz の間隔でサンプリング(A-D 変換)したときのようすです．各サンプル点を結ぶと，100 μs で半周期の 5 kHz の正弦波になります．この 5 kHz の波形がエリアシング効果によって発生した周波数成分です．

このようすを周波数領域で表したのが**図**(**b**)です．95 kHz の信号を 100 kHz でサンプリングすると，サンプリング周波数を中心に信号周波数だけ離れた両端にスペクトラムが生じます．またサンプリング周波数の整数倍の周波数を中心とした両端にもスペクトラムが生じますが，この図では省略してあります．

図(**b**)のメカニズムで，**図**(**c**)のⒶの周波数成分を含んだ信号を，f_S の周波数でサンプリングするとⒷの周波数成分が発生し，ⒶとⒷの交わったⒸの部分にエリアシングが発生します．この部分の信号は入力したときの周波数とまったく異なった周波数となってしまうので，誤差となります．

エリアシング誤差を防止するには，**図(d)**に示すように入力信号成分がサンプリング周波数の半分の周波数(**ナイキスト周波数**と呼ぶ)以上でシステムの最小分解能以下になるように，LPFを挿入することです．このLPFがアンチエリアシング・フィルタです．

たとえば12ビットのA-Dコンバータで100 kHzのサンプリングを行うには，50 kHzで減衰量が1/4096=－72 dB確保できるLPFを使用する必要があります．

当然ですが，信号に50 kHz以上の成分が含まれていないことが明白な場合はLPFの必要はありません．

最近では半導体技術の進歩にともない，A-Dコンバータのサンプルリング周波数が比較的簡単に高速化できるようになりました．同じ帯域の信号ならば，サンプリング周波数が高くなるほどフィルタの傾斜がゆるやかですみ，フィルタに対する負担が軽くなります．これは**オーバーサンプリング**と呼ばれています．

● ハイパス・フィルタ(HPF)の役割

オーディオ帯域は電話においては300 Hz～3 kHz，HiFiでは20 Hz～20 kHzですが，マイクなどで不要な振動が電気信号に変換され混入すると音声が不明瞭になったり，音がひずんだりします．

このようなとき不要な低域をカットするのがハイパス・フィルタ(HPF)です．高級なオーディオ・アンプにはサブソニック・フィルタなどという名称でHPFがON/OFFできるようになっています．

HPFというと，一つのモジュールにたくさん素子の詰まった部品をイメージしやすいのですが，**図1-4**のように増幅器と増幅器の間をコンデンサやトランスで結合する場合も，立派なHPFの動作を行っています．

一般に交流成分を検出する場合，OPアンプなどが温度ドリフトによって直流オフセットが生じ，出力に直流が混入すると不具合が生じる場合があります．たとえばトランスを駆動する場合には，トランスが直流によって磁気飽和してしまいます．

またスピーカに直流が重畳するとボイス・コイルの位置がオフセットすることによりひずみが増加し，ひどい場合には発熱でボイス・コイルが切断してしまうといったことも発生します．

直流に重畳した交流信号を分析する場合や商用電源に重畳している高調波成分を分析す

〈図 1-4〉
結合コンデンサもハイパス・フィルタ

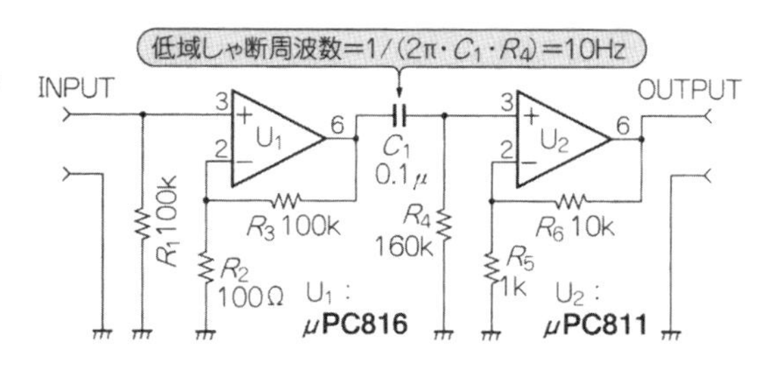

る場合にも，HPF は使用されます．これは直流や商用周波数成分が分析対象の信号よりも大きい場合が多いので，これを取り除いてから分析したほうが分解能を上げることができるからです．

● バンドパス・フィルタ(BPF)の役割

バンドパス・フィルタの身近なものにテレビやラジオの選局があります．現在では半導体素子が発達し，PLL 回路により簡単にワンタッチで選局ができますが，昔はバリコンを注意深く回しながら選局を行っていました．

これらの選局は BPF の中心周波数を，目的の信号の周波数に一致させる操作をしていることになります．

また信号処理分野では特定周波数成分のみを選択することで，多重化した信号の復調やら成分解析を実現しています．ここでは高精度な BPF が活躍しています．

BPF は検出する信号帯域が比較的狭く，目的の信号がさまざまな不要な信号に埋もれている場合に使用されます．

また，そのままの信号周波数で処理するベース・バンドの BPF のほかに，信号周波数を他の周波数に変換してフィルタする**ヘテロダイン・フィルタ**，直流に変換してフィルタする**ロックイン・アンプ**と呼ばれるものがあります．

BPF の中心周波数を可変するのは非常に大変で，複雑な回路構成になってしまいます．このためいろいろな周波数の信号をいったん一定周波数の信号に変換してから固定周波数の BPF に入力して雑音を除去するのがヘテロダイン・フィルタ(通信機器やスペクトル・アナライザ，ネットワーク・アナライザがこの手法を使用している)で，同期検波によって直流に変換してからローパス・フィルタで雑音を除去するのがロックイン・アンプです．

ロックイン・アンプについては第 9 章で詳しく説明します．

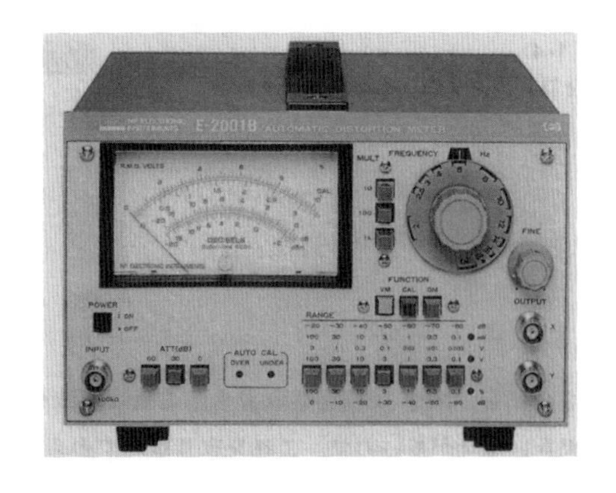

〈写真 1-2〉
ノッチ・フィルタを拡大応用したひずみ率計

● バンドエリミネート・フィルタ(BEF)の役割

バンドパス・フィルタとは逆に，不要な周波数成分だけを取り除くのがバンドエリミネート・フィルタ，別名**ノッチ・フィルタ**と呼ばれるものです．

微小信号を取り扱う場合，商用電源周波数(ハム)が電磁誘導で信号に混入しやすいのですが，ハム成分だけを取り除くためにノッチ・フィルタが使用されます．ハム成分は基本波だけではなく2倍，3倍の成分が多量に含まれている場合もあり，これらを取り除くときにはそれぞれの周波数のノッチ・フィルタを縦列接続します．

また通信のための受信機では，特定周波数の妨害電波を取り除く場合によく用いられます．このときノッチ周波数を微調整するためのツマミがパネル面に配置されています．

オーディオ周波数のひずみを計測するひずみ率計もノッチ・フィルタです．周波数ダイヤルでノッチ周波数を基本波に同調させ，基本波を取り除いた後，高調波成分の振幅を計測し，ひずみ率を算出しています(**写真 1-2**)．

● アナログ・フィルタとディジタル・フィルタ

最近の信号処理分野では，高度なフィルタをしかもプログラマブルに実現できるということで，Digital Signal Processer … **DSP** を使ったディジタル・フィルタも普及してきています(**写真 1-3**)．高い Q(シャープなフィルタ)と柔軟性・高機能などを求めるときはディジタル・フィルタが断然有利です．

しかしディジタル・フィルタの扱える周波数は，現状ではオーディオ帯域くらいまでです．周波数が高くなると，リアルタイム演算が追いつかないようです．ただし，この

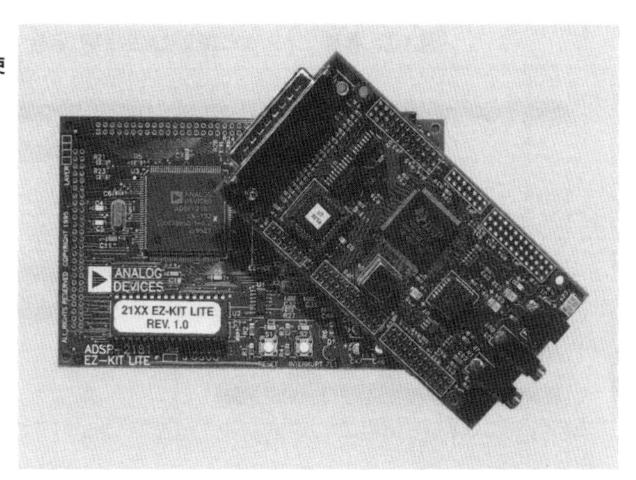

〈写真 1-3〉
身近になってきた DSP を使ったディジタル・フィルタ

問題は半導体技術の進歩によって確実に改善されるものです．GHz クロックの DSP の登場する日が楽しみです．

それでも本書で紹介するアナログ・フィルタの用途は，まだまだたくさん残されています．アナログ・フィルタは比較的少ない部品で安価に実現でき，開発・設計に必要な時間もごく僅かですから，電子技術者にとっては必須の技術です．

また，ディジタル・フィルタを使うときにもアナログ・フィルタは必要です．処理するための信号のほとんどはアナログです．信号をディジタル入力するためには量子化のための A-D コンバータが必要です．A-D コンバータには**図 1-3** で説明したように，アナログのアンチエリアシング・フィルタが欠かせません．

● 自作できるフィルタ

周波数領域のフィルタには，**図 1-5** に示すさまざまな種類があります．本書ではこれらの中から計測回路などによく使用されている

① *RC* フィルタ…簡易的にもっとも多く使われている
② アクティブ・フィルタ…増幅器…ほとんど OP アンプを使う．数百 kHz 以下であれば高度なフィルタが実現できる
③ *LC* フィルタ…高周波領域でいまだに多く利用されている
④ FDNR フィルタ…アクティブ・フィルタの一種．*L* を使わずに *LC* フィルタを模擬す

〈図1-5〉 **各種フィルタの適用周波数範囲**(横軸：周波数 Hz)

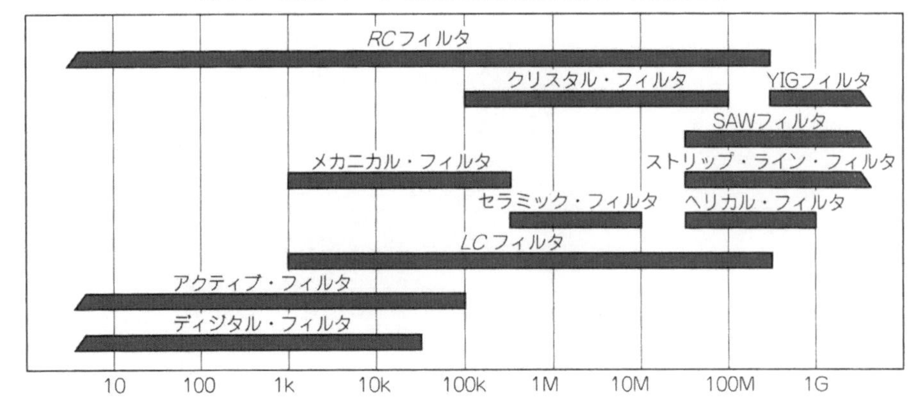

ることができる

の4種について，それらの特徴と設計法，使用するときの注意点などを具体的に紹介します．

これらのフィルタは構成部品がそれぞれ異なりますが，周波数特性の**肩特性**(**1.2**で説明するバタワースなど)とフィルタの次数で決定する減衰傾度はすべて共通した考え方となります．そして当然同じ周波数特性のフィルタならば，アクティブ・フィルタでも*LC*フィルタでも同じ時間応答特性になります．

● メーカの用意するフィルタ

周波数領域のフィルタには電子回路で実現するもののほかに，物性を利用したフィルタがあります．これらの製作は専門メーカ以外では難しく，ふつうはメーカから購入して使用することになります．

また特別に大量使用する場合を除き，これらのフィルタは任意周波数で注文することはほとんどできません．

▶ メカニカル・フィルタ

電話信号の多重システムや無線機の455 kHz中間周波フィルタとして大量に使用されていました．しかし，最近ではセラミック・フィルタやクリスタル・フィルタに押されて，使用されることが少なくなってきました．

アマチュア無線の世界では，音質が良いということでアメリカ・コリンズ社のメカニカル・フィルタが一部マニアの間でいまだもてはやされています．

▶ **セラミック・フィルタ**

AMラジオやFMチューナの中間周波フィルタとしてたくさん使用されています．群遅延特性に暴れが多く，音質に影響を与えるとして高級チューナには敬遠されていましたが，最近では群遅延特性を改善した製品も用意されています．

▶ **クリスタル・フィルタ**

無線機や計測器に使用されることの多いフィルタです．以前は10 MHz以下の周波数のものしかありませんでしたが，最近では100 MHz程度まで製作できるようです．特注の周波数でも応じてくれるようです．

▶ **表面弾性波(SAW)フィルタ**

圧電基板上にくし形電極を配置し，表面弾性波(Surface Acoustic Wave)を発生させ，くし形電極の間隔が1波長になるようにしたフィルタです．SAWの伝搬速度が遅いことから小型のフィルタが実現できます．

SAWフィルタは主にテレビの中間周波(58 MHz)フィルタやポケット・ベルのRFフィルタとして使用されていましたが，最近では携帯電話の中間周波フィルタにも使われています．

このフィルタに正帰還をかけて発振器としたものがSAW VCOで，水晶を使用したVCXOに比べて,数百ppm程度の広い周波数可変範囲が実現できます．

▶ **誘電体共振フィルタ**

誘電体セラミクスをドラム状に成形し，表面を導体として片端を開放した1/4 λ共振器で構成したフィルタです．UHF帯のバンドパス・フィルタとして優れた特性をもっています．

この誘電体共振器に正帰還をかけ発振器にしたものが誘電体電圧制御発振器(DRO)です．DROはストリップ・ラインを用いたVCOに比べて位相雑音が少なく，最近では携帯電話の基地局などに使用されています．

▶ **YIGフィルタ**

Yttrium，Iron，Garnetの合金で作られた球の振動を利用したフィルタで，この球の振動数は磁界により変化します．磁界の制御で2倍以上の共振周波数の変化幅が得られ，このフィルタに正帰還を施し，発振器としたのがYIG OSCです．高級なスペクトル・アナライザの局部発振器には，ほとんどこのYIG OSCが使用されています．

以上のフィルタは使用目的によって標準周波数が決まっていますが，セラミック・フィルタをはじめ，たくさん使用されているものは，素晴らしい特性のものが安価で入手できます．工夫してうまく使用すると大きな効果が得られます．

また VHF 帯以上の高周波で使用されるストリップ・ライン・フィルタなどは，部品がいらず，プリント板の精密加工だけで素晴らしい特性が得られます．

1.2　フィルタの周波数応答と時間応答特性

● フィルタ次数と減衰傾度

奥の深いフィルタですが，フィルタ設計に入る前に理解しておくべき特性がフィルタの周波数応答です．**図 1-6** に5次ローパス・フィルタ特性のダイジェストを示しておきますが，これらのフィルタには，周波数応答の形によって，

①バタワース特性

②ベッセル特性

③チェビシェフ特性

④連立チェビシェフ(エリプティック)特性

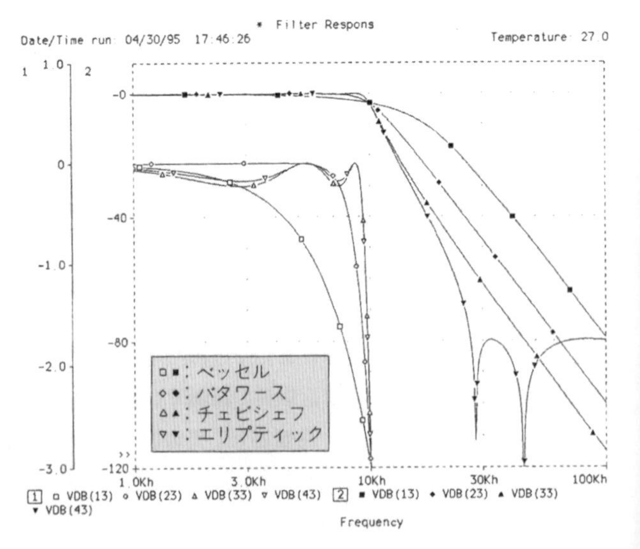

〈図 1-6〉
各種5次ローパス・フィルタの周波数特性

などを選択することができます．これらの周波数応答の形は，目的・用途によって使い分けることが必要です．

なお，この4種類の周波数応答特性はおもにしゃ断周波数付近における特性の違いですが，しゃ断周波数から離れた減衰域での減衰傾度は，フィルタの次数で決定されます．

フィルタの次数は除去したい雑音の周波数とレベルによって決定することになりますが，しゃ断周波数の近くに大きな雑音がある場合ほど，高次フィルタが必要になります．

図1-7はバタワース特性フィルタの各次数における減衰傾度を示したものです．

減衰傾度は次数に6 dB/oct (20 dB/dec)を掛けた値となります．

● 最大平坦…バタワース(Butterworth)特性

図1-6を見るとわかるように，通過域での平坦性が広い(最大平坦型特性とも呼ばれる)のがバタワース特性と呼ばれるもので，ローパス・フィルタなどではもっともよく使用されています．

バタワース特性は通過域で利得のリプルがなく，減衰域の傾斜がしゃ断周波数付近から(次数× 6 dB/oct)となるのが特徴です．

振幅-周波数特性ではピークのないバタワース特性ですが，位相を角周波数で微分した

〈図1-7〉 バタワース特性ローパス・フィルタ各次数の減衰傾度(しゃ断周波数1 kHz)

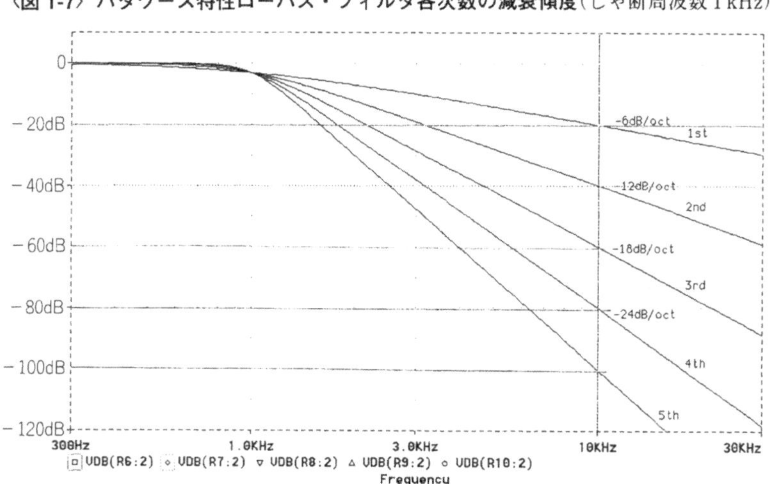

特性…**群遅延特性**という…にはリプルがあります．

各種応答のフィルタにおける群遅延特性を**図1-8**に示します．

ステップ応答特性を見ると群遅延特性によって**図1-9**に示すように，バタワース特性のフィルタではオーバシュートやリンギングが生じてしまいます．パルスなどを扱う回路に使用するときには注意が必要です．

● ステップ応答の整定が速いベッセル(Bessel)特性

図1-8に示したように，ベッセル特性のフィルタは群遅延特性にリプルがないのが特徴です．そのため，方形波に対するステップ応答にはオーバシュートやリンギングが生じません(**図1-9**)．同じ次数の他のフィルタに比べて，ステップ応答の最終値に達する時間がもっとも速くなります．

ただし，しゃ断(カットオフ)特性は甘く(**図1-6**)，とくにしゃ断周波数前後の所がかなりなで肩になってしまいます．

ベッセル特性のフィルタは過渡特性に優れていることから，波形のピーク値分析やパルス伝送の場合に最適です．

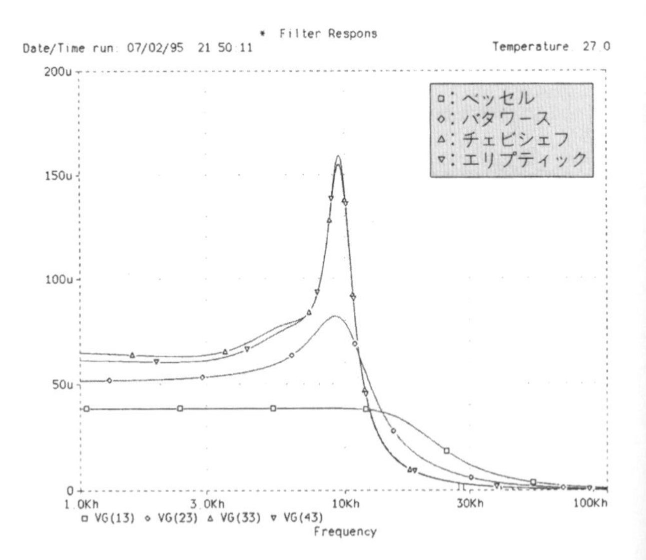

〈図1-8〉
各種5次ローパス・フィルタの群遅延特性

● 急峻特性を実現するチェビシェフ(Chebyshev)特性

チェビシェフ特性のフィルタは，通過域でのリプルを許すとしゃ断特性の傾斜を大きくすることができます．通過域でのリプルを等しくし，与えられた通過域のリプルに対してしゃ断周波数付近から最大傾斜のしゃ断特性が得られるのがこのチェビシェフ特性です．リプルが大きいほど，急峻なしゃ断特性が得られます．

しかし，ステップ応答は**図 1-9** に示したようにピークやリンギングが大量に生じます．

信号を A-D 変換するとき，信号周波数に対してサンプリング周波数が近く，1 波形についてサンプル数が多くとれない場合は，急峻な減衰特性をもったアンチエリアシング・フィルタが必要になるので，チェビシェフ特性の LPF が使用されます．

● さらに急峻…連立チェビシェフ(エリプティック)特性

チェビシェフ特性の減衰域の所にノッチを入れ，減衰特性をさらに急峻にしたのが連立チェビシェフ特性です．もっとも急峻な減衰特性を得ることができます．

ただし**図 1-6** でわかるように，周波数特性に跳ね返りがあり，最大減衰量が制限されます．またノッチの周波数がしゃ断周波数に近づくほど周波数特性の跳ね返りが大きくなり，最大減衰量が小さくなってしまいます．

〈図 1-9〉
各種 5 次ローパス・フィルタの過渡応答特性

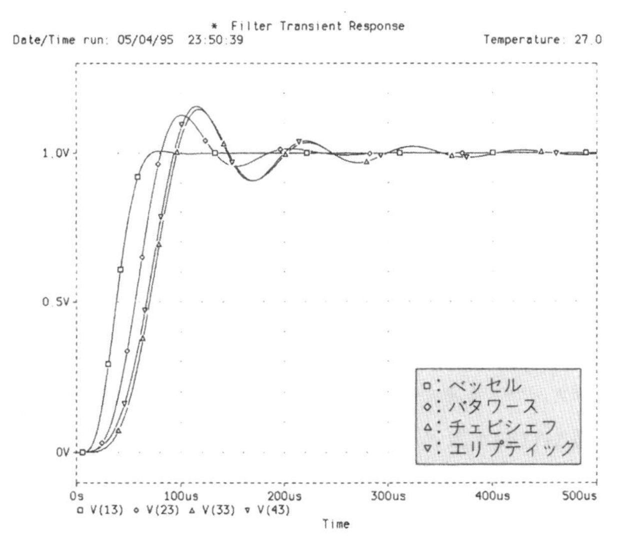

信号に含まれた高域の固定周波数の雑音除去に使用するときは，雑音周波数にノッチを同調させると少ない次数で効果的なフィルタとなります．

● フィルタの副作用…応答がどうなるか

世の中すべてに好都合なものはありません．良いことがあると必ず不都合なことが付随してくるのが世の常です．薬の副作用などはその典型ですが….

ではフィルタの副作用とは…それは時間応答です．周波数領域のフィルタを使用すると，出力波形には必ず時間遅れが生じ，入力と同時の波形が得られることはありません．

フィルタの帯域幅を狭くすればするほど雑音除去能力は高くなりますが，信号が急変したときのフィルタ出力が定常状態に達するまでの時間は長くなります．スペクトル・アナライザの分解能帯域幅を狭くするほど長いスイープ時間が必要となるのはこのためです．

ローパス・フィルタの時間応答特性は方形波による過渡応答特性によって判断できますが，バンドパス・フィルタやハイパス・フィルタの場合は時間応答特性を見落としがちなので注意が必要です．

● ハイパス・フィルタの時間応答特性

1次の*RC*ハイパス・フィルタの構成を**図1-10**に示します．微弱な直流オフセット・ドリフトを取り除く場合などは問題になりませんが，このHPFはじつは微分回路です．**図(b)**に示すようにステップ状の直流が加わると，過渡応答特性から，直流成分がなくなるにはある一定時間を必要とし，しゃ断周波数が低くなるほど長い時間が必要なことがわかります．

また2次以上のフィルタでは**図(c)**に示すように，いったん逆極性の電圧が生じてからゼロに収束していきます．

ローパス・フィルタではベッセル特性のフィルタを使用すれば方形波応答にリンギングが生じませんでしたが，ハイパス・フィルタでは**図(c)**に示したようにステップ状の直流が加わると，ベッセル特性でもオーバシュートやリンギングが生じてしまいます．したがって肩特性が甘く，オーバシュートが生じないことがメリットだったベッセル特性は，ハイパス・フィルタではあまり使用されることがありません．

図1-11は1次*RC*ハイパス・フィルタにバースト状の信号が加わったときの応答波形です．この立ち上がりのうねりは，バースト波の開始位相により異なります．

1次の*RC*ハイパス・フィルタにバースト信号が加わったときの応答は(難しい導入ま

〈図 1-10〉
RCハイパス・フィルタの構成と応答

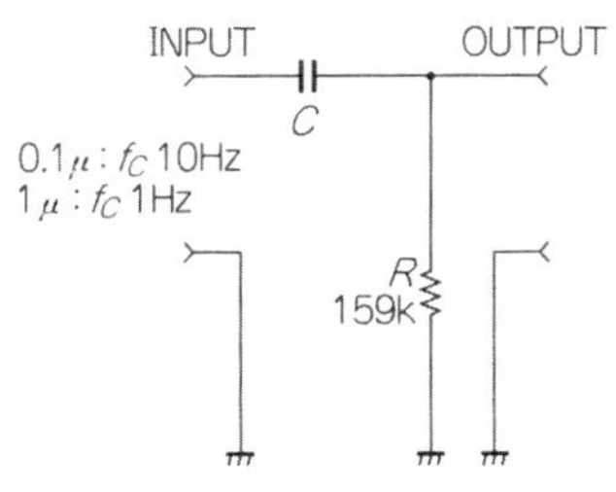

(a) 1 次の RC ハイパス・フィルタ

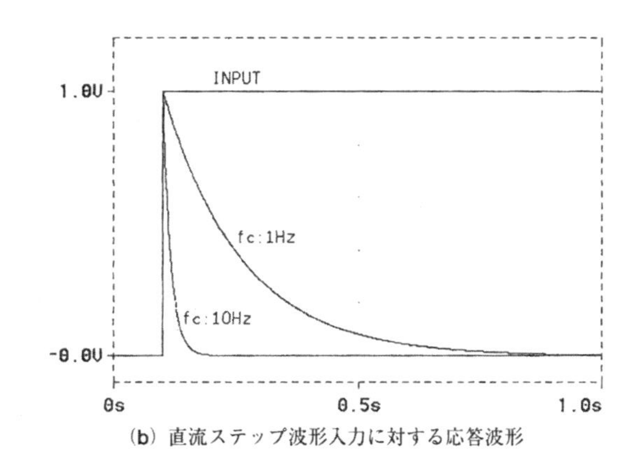

(b) 直流ステップ波形入力に対する応答波形

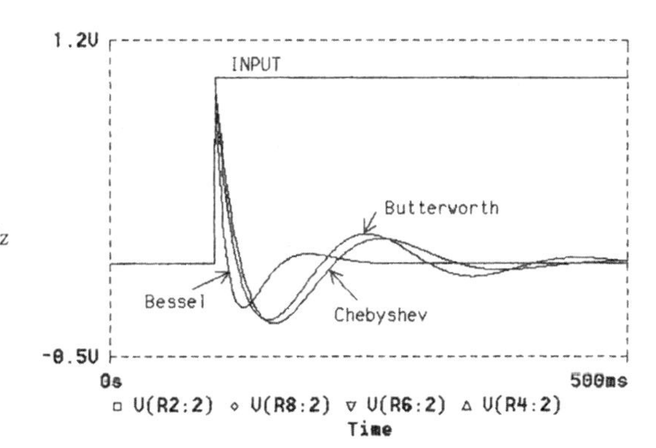

(c) 各種 3 次ハイパス・フィルタの直流ステップ波形入力に対する応答波形…しゃ断周波数 10 Hz

での過程は省略し結果だけを示すと)次のようになります.

$$\underbrace{\frac{\omega T}{\sqrt{1+(\omega T)^2}}\cdot\cos(\omega t-\theta+\alpha)}_{\text{交流成分}}+\underbrace{\frac{e^{-\frac{t}{T}}}{\sqrt{1+(\omega T)^2}}\cdot\sin(\alpha-\theta)}_{\text{直流成分}}$$

ただし,

入力波形を $\cos(\omega t-\theta)$,

HPF の時定数を $CR=T$,

HPF による位相変化を α とする.

〈図 1-11〉 1次ハイパス・フィルタのバースト応答波形
（しゃ断周波数:10 Hz，信号周波数:100 Hz）

(a) 開始位相 0°のとき
（下の波形は拡大したもの）

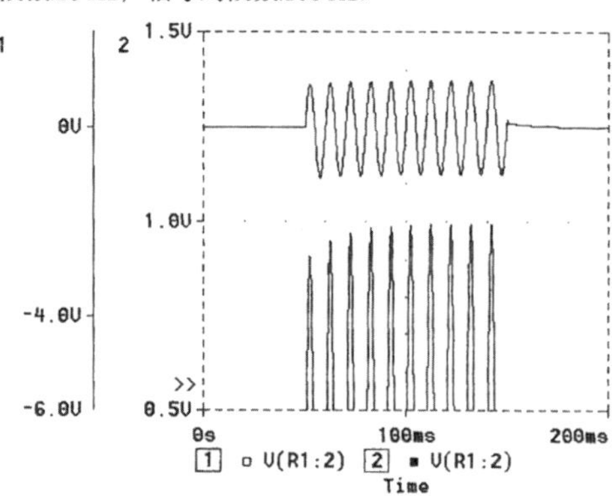

(b) 開始位相 90°のとき
（下の波形は拡大したもの）

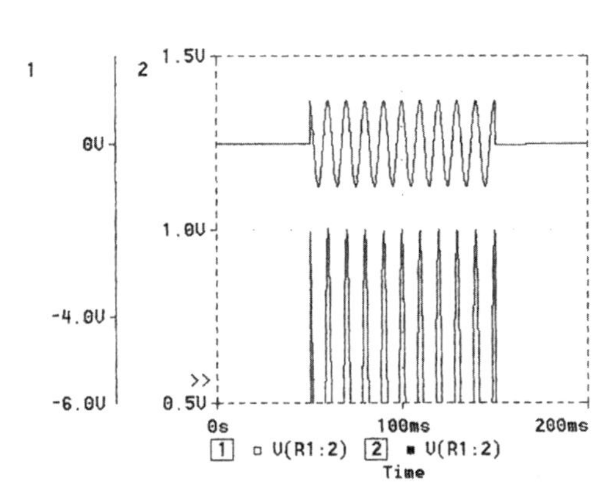

(c) 開始位相 180°のとき
（下の波形は拡大したもの）

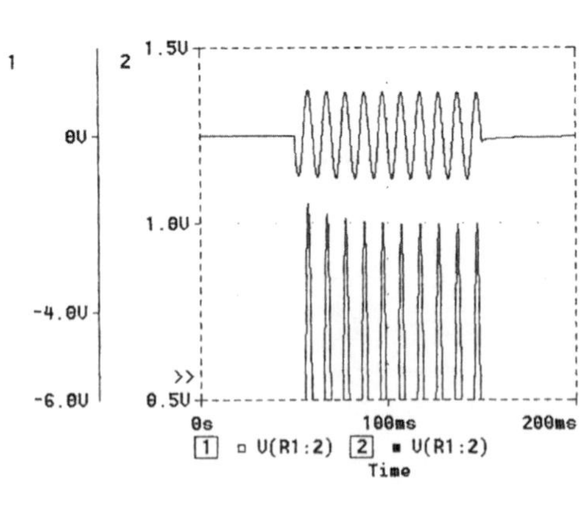

したがって，信号周波数がしゃ断周波数に近づくほどエンベロープのうねりは大きくなり，バースト波の開始位相が90°または270°ではうねりが生じません．

また高次ハイパス・フィルタになると，**図1-12**の(**a**)に示すように応答波形のエンベロープがリンギングしてから定常状態に収束していきます．従来はこの波形を計算から求めるのは非常に大変な作業でしたが，ご覧のように回路シミュレータを使用すると簡単に応答波形が得られます．

〈図1-12〉4次バタワース・ハイパス・フィルタの応答波形

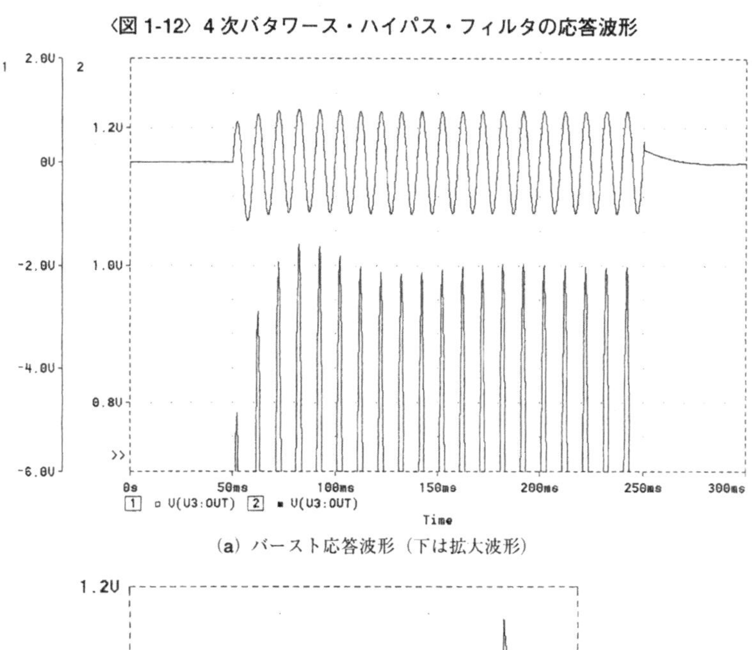

(a) バースト応答波形（下は拡大波形）

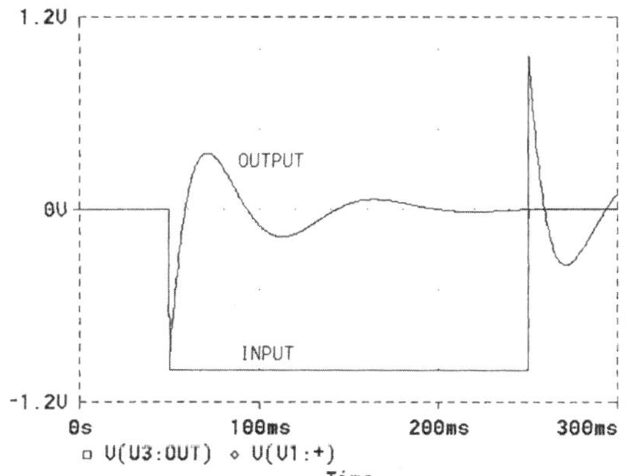

(b) 直流ステップ応答波形

〈図 1-13〉
4次バタワース・バンドパス・フィルタの特性（中心周波数1 kHz，帯域幅200 Hz）

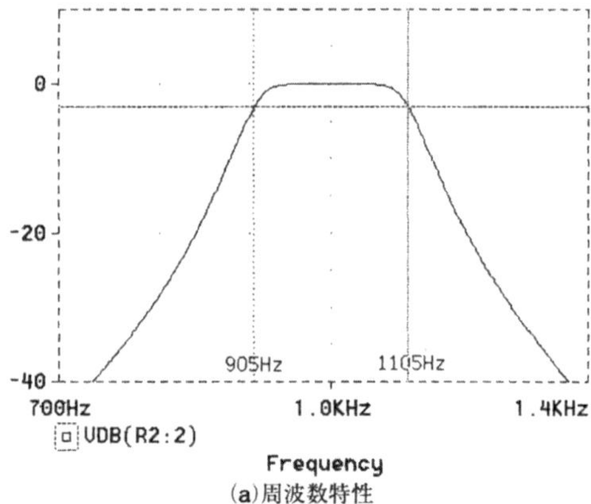

(a)周波数特性

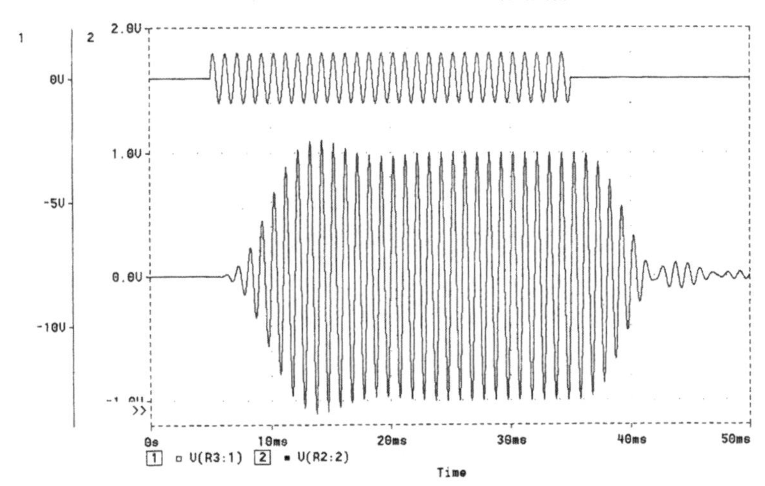

(b) (a)のバースト応答波形

〈図 1-14〉
ローパス・フィルタの直流ステップ応答波形（f_C:100 Hz 4次バタワース）

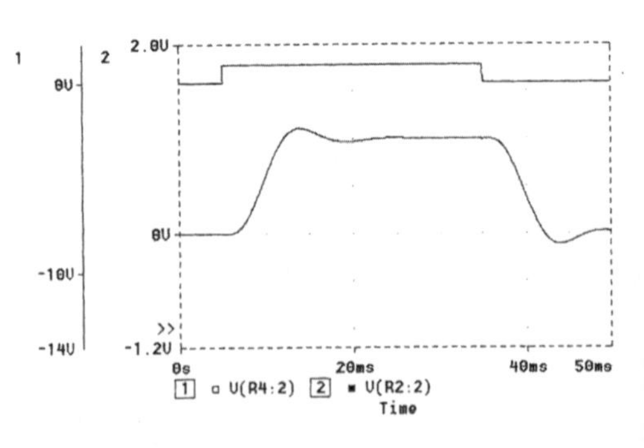

なお，このエンベロープのうねりは直流ステップ応答の**図 1-12**(**b**)と相似形となります．

● バンドパス・フィルタの時間応答特性

たとえば300 Hz ～ 3 kHz などの広帯域バンドパス・フィルタ(BPF)の時間応答特性は，HPF と LPF の時間応答特性を合成して求めますが，中心周波数 1 kHz，帯域幅 200 Hz といった狭帯域の BPF の時間応答特性は，その応答信号のエンベロープが帯域幅の半分の LPF の直流ステップ応答特性と等しくなります．

図 1-13 に中心周波数 1 kHz，帯域幅 200 Hz の 4 次 BPF の特性を，**図 1-14** に f_C=100 Hz の 4 次バタワース LPF の特性を示します．

BPF の時間応答特性はたんに帯域幅だけで決定されるのではなく，肩特性(バタワース，ベッセル，チェビシェフの各特性)と減衰傾度により異なったものとなります．

BPF には時間応答特性があるので，波形処理は要求されている精度に落ち着くまでの時間を待ってから行わないと誤った結果となってしまいます．注意が必要です．

第2章
回路に周波数特性をもたせる基本技術
RC フィルタと *RC* 回路網の設計

2.1 もっとも手軽な *RC* フィルタ

● *RC* ローパス・フィルタの特性

フィルタには多くの種類がありますが，いちばん簡単で多く利用されるのは**図 2-1** に示す抵抗とコンデンサを 1 個ずつ使用した *RC* ローパス・フィルタです．受動部品だけで構成してますので，**パッシブ・フィルタ**ともいいます．

抵抗は周波数によってインピーダンスが変化しませんが，コンデンサのインピーダンスは $1/(2\pi fC)$ なので周波数が高くなるほど小さくなります．

〈図 2-1〉 簡単な *RC* ローパス・フィルタ

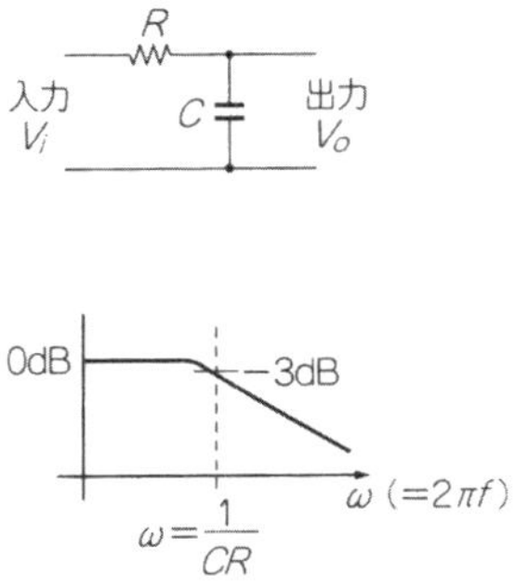

$$T(j\omega)=\frac{V_o}{V_i}=\frac{\frac{1}{j\omega C}}{R+\frac{1}{j\omega C}}=\frac{1}{1+j\omega CR}$$

$$=\frac{1}{1+(\omega CR)^2}-j\frac{\omega CR}{1+(\omega CR)^2} \quad \cdots\cdots (1)$$

$$|T|=\sqrt{\left(\frac{1}{1+(\omega CR)^2}\right)^2+\left(\frac{\omega CR}{1+(\omega CR)^2}\right)^2}$$

$$=\frac{1}{\sqrt{1+(\omega CR)^2}} \quad \cdots\cdots (2)$$

入出力位相差 θ は，

$$\theta=-\tan^{-1}\omega CR \quad \cdots\cdots (3)$$

しゃ断周波数 $\omega=\frac{1}{CR}$ では，

$$|T|=\frac{1}{\sqrt{2}}\fallingdotseq -3\text{dB}$$

$$\theta=-\tan^{-1}1=-45^\circ$$

〈図 2-2〉－6 dB/oct(－20 dB/dec)の減衰傾度

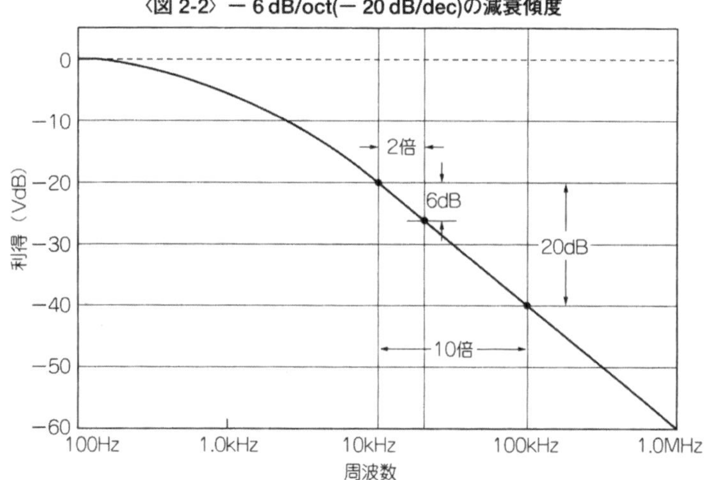

これを伝達関数の形に表したのが図中の(1)式で，jを含んだ複素数の式となります．出力振幅は(2)式で表されます．$\omega=1/(CR)$ のとき振幅が $1/\sqrt{2}=-3$ dB となり，これを**しゃ断周波数…カットオフ周波数**と呼んでいます．

しゃ断周波数より高い周波数では，利得が－6 dB/oct の傾きで減衰していきます．－6 dB/oct は**図 2-2** に示すように周波数が2倍(octave)になると利得が 1/2= －6 dB になることを表し，－20 dB/dec は周波数が10倍(decade)になると利得が 1/10= －20 dB になることを表していて，どちらも同じ傾きです．

このように周波数によってインピーダンスが変化する素子(C または L)が1個で構成されるフィルタを**1次フィルタ**と呼びます．1次フィルタでは減衰傾度を－6 dB/oct 以上にすることができず，減衰傾度を大きくするには高次のフィルタにしなければなりません．高次のフィルタになるほど沢山の素子で構成されます．

実際に**図 2-1** に示した *RC* フィルタを回路に応用するときは，**図 2-3** のように信号源インピーダンス R_S と負荷インピーダンス R_L，C_L が加わりますから計算は少し複雑になります．しゃ断周波数を決定するときには，これらを考慮した**図 2-3** の中の式によって計算することになります．

● DC プリアンプには *RC* フィルタを付加しよう

図 2-4 は *RC* ローパス・フィルタを使用したプリアンプ回路の例です．OP アンプに不

〈図 2-3〉
実際に使用すると

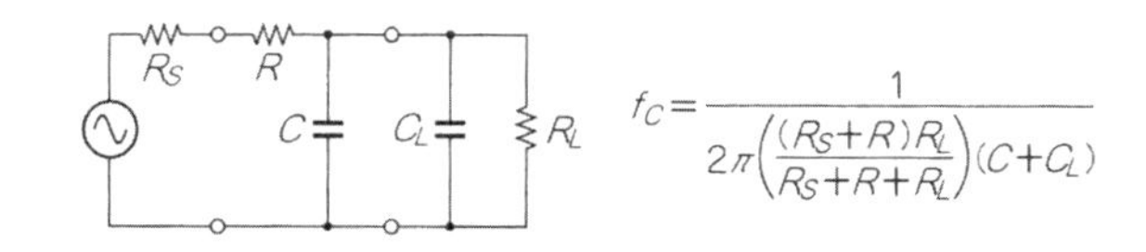

要な高周波雑音が混入すると，OP アンプのスルーレート特性のために信号がひずんだり，飽和したりすることがあります．このようなときは図中(**a**)の *RC* フィルタで不要な高域雑音をしゃ断すると，必要な信号だけを正確に増幅することができます．

この種のローパス・フィルタは非常に手軽なので，とくに交流特性を云々しない DC アンプなどでは常套手段のフィルタとして使われています．

最近は OP アンプの性能が上がり，周波数特性も向上しています．しかし回路の周波数特性が必要以上に伸びていると，OP アンプから発生する高域雑音のために *S/N* が低下してしまうことがあります．図中(**b**)の *RC* フィルタは不要な高域利得をしゃ断して，*S/N* を改善するものです．このときの改善の度合いは，第 1 章でも述べたように帯域幅比の平方根となります．

〈図 2-4〉
プリアンプへの応用

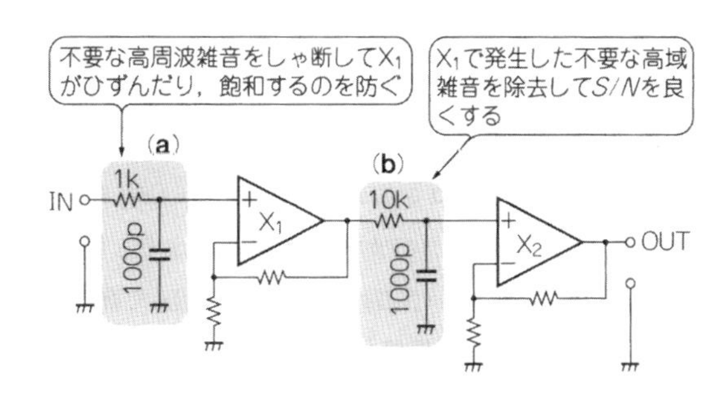

● *RC* フィルタを多段接続すると

鋭いしゃ断特性をもった本格的なフィルタは，第 3 章や第 4 章で説明するアクティブ・フィルタや *LC* フィルタを使用することになります．

しかし，アクティブ・フィルタを使うほどでもない．でもパッシブ 1 段の *RC* フィルタでは若干物足りないという場合には，**図 2-5** のように *RC* フィルタを多段接続するという簡易的な方法もあります．

ただし，この場合は信号源インピーダンスが十分に低く，負荷インピーダンスが高いと

〈**図2-5**〉
***RC*フィルタの多段接続**

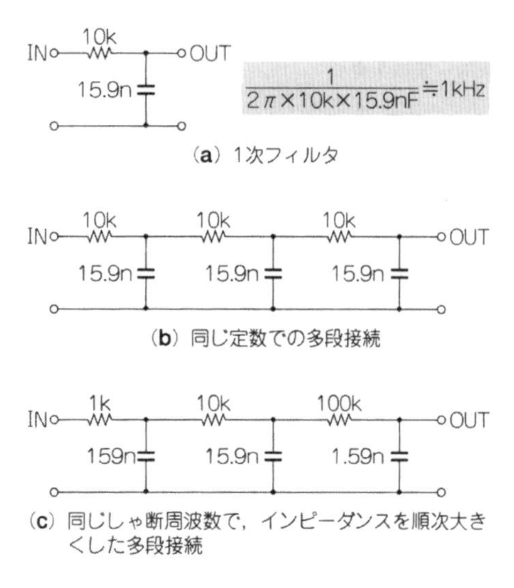

(**a**) 1次フィルタ

(**b**) 同じ定数での多段接続

(**c**) 同じしゃ断周波数で，インピーダンスを順次大きくした多段接続

いう条件が必要です．

*RC*フィルタの多段接続では，**図2-5**(**b**)のように*RC*フィルタを同じ*RC*の値で設計すると，お互いのインピーダンスが影響しあって，しゃ断周波数付近がなで肩になってフィルタの切れが悪くなります．

しかし**図2-5**(**c**)のように低いインピーダンスから高いインピーダンスの順に並べていけば，いかり肩で切れの良い，大きな減衰特性を得ることができます．

このようすをパソコンによる回路シミュレータPSpiceで書かせてみたのが**図2-6**の特性です．シミュレータのカーソル機能により，**図2-5**(**b**)のフィルタの－3dB周波数が194Hz，**図2-5**(**c**)の－3dB周波数が458Hzであることが示されています．

*RC*フィルタの多段接続ではしゃ断周波数の計算が面倒になりますが，**図2-6**のように回路シミュレータでカーソル機能を使用すると，簡単に－3dBのしゃ断周波数を得ることができます．そしてシミュレーション結果から，**図2-7**に示すように－3dBのしゃ断周波数が1kHzになるよう定数を再計算できます．

図2-8が再計算結果から再シミュレーションした結果です．**図2-7**(**a**)，(**b**)の優劣がはっきりと現れ，同じ1kHzのしゃ断周波数に対し，10kHzでの減衰量が図(**a**)では25dB，図(**b**)では40dBと15dBの差がでています．

このようにシミュレータを使用すると複雑な計算が省け，結果を確認しながら，スピーディな設計が可能になります．フィルタの設計にはシミュレータの使用は最適です．

〈図 2-6〉
図 2-5 の回路の
シミュレーション結果

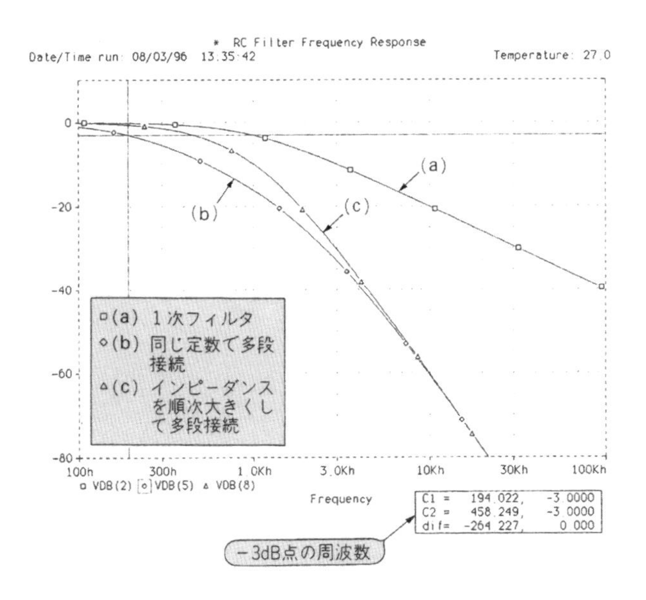

〈図 2-7〉
しゃ断周波数が 1 kHz になるよう再計算する

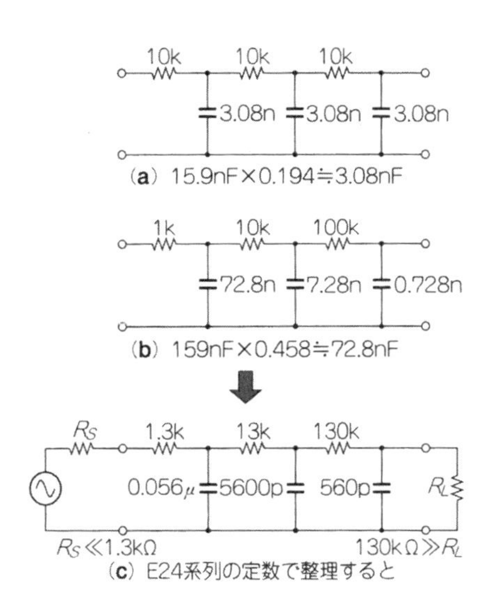

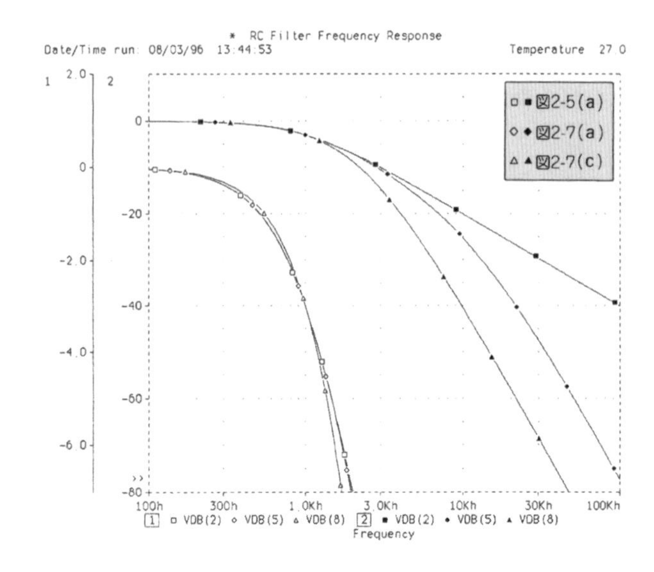

〈図2-8〉
図2-7の
シミュレーション結果

2.2　*RC*回路網のイメージを熟知しておこう

● 回路網の動作イメージをつかむ万能曲線

現在では電卓やパソコンが自由に使用できるため，*RC*フィルタの各周波数における利得や位相は即座に算出することができます．しかし，それらがまったくない時代の先輩達は**図2-9**～**図2-12**に示すグラフ…万能曲線を使用してきました．これらのグラフから周波数特性を基準周波数に対する比で読み取り，回路設計を行っていたわけです．

では現在は電卓やパソコンがあるから万能曲線は不要かというと，そうではありません．電卓やパソコンが自動的に回路を設計できるはずはなく，能動素子や受動素子の組み合わせを考えるのは創造的な作業で，人間ならではのことです．

*RC*の組み合わせで，回路の周波数特性がどう変化するかのイメージを定性的に頭の中に描けることは非常に大切なことです．このために万能曲線の各パターンを憶えることは，アナログ回路技術者にとっての必須条件です．これらを応用してアナログ回路の設計を行うことになります．

当然正確な数値を求める段階になったときは，電卓やパソコンを使用して設計値を算出します．

● 設計のときは漸近線を使う

RC回路の周波数特性は，滑らかな曲線を描くためになかなか表現しづらいものです．そこで実際の設計で周波数特性を考えるときは，近似的に利得-周波数特性を直線の組み合わせで表現します．**図 2-9** では点線で示した漸近線がそうです．ほかのグラフでも同様です．

1次のRC回路の場合，漸近線はRCの時定数で決定される基準周波数で傾きを急変させ，

〈図 2-9〉 高域カットオフの万能曲線 A

	構　　成	f_c	A
(1)	R, C	$\dfrac{1}{2\pi RC}$	1
(2)	R_1, C, R_2	$\dfrac{1}{2\pi\dfrac{R_1R_2}{R_1+R_2}\cdot C}$	$\dfrac{R_2}{R_1+R_2}$
(3)	L, R	$\dfrac{R}{2\pi L}$	1

(a) 回路構成と特性

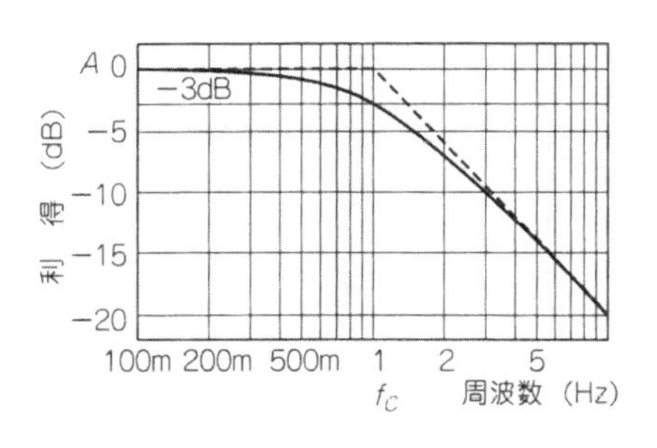

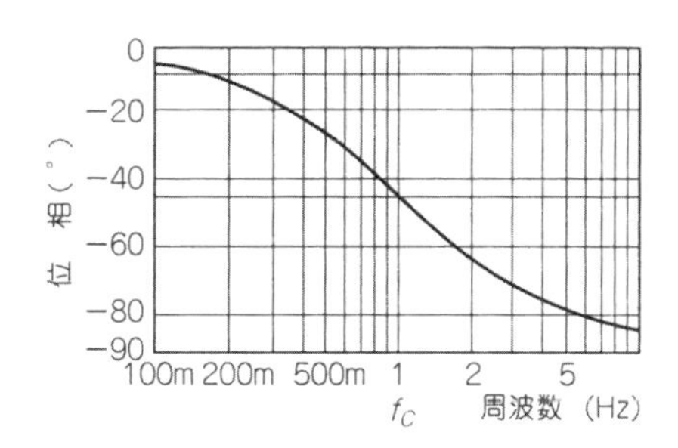

(b) 周波数特性および位相特性

・水平な線
・上昇の傾き… +6 dB/oct
・下降の傾き… −6 dB/oct
の三つの直線で構成することができます．

実際の特性とのずれの最大は，基準周波数の点で3 dBとなります．

● 素直な特性…高域カットオフ/低域カットオフの万能曲線 A

図2-9は高域カットオフ特性，**図2-10**は低域カットオフ特性の万能曲線です．このよ

〈図2-10〉低域カットオフの万能曲線 A

	構　成	f_c	A
(4)	C, R	$\frac{1}{2\pi RC}$	1
(5)	R_1, C, R_2	$\frac{1}{2\pi(R_1+R_2)\cdot C}$	$\frac{R_2}{R_1+R_2}$
(6)	R, L	$\frac{R}{2\pi L}$	1

(a) 回路構成と特性

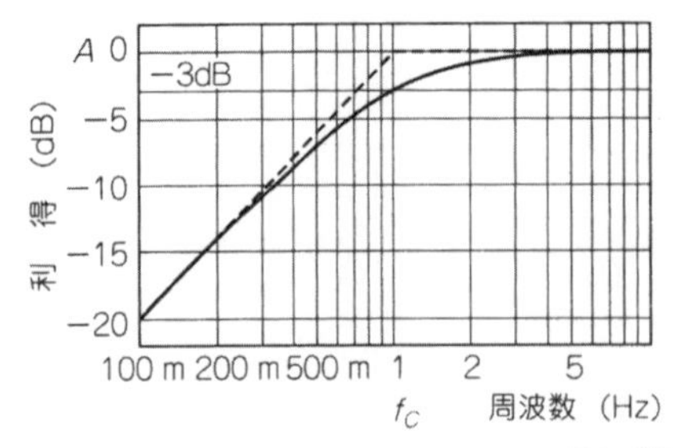

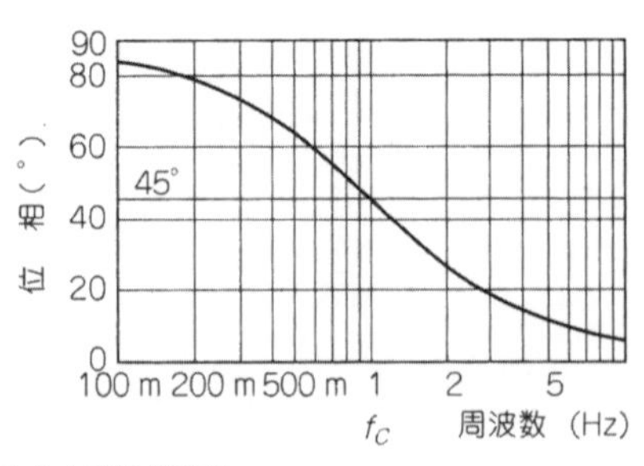

(b) 周波数特性および位相特性

うに漸近線が水平線と6 dB/octの傾線で，一つの基準周波数から構成される万能曲線を万能曲線Aと呼んでいます．

この章の始めで説明したローパス・フィルタの特性が**図 2-9** の構成(1)に，第1章(**図 1-4**)で説明したコンデンサ結合回路の特性が**図 2-10** の構成(4)になります．

● 位相の戻り特性が特徴の万能曲線B

利得-周波数特性が階段状…ステップ状になる**図 2-11** と**図 2-12** を万能曲線Bと呼びま

〈図 2-11〉高域カットオフ・ステップ特性の万能曲線B

	構　　成	f_1	f_2	A_1	A_2
(7)	R_1, R_2, C	$\dfrac{1}{2\pi(R_1+R_2)\cdot C}$	$\dfrac{1}{2\pi R_2 C}$	1	$\dfrac{R_2}{R_1+R_2}$
(8)	R_1, R_2, R_3, C	$\dfrac{R_1+R_2+R_3}{2\pi C(R_1+R_2)R_3}$	$\dfrac{R_2+R_3}{2\pi C R_2 R_3}$	$\dfrac{R_2+R_3}{R_1+R_2+R_3}$	$\dfrac{R_2}{R_1+R_2}$
(9)	R_1, R_2, R_3, C	$\dfrac{1}{2\pi C\left(R_2+\dfrac{R_1R_3}{R_1+R_3}\right)}$	$\dfrac{1}{2\pi C R_2}$	$\dfrac{R_3}{R_1+R_3}$	$\dfrac{\dfrac{R_2R_3}{R_2+R_3}}{R_1+\dfrac{R_2R_3}{R_2+R_3}}$

(**a**) 回路構成と特性

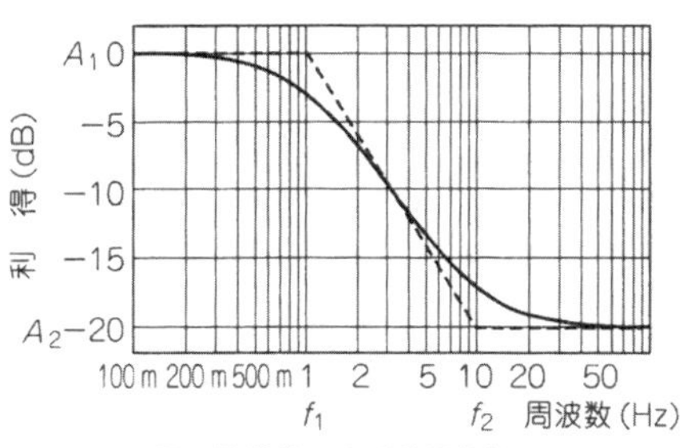

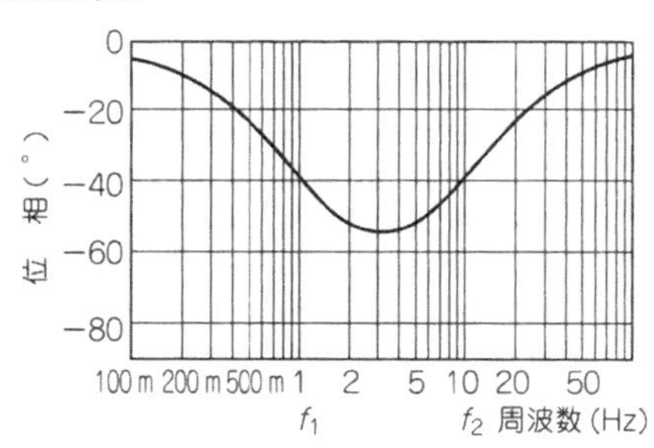

(**b**) 周波数特性および位相特性…f_1，f_2，A_1，A_2の比によって減衰傾度と位相の値は異なる．
この図は f_1：f_2＝1：10のときの例

す．

この高域カットオフ・ステップ特性/低域カットオフ・ステップ特性をローパス・フィルタやハイパス・フィルタとして使用するのは減衰量が制限された特性となり，好ましくありません．

しかし位相特性に注目すると，**図 2-11** では一度遅れた位相が再び0°に戻っていきます．**図 2-12** では一度進んだ位相が再び0°に戻っていきます．この位相の戻りが，万能曲線Bの特徴で，アナログ回路には不可欠な負帰還回路(Negative Feedback)を安定化する

〈図 2-12〉低域カットオフ・ステップ特性の万能曲線B

	構　　成	f_1	f_2	A_1	A_2
(10)	C, R_1, R_2	$\frac{1}{2\pi CR_1}$	$\frac{R_1+R_2}{2\pi CR_1R_2}$	$\frac{R_2}{R_1+R_2}$	1
(11)	C, R_1, R_2, R_3	$\frac{1}{2\pi CR_1}$	$\frac{R_1+R_2+R_3}{2\pi CR_1(R_2+R_3)}$	$\frac{R_3}{R_1+R_2+R_3}$	$\frac{R_3}{R_2+R_3}$
(12)	R_1, C, R_2, R_3	$\frac{1}{2\pi C(R_1+R_2)}$	$\frac{1}{2\pi C\left(R_1+\frac{R_2R_3}{R_2+R_3}\right)}$	$\frac{R_3}{R_2+R_3}$	$\frac{R_3}{\frac{R_1R_2}{R_1+R_2}+R_3}$

(**a**) 回路構成と特性

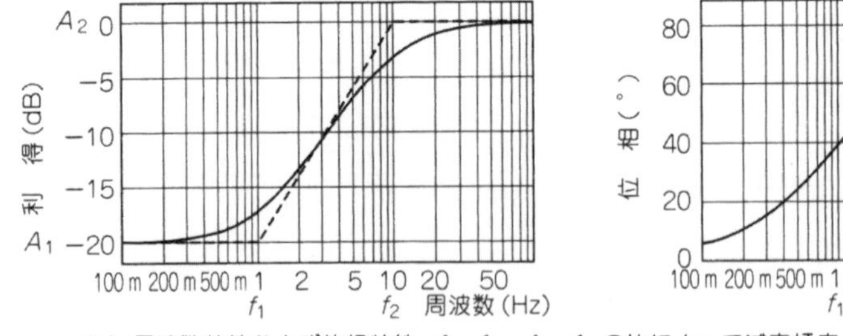

(**b**) 周波数特性および位相特性…f_1，f_2，A_1，A_2の比によって減衰傾度と位相の値は異なる．この図は f_1：f_2＝1：10のときの例

ための**位相補正回路**として使用され，非常に重要な働きをします．

図 2-13 は，**図 2-11** に示す構成(7)の回路で R_2 の値を変化させ，ステップの量を変えたときの特性です，ステップの量が多いほど位相変化も大きくなることがわかります．

● PLL 回路で有効な高域カットオフ万能曲線 B

PLL(Phase Locked Loop)回路は，OP アンプ回路と同じく負帰還技術を応用した代表的な例です．負帰還回路は出力信号を入力に戻して，入力信号との差を増幅することにより，増幅率の安定化や周波数特性，ひずみ特性などを飛躍的に向上させる技術です．

しかし負帰還回路では，一巡の利得(ループ利得… $A\beta$)が 1 になる周波数で出力信号の位相が 180° 遅れ，あるいは 180° 進むと正帰還となって発振してしまいます．

この発振してしまう 180° に対して，どれだけ余裕があるかを表すのが**位相余裕**と呼ばれるものです．通常の増幅器では，位相余裕が 60° 以上(位相遅れが 120° 以下)あれば周波数特性にピークをもつことがなく，安定な増幅を行うことができます．

図 2-14 は，入力信号の 100 倍の周波数出力を得る PLL 回路の構成です．PLL 回路は位相比較器と VCO(Voltage Controlled Oscillator…電圧制御発振器)，分周器で 1 次の遅れ要素をもち，周波数特性で示すと**図 2-15** のようになります．

〈図 2-13〉
図 2-11 の構成(7)の R_2 を変化させたときの特性

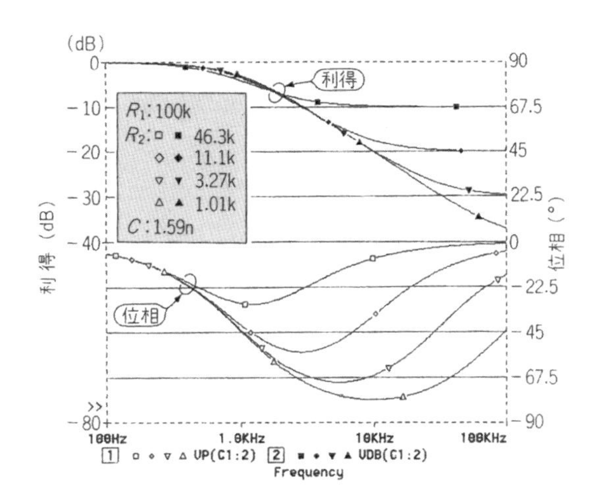

このような複雑な回路網で，位相比較器のパルス出力からVCOの入力信号としてリプルのない直流信号を得るためのローパス・フィルタは，単純な1次RCフィルタでは実現できません．位相遅れが180°になり安定な動作ができないのです．

そこで，PLL回路では**図2-11**に示した構成(7)を拡張したステップ特性のRCフィルタが使用されます．**図2-14**の中のRCローパス・フィルタがそれです．位相が一番戻る周波数で，ループ利得が1(0 dB)になるように設計します．

VCOの電圧-周波数特性を**図2-16**に示します．この特性のPLL回路は第9章の設計例(**図9-24**)で紹介されています．

標準的に使われる位相周波数型位相比較器を電源電圧5Vで使用すると，ローパス・フィルタを除いた周波数特性が利得1になる周波数は約200 Hzとなります．したがってローパス・フィルタの減衰量を位相比較周波数の1 kHzで40 dB確保し，ローパス・フィル

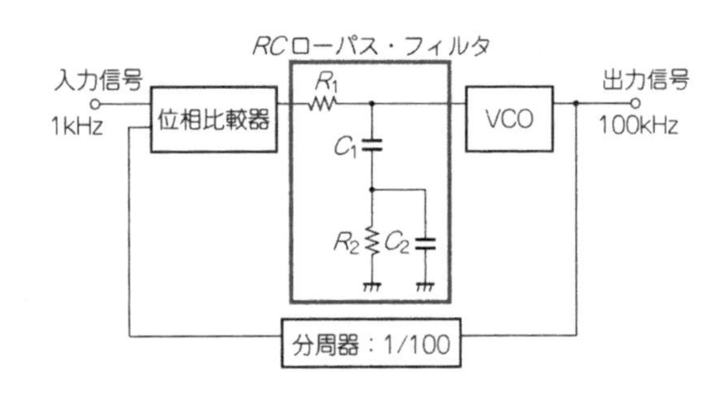

〈図2-14〉
PLL回路(入力周波数を100倍にする)**の一例**

〈図2-15〉PLL回路における位相比較器，VCO，分周器の合成周波数特性

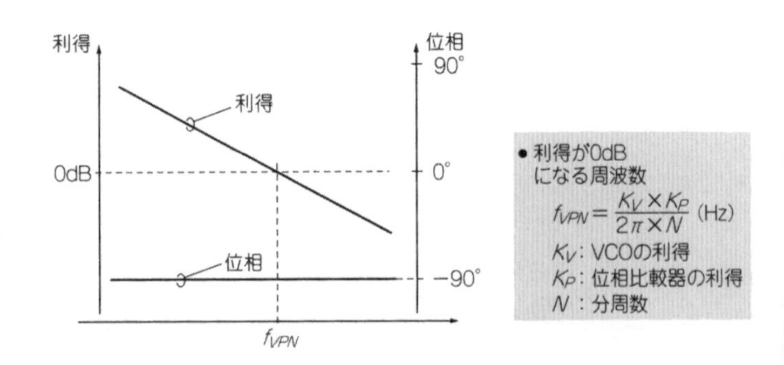

タの位相の戻りのために平坦部分を 10 倍確保すると，フィルタの設計値は**図 2-17** の特性となります．

なお，このローパス・フィルタ出力の位相比較周波数成分のリプルは，VCO 出力にスプリアスを発生させます．リプルはできるだけ少なくなるよう設計しなければなりません．しかし，リプルの減衰量を多くするとローパス・フィルタのしゃ断周波数は低くなり，周波数がロックするまでの時間が長くなってしまいます．

〈図 2-16〉 図 2-15 の PLL 回路で使用する VCO の特性

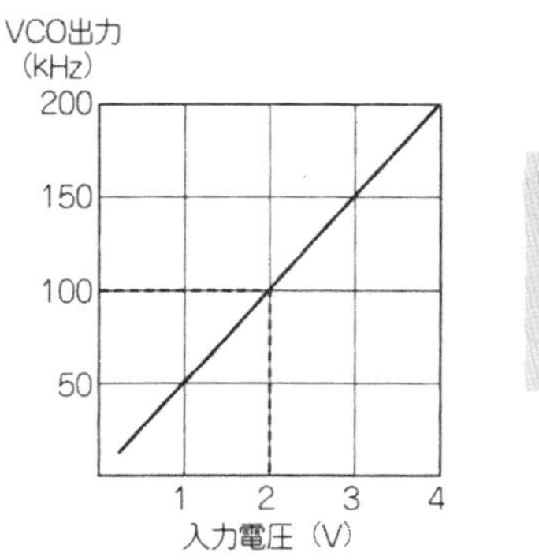

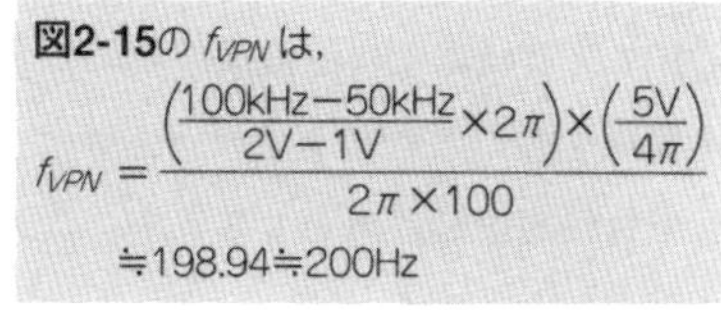

〈図 2-17〉 図 2-14 で必要なローパス・フィルタの特性(漸近線)

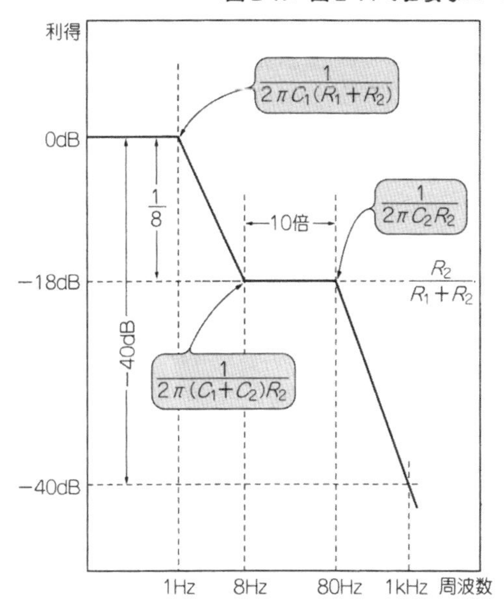

$R_1>R_2$

$C_1>C_2$

C_1 : 1μFとすると，

$$R_1+R_2=\frac{1}{2\pi\times 1\text{Hz}\times 1\mu\text{F}}\fallingdotseq 159\text{k}\Omega$$

$\frac{R_2}{R_1+R_2}=\frac{1}{8}$ より，$R_1\fallingdotseq 139\text{k}\Omega$，$R_2\fallingdotseq 19.9\text{k}\Omega$

$$C_2=\frac{1}{2\pi\times 80\text{Hz}\times 19.9\text{k}\Omega}\fallingdotseq 0.1\mu\text{F}$$

PLL回路におけるリプルとロック時間とはトレードオフの関係にあるので，目的によって減衰量を選択することになります．

図2-18が，**図2-14**の回路の総合特性をシミュレーションした結果です．ループ利得が0dBになる周波数が27Hz，そのときの位相が約−120°となり，安定な負帰還が施せることを示しています．

こうして高域カットオフの万能曲線Bの特性を利用することにより，安定なPLL回路を実現することができます．PLL回路ではこのローパス・フィルタのことを，位相が遅れ，再び進み方向に戻ることから，**ラグ・リード**(Lag lead)型と呼んでいます．

● OPアンプの位相補正などに有効な低域カットオフ万能曲線B

現在のOPアンプは非常に完成度が高く，負帰還技術などあまり考慮せずとも，安定な増幅回路を構成することができます．しかし，OPアンプに電力増幅回路などの若干の回路を追加して負帰還を施そうとするときには，負帰還技術を考慮しないと安定な増幅器を構成することができません．

図2-19は*GBW*(Gain Band Width…ゲイン・バンド幅)3MHzのOPアンプに，しゃ断周波数10kHz，利得10倍，出力電圧100 $V_{0\text{-}P}$の電力増幅回路を接続して負帰還を施したときの構成です．前段に広帯域アンプ，後段に低周波アンプというよくあるケースです．

OPアンプと電力増幅器の周波数特性を合成すると，**図2-20**のような特性になります．

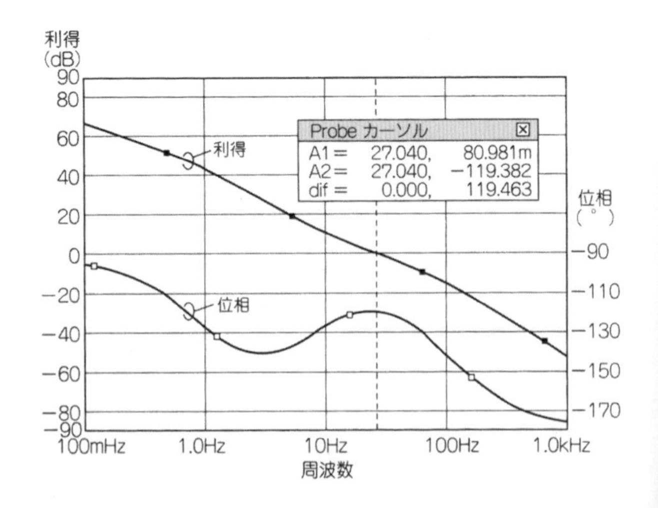

〈図2-18〉
図2-14のPLL回路の総合オープン・ループ特性

〈図 2-19〉
OP アンプに電力増幅回路を追加して負帰還を施す

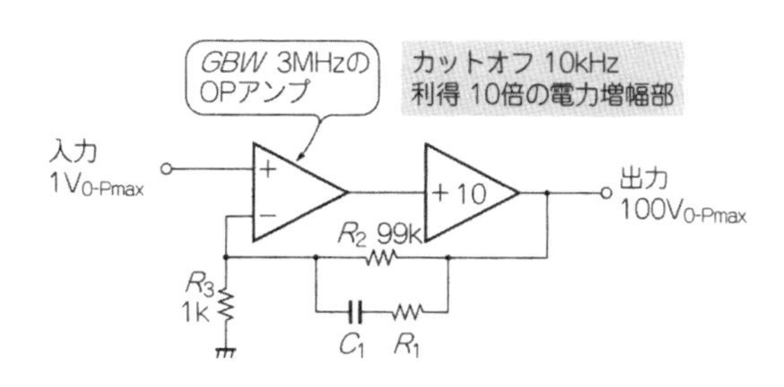

〈図 2-20〉 図 2-19 の周波数特性

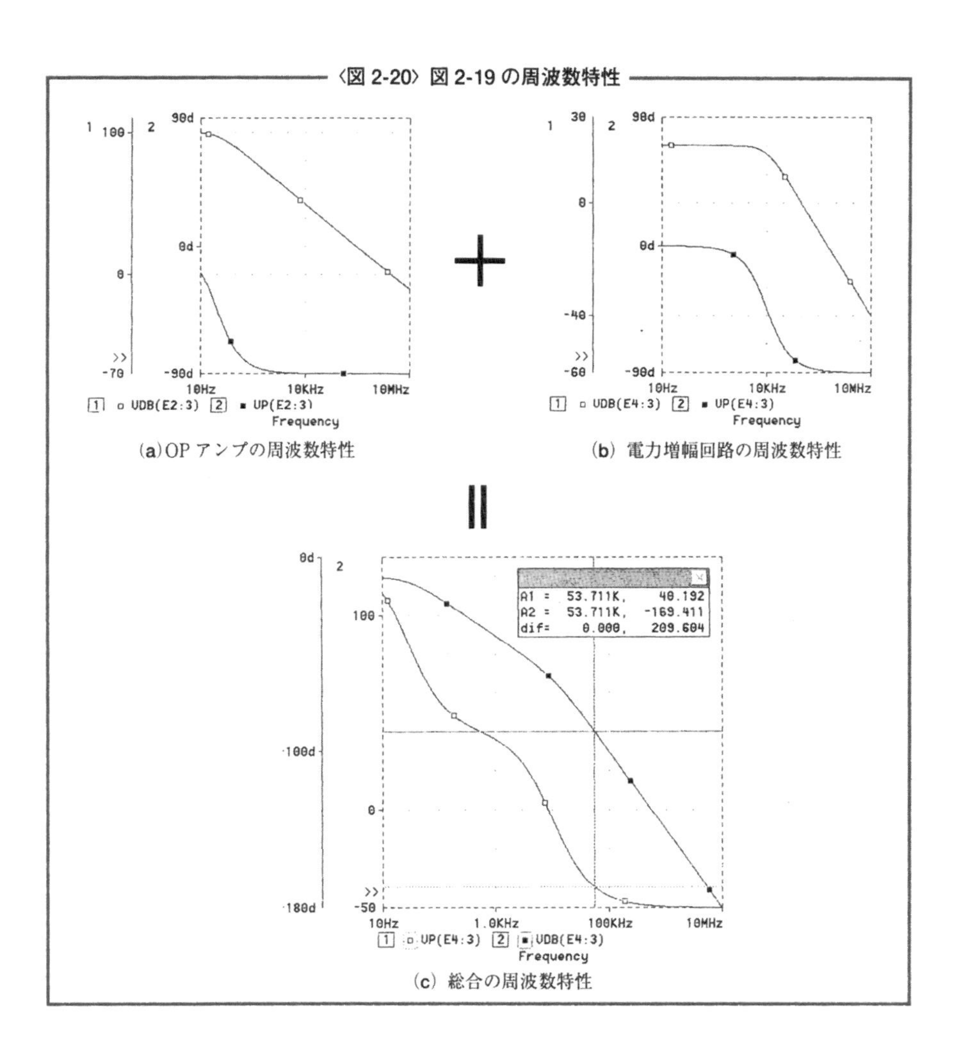

(a) OP アンプの周波数特性

(b) 電力増幅回路の周波数特性

(c) 総合の周波数特性

〈図 2-21〉図 2-19 で必要な帰還回路特性

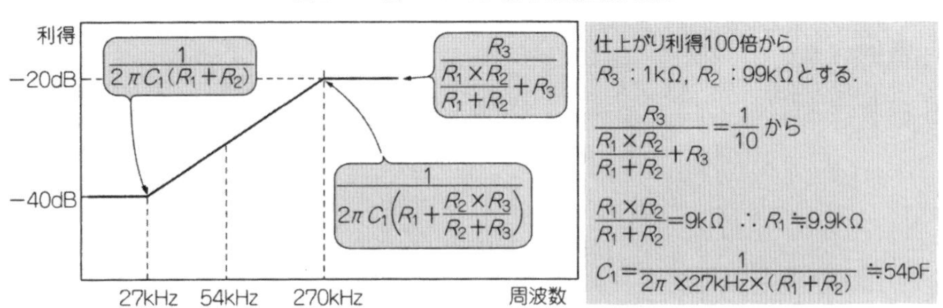

〈図 2-22〉図 2-21 で求めた値でのシミュレーション結果

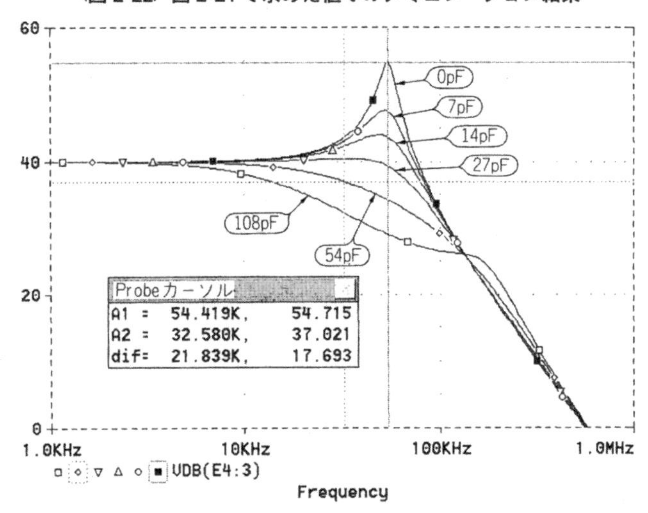

負帰還後の利得を 100 倍(40 dB)にすると，約 54 kHz でループ利得が 1 になります．しかし，この周波数では周波数特性が − 12 dB に近い傾きとなって位相余裕が約 10° しかありません．

そこで実際の回路では，**図 2-19** に示しているように帰還回路に低域カットオフ万能曲線 B を使用し，ループ利得が 1 になる周波数での位相を戻すようにします．

位相の戻し始めを 54 kHz の半分の 27 kHz とし，10 倍の範囲で +6 dB の傾きとして各素子の定数を求めたのが**図 2-21** の特性です．こうすると位相余裕が確保され，ピークのない安定な増幅器が実現できるはずです．

この条件で C_1 を変化させてシミュレーションした結果が**図 2-22** の特性です．容量 =0 の位相の戻りがない状態では，ループが切れる 54 kHz でピークが 15 dB と，発振寸前の値となっています．しかし計算値である 54 pF を付加したときの特性は，まったくピークが見られない安定な特性で，－3 dB 利得が低下する周波数が約 33 kHz となっています．計算値よりも若干少ない容量のほうが平坦部が広くなるようにみえますが，方形波応答ではリンギングを生じる可能性があります．

したがって実際には，計算で求めた容量値の前後の値のコンデンサを試作器につけて方形波応答波形や容量負荷に対する安定性などのデータをとって，安定で周波数特性の良い容量に決定します．

こうしてできあがった**図 2-19** の増幅器は，入力の直流安定度は OP アンプで決定され，10 kHz 以下では非常に大量の負帰還が施されるため，ひずみは少なく，出力インピーダンスは低くなり，負荷が変動したときの出力電圧の変化…**ロード・レギュレーション**が格段に優れたものとなります．

ただし，ここでは電力増幅部の周波数特性をしゃ断周波数 10 kHz の純粋な 1 次特性としてあります．実際にはもう少し複雑な特性となりますので，安定な電力増幅器を実現するためには，ループが切れる周波数の前後の広い範囲で 1 次の特性に近づけることが重要です．

第3章

もっともよく使うアナログ・フィルタ
アクティブ・フィルタの設計

3.1 アクティブ・フィルタのあらまし

● アクティブ・フィルタ…定数決定の自由度が高い

図 3-1 はしゃ断周波数 1 kHz，5 次のバターワース LPF(ローパス・フィルタ)…アクティブ・フィルタの構成です．初段が 1 次 LPF，2 段目と 3 段目が 2 次 LPF で，3 段合わせて 5 次 LPF を構成しています．図のように低周波では形状が大きくて高価なコイル…*L* を使わず *CR* と増幅回路網で構成されているフィルタをアクティブ・フィルタと呼びます．増幅回路には OP アンプが一般的です．

増幅回路の特性を利用せずに，*CR* 回路網のみで構成したフィルタはパッシブ・フィルタでした(第 2 章で紹介した)．

RC フィルタの中に演算増幅器… OP アンプを使うことにより，フィルタ各段の出力インピーダンスをしゃ断周波数 f_C に関係なく低インピーダンスにすることができます．そのため形状が小さくなるだけでなくフィルタ各段のしゃ断周波数と *Q* を決定するための *CR* 定数を，前後の段から独立して設計することができます．これがアクティブ・フィルタの特徴です．

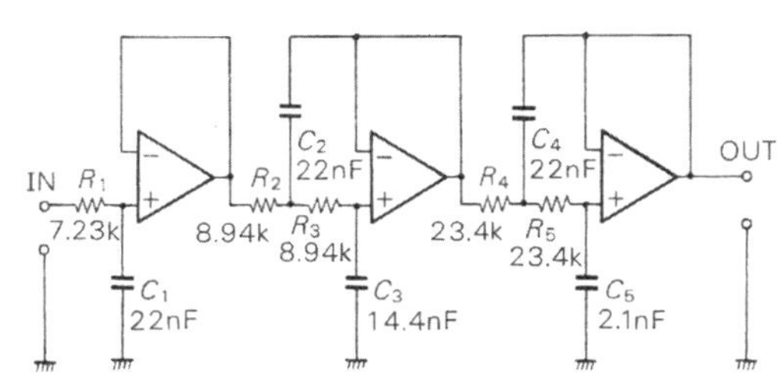

〈図 3-1〉
正帰還型 LPF …利得 *A*=1 の 5 次バタワース LPF

RCフィルタを構成する場合，使用するCRの値をしゃ断周波数やQから計算して導くと，大抵は中途半端な値になってしまいます．たとえば「しゃ断周波数1kHz，インピーダンス1kΩ」とすると，

$$C = \frac{1}{2\pi fR}$$

からコンデンサの値は0.159 μFとなりますが，このような半端な値のコンデンサは簡単には入手できません．

一般に入手可能なコンデンサの容量はE6もしくはE12系列と呼ばれる系列の中のものだけです．半端な値のコンデンサは特別注文になってしまい，高価で納期も長く，また少量では製作してくれません．高度なフィルタになると容量誤差や温度特性，Qなどにも厳しい値が要求されます．

ところが抵抗であれば，E96もしくはE24系列と呼ばれる抵抗が入手できます．誤差も少なく，温度特性も安定したものが比較的安価に入手できます．

そこでインピーダンスが自由になるアクティブ・フィルタならば，はじめにコンデンサの値をたとえば0.1 μFとして，

$$R = \frac{1}{2\pi fC}$$

から，抵抗値1.59 kΩを選択することができます．抵抗ならば，E24系列から1.5kΩと91 Ωを直列にすれば1.591kΩ…ほぼ1.59kΩとなり，部品の入手も簡単で形状も小さく構成することができます．もちろん，何より安価に製作することが可能です．

フィルタの回路定数の設定あるいは部品の選択については，第6章で改めて解説することにします．

● 2次アクティブ・フィルタが基本

フィルタの定数設計が簡単になることが，設計者におけるアクティブ・フィルタの最大の効用です．パッシブ・フィルタでは，定数を設計するには前後段のインピーダンスや特性の設定に自由度がありませんでした．そのため高次のフィルタ設計はかなり難易度の高いものでした．

図3-2に**図3-1**の回路の周波数特性を示します．

アクティブ・フィルタのCR定数は，回路から多項式を導き，計算を行えば求めること

〈図 3-2〉
図 3-1 の LPF …バタワース・フィルタの特性

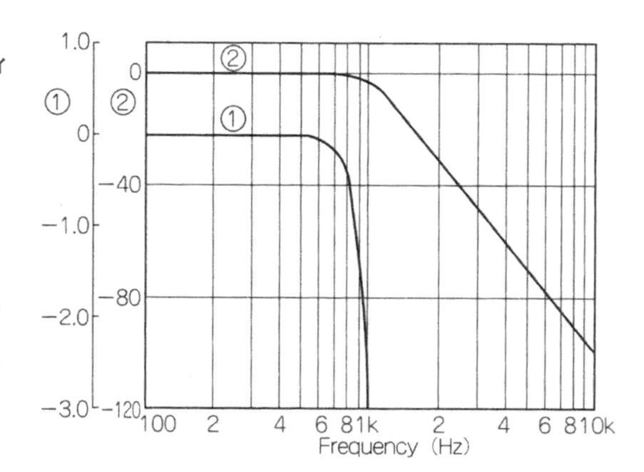

①のグラフは②を拡大したもの．−3dB の点が 1 kHz になっている．

ができます．しかし数式に対する知識と面倒な計算が必要となり，間違いも発生しやすいので，実際の回路設計では現実的ではありません．

通常のアクティブ・フィルタの設計では，目的に適したフィルタの特性を選び，必要な減衰量から次数を決定して，2 次のアクティブ・フィルタを単位として(奇数次の場合は 1 次または 3 次のフィルタが追加される)，正規化された表から各段のしゃ断周波数と Q を決定して，CR 定数の計算を行っています．

表 3-1 がアクティブ・ローパス・フィルタ用の正規化テーブルです．この表は著者の会社で設計ツールとして用意したものです．この表の根拠については，Appendix にまとめておきます．興味のある方は参照してください．

2 次アクティブ・フィルタを実現するための回路は各種あって，それぞれが特徴をもっています．本章では計測回路などでよく使用される回路とその特徴，そしてしゃ断周波数と Q の計算式を紹介することにします．

3.2 アクティブ・ローパス・フィルタの設計

● もっともよく使う正帰還型 2 次 LPF (利得＝1) の構成

先の**図 3-1** に示したのが，正帰還型アクティブ・フィルタと呼ばれる回路です．2 次 LPF としての基本回路と定数の計算式を**図 3-3** に示します．正帰還の言葉の由縁はコンデンサの配置から理解できると思います．コンデンサが出力端から + 入力側に帰還されています．

〈表3-1〉 ローパス・フィルタ設計のための正規化表

		f_n		Q_n
2次	f_1	1.0	Q_1	0.707107
3次	f_1	1.0	Q_1	0.5
	f_2	1.0	Q_2	1.000000
4次	f_1	1.0	Q_1	0.541196
	f_2	1.0	Q_2	1.306563
5次	f_1	1.0	Q_1	0.5
	f_2	1.0	Q_2	0.618034
	f_3	1.0	Q_3	1.618034
6次	f_1	1.0	Q_1	0.517638
	f_2	1.0	Q_2	0.707107
	f_3	1.0	Q_3	1.931852
7次	f_1	1.0	Q_1	0.5
	f_2	1.0	Q_2	0.554958
	f_3	1.0	Q_3	0.801938
	f_4	1.0	Q_4	2.246980
8次	f_1	1.0	Q_1	0.509796
	f_2	1.0	Q_2	0.601345
	f_3	1.0	Q_3	0.899976
	f_4	1.0	Q_4	2.562915

(a) バタワースLPFの正規化表

		f_n		Q_n
2次	f_1	1.2742	Q_1	0.57735
3次	f_1	1.32475	Q_1	0.5
	f_2	1.44993	Q_2	0.69104
4次	f_1	1.43241	Q_1	0.52193
	f_2	1.60594	Q_2	0.80554
5次	f_1	1.50470	Q_1	0.5
	f_2	1.55876	Q_2	0.56354
	f_3	1.75812	Q_3	0.91648
6次	f_1	1.60653	Q_1	0.51032
	f_2	1.69186	Q_2	0.61120
	f_3	1.90782	Q_3	1.0233
7次	f_1	1.68713	Q_1	0.5
	f_2	1.71911	Q_2	0.53235
	f_3	1.82539	Q_3	0.66083
	f_4	2.05279	Q_4	1.1263
8次	f_1	1.78143	Q_1	0.50599
	f_2	1.83514	Q_2	0.55961
	f_3	1.95645	Q_3	0.71085
	f_4	2.19237	Q_4	1.2257

(b) ベッセルLPFの正規化表

正帰還型アクティブ・フィルタは，開発者の名前から**サレン・キー回路**(Sallen-Key)，動作形態から**VCVS**(電圧制御型電圧源)とも呼ばれています．

この回路はOPアンプ1個で，しかもバッファ接続(利得＝1)なので利得を決定する抵抗も不要です．そのため少ない部品点数で2次フィルタを実現することができ，もっともよく使用されています．

難点は使用する2個のコンデンサの値の比がQによって決定され，異なる容量となっ

〈図3-3〉
正帰還型の原型，利得A=1の2次LPF

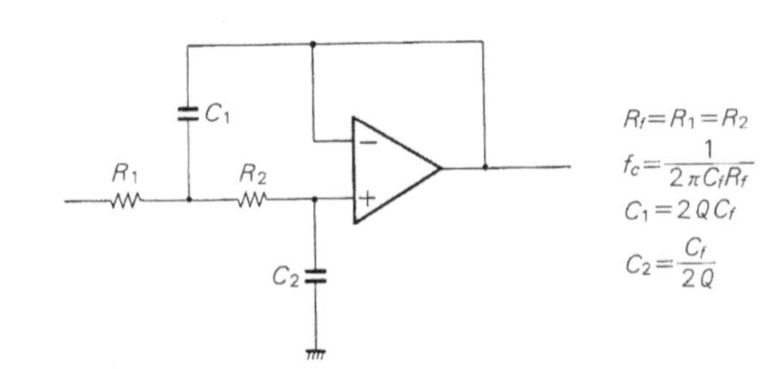

	リプル 0.1 dB			
	f_n		Q_n	
4次	f_1	0.78926	Q_1	0.61880
	f_2	1.15327	Q_2	2.18293
5次	f_1	0.53891	Q_1	0.5
	f_2	0.79745	Q_2	0.91452
	f_3	1.09313	Q_3	3.28201
6次	f_1	0.51319	Q_1	0.59946
	f_2	0.83449	Q_2	1.33157
	f_3	1.06273	Q_3	4.63290
7次	f_1	0.37678	Q_1	0.5
	f_2	0.57464	Q_2	0.84640
	f_3	0.86788	Q_3	1.84721
	f_4	1.04520	Q_4	6.23324
8次	f_1	0.38159	Q_1	0.59318
	f_2	0.64514	Q_2	1.18296
	f_3	0.89381	Q_3	2.45282
	f_4	1.03416	Q_4	8.08190

	リプル 0.25 dB			
	f_n		Q_n	
4次	f_1	0.67442	Q_1	0.65725
	f_2	1.07794	Q_2	2.53611
5次	f_1	0.43695	Q_1	0.5
	f_2	0.73241	Q_2	1.03593
	f_3	1.04663	Q_3	3.87568
6次	f_1	0.44406	Q_1	0.63703
	f_2	0.79385	Q_2	1.55565
	f_3	1.03112	Q_3	5.52042
7次	f_1	0.30760	Q_1	0.5
	f_2	0.53186	Q_2	0.95956
	f_3	0.84017	Q_3	2.19039
	f_4	1.02230	Q_4	7.46782
8次	f_1	0.33164	Q_1	0.63041
	f_2	0.61962	Q_2	1.38326
	f_3	0.87365	Q_3	2.93174
	f_4	1.01679	Q_4	9.71678

	リプル 0.5 dB			
	f_n		Q_n	
4次	f_1	0.59700	Q_1	0.70511
	f_2	1.03127	Q_2	2.94055
5次	f_1	0.36232	Q_1	0.5
	f_2	0.69048	Q_2	1.17781
	f_3	1.01773	Q_3	4.54496
6次	f_1	0.39623	Q_1	0.68364
	f_2	0.76812	Q_2	1.81038
	f_3	1.01145	Q_3	6.51285
7次	f_1	0.25617	Q_1	0.5
	f_2	0.50386	Q_2	1.09155
	f_3	0.82273	Q_3	2.57555
	f_4	1.00802	Q_4	8.84180
8次	f_1	0.29674	Q_1	0.67657
	f_2	0.59887	Q_2	1.61068
	f_3	0.86101	Q_3	3.46567
	f_4	1.00595	Q_4	11.5308

(c) チェビシェフ LPF の正規化表

てしまう点です．

さらにはOPアンプがバッファ接続となっているため，使用するOPアンプがバッファ接続でも発振せず，安定に使用できるかをデータ・シートで確認しておく必要があります．OPアンプによっては…とくに周波数特性の伸びたタイプは，バッファ接続だと発振するものがあります．**図3-4**のように，帰還回路にR_CとC_Cを挿入することによって発振を防げる場合もあります．

〈図3-4〉
正帰還型のLPFの発振対策
（R_C，C_Cを付加）

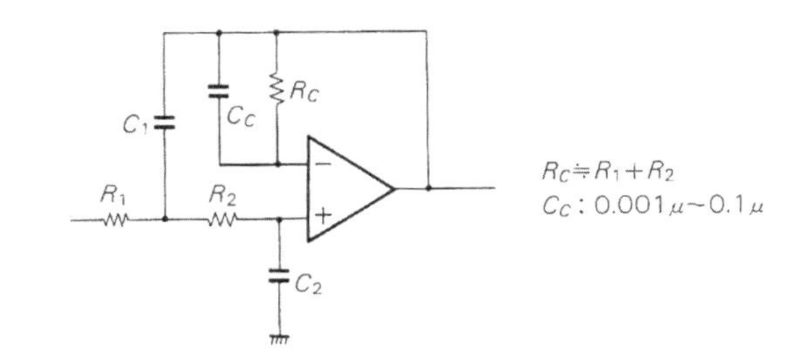

● 5次バタワースLPFの計算例

図3-1に示した5次バタワースLPF(しゃ断周波数f_C = 1 kHz)の回路定数は次の順序で計算します．

まず**表3-1(a)**より，5次バタワースのしゃ断周波数とQを求めます．

f_1：1.0，Q_1：0.5

f_2：1.0，Q_2：0.618034

f_3：1.0，Q_3：1.618034

各段のしゃ断周波数(f_1～f_3)はすべて1 kHzで，Qだけが異なることになります．なお，Qが大きいと周波数特性にピークが生じてOPアンプ出力が飽和しやすくなりますので，回路はQの小さい順に接続します．

次に**図3-3**中の式よりコンデンサの値を求めますが，まず標準E12系列よりC_1=C_2=C_4=22 nFとします．また1段目のQ_1は0.5なので，ここは1次のRCフィルタとなります．

R_1 = 1/(2π × 1 kHz × 22 nF) = 7.234 kΩ

2段目はC_2 = 22 nF，Q_2 = 0.618034から，

C_f = 22 nF/(2 × 0.618034) = 17.80 nF

R_2 = R_3 = 1/(2π × 1 kHz × C_f) = 8.942 kΩ

C_3 = C_f/(2 × 0.618034) = 14.40 nF

3段目も同様にして，

C_4 = 22 nF

R_4 = R_5 = 23.41 kΩ

C_5 = 2.101 nF

として求めることができます．

なお，R_1～R_5の抵抗値はOPアンプの負荷になるので，その下限値は1 kΩ程度になります．また，これらR_1～R_5とOPアンプのバイアス電流によって直流オフセット電圧が生じます．したがって使える定数としては，バイポーラ入力OPアンプの場合は上限が数十kΩ程度，FET入力OPアンプの場合は数百kΩ程度を目安にします．

アクティブ・フィルタに限りませんが，OPアンプ回路では抵抗値が大きいと誘導による雑音が混入しやすく，また抵抗自身の熱雑音によってS/Nが悪化します．低雑音の必要があるときは，抵抗値はできるだけ小さく選びます．逆に低消費電流の必要がある場合は，負荷を軽くするために抵抗値を大きく選びます．

図3-5にコンデンサの容量に5％の誤差があると仮定したときの周波数特性の変化を，

〈図 3-5〉
図 3-1 の LPF でコンデンサ容量に 5 %の誤差が生じた場合のシミュレーション

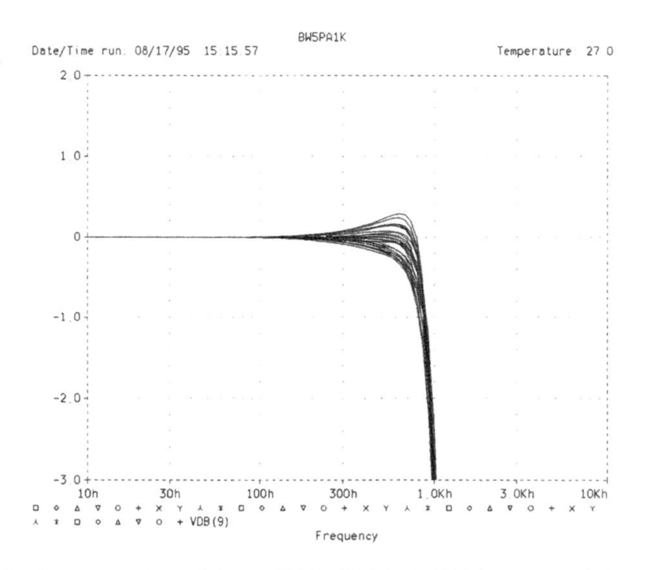

回路シミュレータ(SPICE)のもっている**モンテカルロ解析**…指定した誤差内でばらつきをランダムに変化させたときの特性を示します．

モンテカルロ解析は部品のバラツキによる特性の変化を調べるときに便利な機能です．

● 増幅度をもたせたいときは

OP アンプを使うわけですから，フイルタ機能だけでなく増幅機能も兼用させることができます．方法は二つあります．

一つは 3 次や 5 次などの奇数次アクティブ・フィルタでは，Q=0.5 の先頭の回路(1 次 LPF)に利得をもたせることです．この例を**図 3-6** に示します．**図(a)**のようにすれば利得の設計が任意にできます．**図(b)**は極性を反転したいときに使います．

〈図 3-6〉
1 次 LPF に任意の利得をもたせる回路

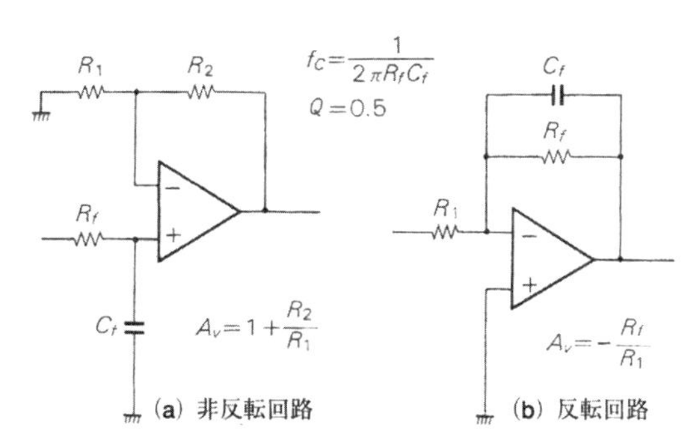

〈図 3-7〉
正帰還型，利得 $A \neq 1$ の2次 LPF

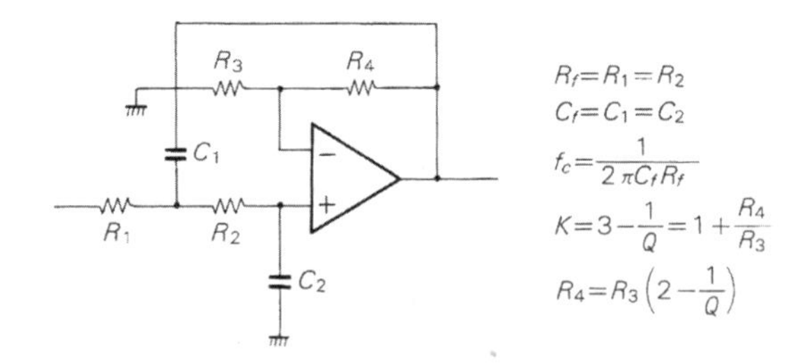

● 正帰還型 LPF（利得≠1）の構成

もう一つの方法は，正帰還型 LPF に利得をもたせる方法です．**図 3-7** に正帰還型で利得≠1の LPF の回路と定数の計算式を示します．

この回路では周波数を決定する *CR* の値が *Q* の値に影響されず，それぞれ二つが同じ値となります．したがってコンデンサの値が標準容量で，全段同じ値で設計でき，コンデンサの入手が容易になります．これが特徴です．しかし，*Q* によって利得が決定されるため，利得設定用には高確度の抵抗が必要になり，生じた利得をフィルタの前段または後段で補正する必要があります．そのため，**図 3-3** に示したバッファ・タイプにくらべると *S/N* やダイナミック・レンジの点で不利になります．

また，使用する素子の誤差による特性の変化度合…素子感度と呼ぶ…がバッファ・タイプにくらべて大きく，利得誤差による特性の悪化がさらに加わることになります．

図 3-8 に，**図 3-1** の回路と同じ特性での回路構成と計算式を示します．

〈図 3-8〉
正帰還型，利得 $A \neq 1$ の5次バタワース LPF

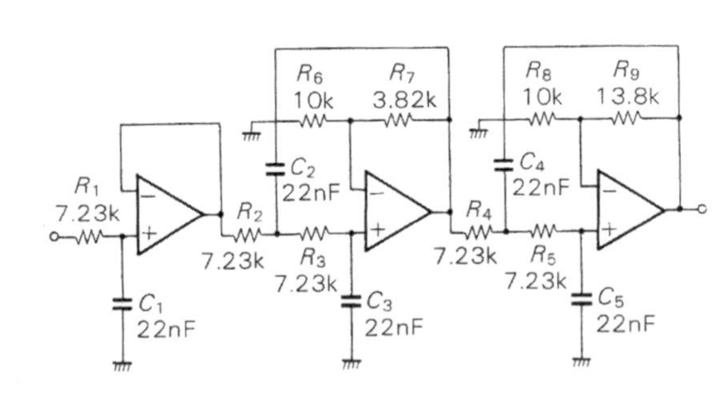

$$C_1 = C_2 = C_3 = C_4 = C_5 = 22\text{nF}$$

$$R_1 = R_2 = R_3 = R_4 = R_5 = \frac{1}{2\pi \times 1\text{kHz} \times 22\text{nF}} \fallingdotseq 7.234\text{k}\Omega$$

$R_6 = R_8 = 10\text{k}\Omega$ として

$$R_7 = \left(2 - \frac{1}{0.618034}\right) \times 10\text{k}\Omega \fallingdotseq 3.820\text{k}\Omega$$

$$R_9 = \left(2 - \frac{1}{1.618034}\right) \times 10\text{k}\Omega \fallingdotseq 13.82\text{k}\Omega$$

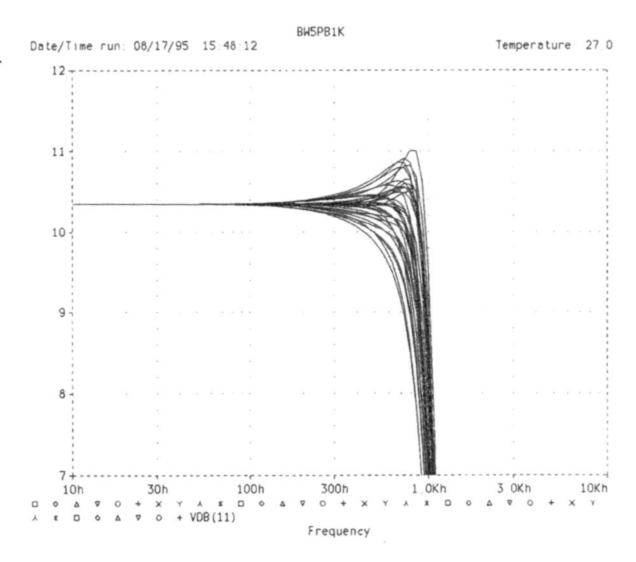

〈図 3-9〉
図 3-7 の LPF でコンデンサ容量に 5 %の誤差が生じた場合のシミュレーション

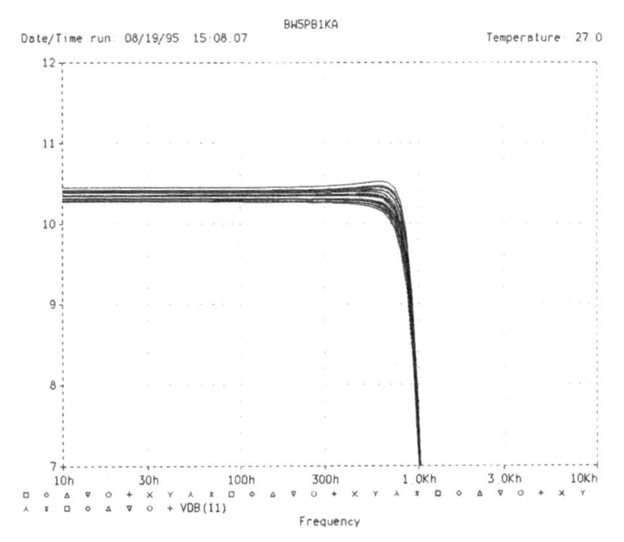

〈図 3-10〉
図 3-7 の LPF で抵抗に 1 %の誤差が生じた場合のシミュレーション

図 3-9 が使用するコンデンサの値に 5 %の誤差があると仮定したときのモンテカルロ・シミュレーションの結果です．先の**図 3-5** との違いがよくわかるでしょう．

さらに**図 3-10** に，利得設定用の抵抗に 1 %の誤差が生じたときの同様のシミュレーション結果を示します．

〈図 3-11〉
多重帰還型2次LPF

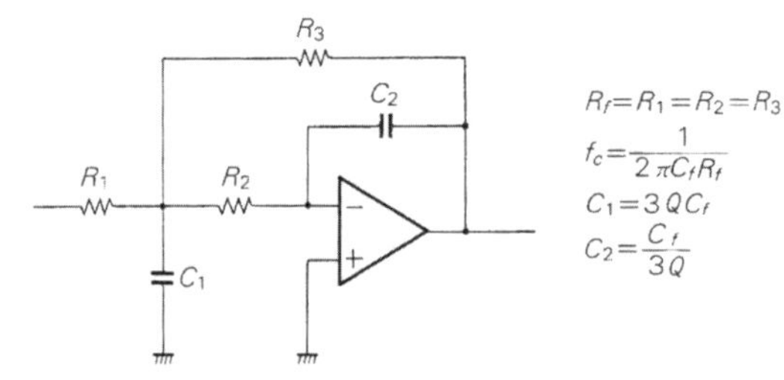

〈図 3-12〉
多重帰還型5次バタワース LPF のコンデンサ容量に5%の誤差が生じた場合のシミュレーション

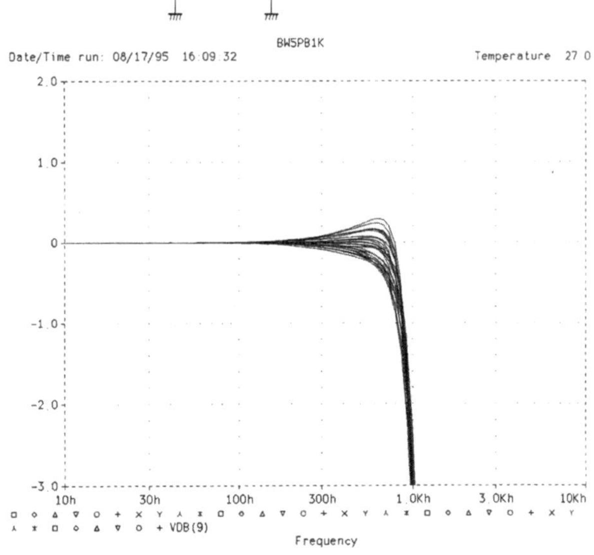

● 素子感度やひずみを小さくしたいときは多重帰還型 LPF

図 3-11 は多重帰還型と呼ばれる2次LPFです．**図 3-3** に示した利得1の正帰還型LPFにくらべると抵抗が1個多く，コンデンサの値も Q によって異なるので製造上不利になりますが，高域の減衰特性とひずみ特性が優れているのが特徴です．

また，素子感度も低くできます．**図 3-12** に5次バタワースLPFのコンデンサ容量に5%の誤差が生じたと仮定したときのモンテカルロ・シミュレーション結果を示します．**図 3-5** や**図 3-9** との違いがわかると思います．

OPアンプは一般に＋/－の入力部が大きく振れると，入力部の動作点の変化によって，利得や入力容量が微小変化して，ひずみを発生しやすくなります．したがって利得が小さい場合，OPアンプ入力部の振れの多い非反転増幅回路は，反転増幅回路にくらべてひずみ特性が劣ることがあります．

同様の理由で，その回路形式からアクティブ・フィルタも正帰還型よりも多重帰還型の

〈図 3-13〉 **実際に試作したしゃ断周波数 1 kHz の 4 次バタワース LPF の ひずみ-出力特性**（1 kHz 時）

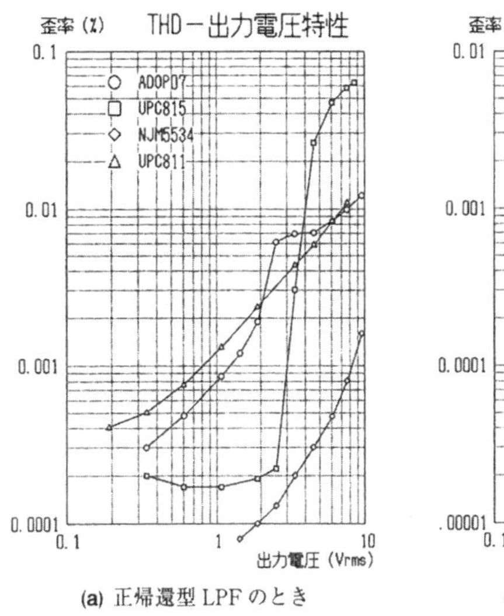

(a) 正帰還型 LPF のとき

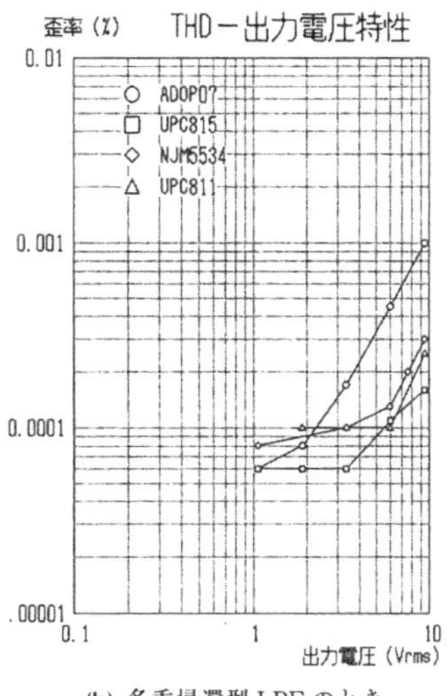

(b) 多重帰還型 LPF のとき

〈図 3-14〉 **実際に試作したしゃ断周波数 1 kHz の 4 次バタワース LPF の ひずみ-周波数特性**（5 V_{rms} 時）

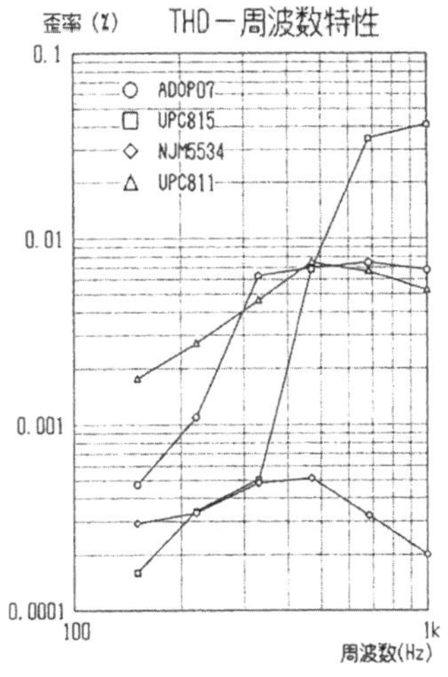

(a) 正帰還型 LPF のとき

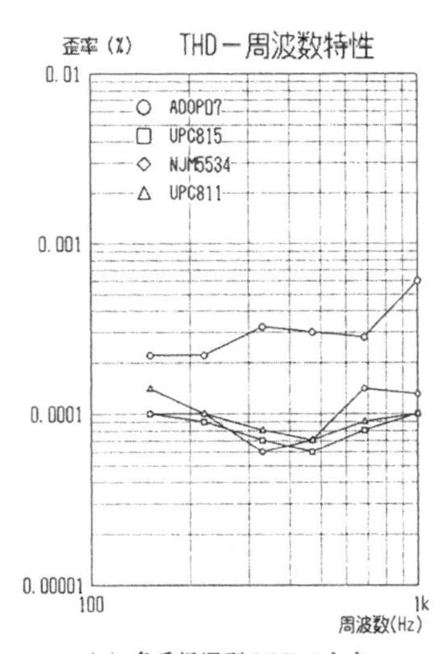

(b) 多重帰還型 LPF のとき

ほうがひずみ特性の良いフィルタが実現できます．

実際にしゃ断周波数1kHz，4次バタワースLPFを試作してひずみ特性を計測したのが**図3-13**です．正帰還型はOPアンプの種類によって大きくひずみが変化し，複雑なデータとなっていますが，多重帰還型はいずれのOPアンプもひずみ率計の測定限界に近い小さなひずみとなっています．

図3-14は，出力電圧を5 V_{rms}一定としたときのひずみ－周波数特性です．**図(a)**に示す正帰還型の場合，周波数が低くなるとひずみが減少する傾向にありますが，やはり複雑で大きく変化しています．これに対して**図(b)**の多重帰還型はひずみ率計の測定限界に近い値で落ち着いています(Y軸の目盛りが1桁異なっている点にも注意)．

● アクティブLPFは高域特性に注意する

アクティブ・フィルタの場合，周波数が高くなると使用しているOPアンプの利得が減少して，帰還量が減ります．そのため高域ではOPアンプの出力インピーダンスが高くなってきます．ということは，LPFであっても高域では必ずしもLPFとして機能しなくなる可能性があるということです．

図3-15は正帰還型LPFと多重帰還型LPFに高い周波数が加わったときの挙動を示したものです．正帰還型では入力信号がコンデンサを通過して出力に現れてしまい，高域での減衰特性が鈍ってしまいます．

しかし多重帰還型の場合は，最初のコンデンサが信号とグランド間に接続されているので，コンデンサの高域特性が優れていれば，OPアンプの帰還量が減っても特性悪化は少なくなります．

正帰還型と多重帰還型で，それぞれOPアンプを替え，しゃ断周波数1kHz，4次のバタワースLPFを試作して周波数特性を計測した結果を**図3-16**に示します．多重帰還型のほうが高域での減衰が大きく，またゲイン・バンド幅積*GBW*の低いOPアンプは高域

〈図3-15〉
高い周波数では多重帰還型のほうが特性が良い

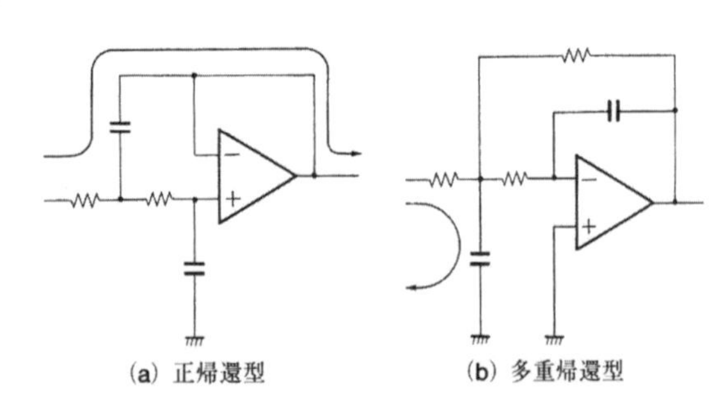

での減衰が小さくなっているのがよくわかります.

アクティブ・フィルタの高域減衰特性の悪化はOPアンプの帰還量の減少によるだけでなく，プリント基板上の配置や電源インピーダンスにも関係します．数十kHz以上の信号を扱うときは，OPアンプの選択や実装に十分な注意が必要です.

もし阻止すべき雑音が高周波におよび，OPアンプのスルーレートや処理周波数を越え

〈図3-16〉
正帰還型と多重帰還型LPFの減衰特性の違い

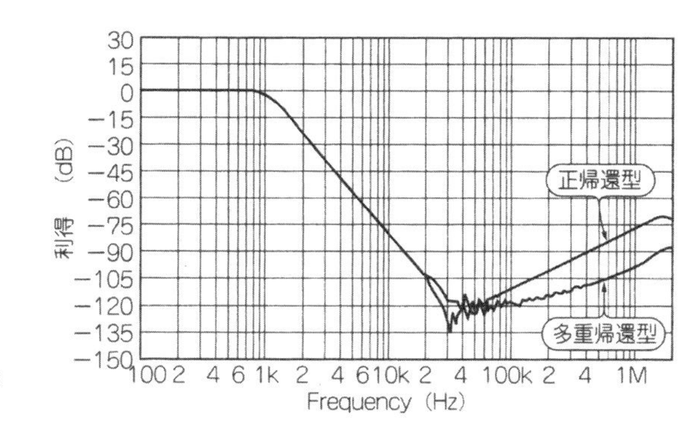

(a) ADOP07の場合，GBW=600 kHz

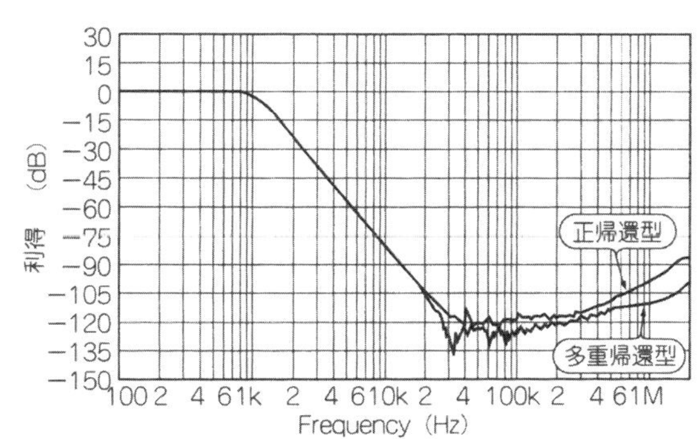

(b) μPC815の場合，GBW=7 MHz

〈図3-17〉
高い周波数の雑音が加わるときは初段に*LC*フィルタを使用する

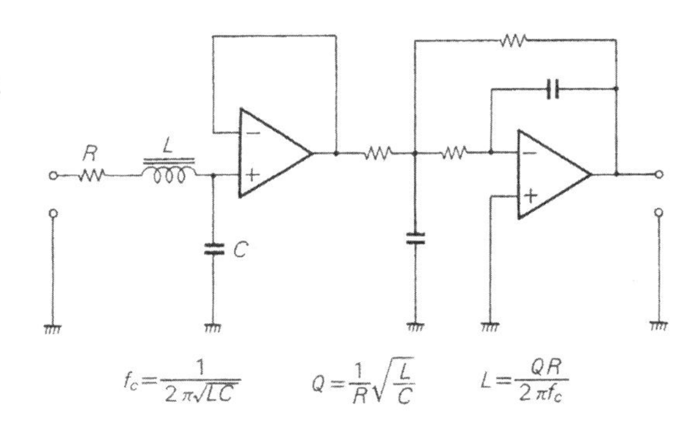

るときは，**図 3-17** に示すようにアクティブ・フィルタの前段に *LC* フィルタなどを積極的に配置して，高周波成分を十分に減衰させてアクティブ・フィルタに信号を入力します．

3.3 アクティブ・ハイパス・フィルタの設計

● 正帰還型 2 次 HPF の構成

高次アクティブ・ハイパス・フィルタの構成も，基本的にはローパス・フィルタのときと一緒です．2 次 HPF が基本になります．

図 3-18 に 5 次チェビシェフ HPF(利得＝1)の構成を示します．先に示した 5 次 LPF (**図 3-1**)の構成とよく見比べてください．

図 3-3 に示したローパス・フィルタの抵抗とコンデンサの位置を入れ替えると 2 次ハ

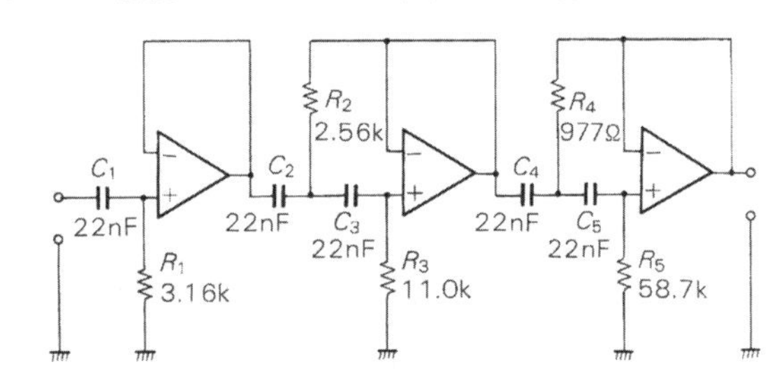

〈図 3-18〉
正帰還型，利得 A=1 の 5 次チェビシェフ HPF

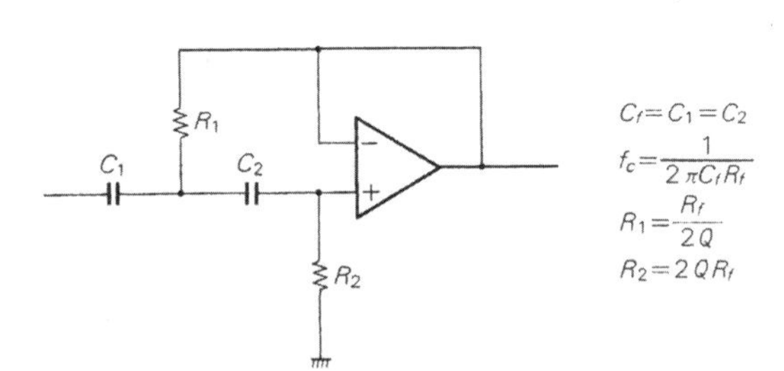

〈図 3-19〉
正帰還型，利得 A=1 の 2 次 HPF

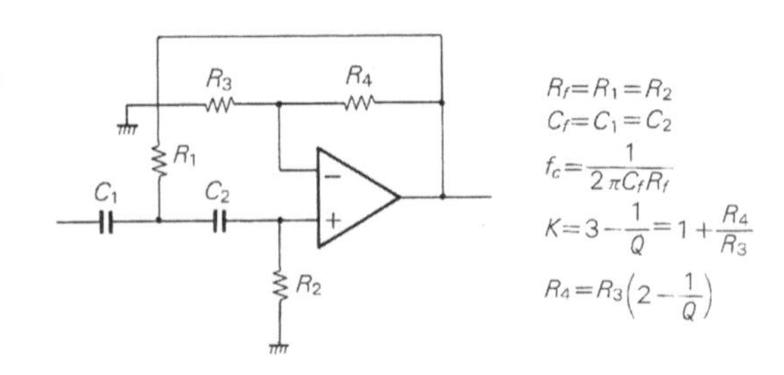

〈図 3-20〉
正帰還型，利得 $A\neq 1$ の 2 次 HPF

イパス・フィルタ(HPF)になります．この構成を**図3-19**に示します．

図3-19の回路ではC_1とC_2に同じ容量のコンデンサが使えるので，LPFにくらべるとコンデンサの選択が楽になります．

定数の計算は，**表3-1**に示したLPFの周波数正規化値を逆数にして使用します．

HPFにもLPFと同様に，任意の利得をもたせるようにした正帰還型HPFがあります．**図3-20**に回路と定数の計算式を示します．**図3-7**に示したLPFではコンデンサの容量を同一にできるところに回路の特徴がありましたが，HPFでは利得=1のタイプでもコンデンサの容量が同一にできるので，この回路を使用する理由がなくなります．

よって，回路方式としての存在を紹介するにとどめます．

● 5次チェビシェフHPFの計算例

図3-18に示した5次チェビシェフHPF(しゃ断周波数1 kHz，$A = 1$)の計算は次の順序で行います．

まず**表3-1(c)**から5次チェビシェフ(リプル0.25 dB)のしゃ断周波数とQを求めます．

f_1：1／0.43695，Q_1：0.5

f_2：1／0.73241，Q_2：1.03593

f_3：1／1.04663，Q_3：3.87568

チェビシェフ特性ですから，バタワースのときと違って各段のしゃ断周波数が異なった値になります．またLPFのときと同様に，Qが大きいと周波数特性にピークが生じてOPアンプの出力が飽和しやすくなるので，回路はQの小さい順に接続します．

次に**図3-19**の式からコンデンサの値を求めますが，数値はE12系列とし，$C_1 = C_2 = C_3 = C_4 = C_5 = 22\,\text{nF}$とします．

1段目はQ_1が0.5なので，1次のRCフィルタとなります．

$$R_1 = \frac{1}{2\pi \times 2.2886\,\text{kHz} \times 22\,\text{nF}} \fallingdotseq 3.161\,\text{k}\Omega$$

2段目は$C_2 = 22\text{nF}$，$Q_2 = 1.03593$から，

$$R_2 = \frac{1}{2\pi \times 1.3654\,\text{kHz} \times 22\,\text{nF}} \times \frac{1}{2 \times 1.03593} \fallingdotseq 2.557\,\text{k}\Omega$$

$$R_3 = \frac{1}{2\pi \times 1.3654\,\text{kHz} \times 22\,\text{nF}} \times (2 \times 1.03593) \fallingdotseq 10.98\,\text{k}\Omega$$

3段目も同様にして，

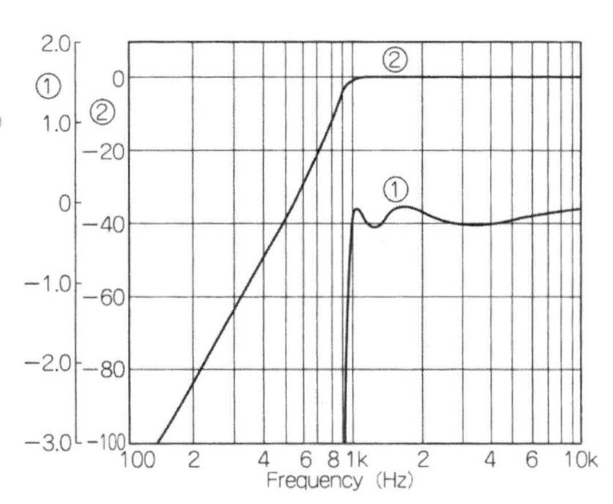

〈図3-21〉
図3-18(5次チェビシェフHPF)のシミュレーション（①のグラフは②を拡大したもの）

$$R_4 = \frac{1}{2\pi \times 0.9554\,\text{kHz} \times 22\,\text{nF}} \times \frac{1}{2 \times 3.87568} \fallingdotseq 976.9\,\Omega$$

$$R_5 = \frac{1}{2\pi \times 0.9554\,\text{kHz} \times 22\,\text{nF}} \times (2 \times 3.87568) \fallingdotseq 58.69\,\text{k}\Omega$$

となります．

抵抗値の選び方はLPFのときと同じですが，OPアンプの入力バイアス電流が**図3-19**のR_2を流れて，オフセット電圧が発生しますから注意が必要です．抵抗値が大きくなるときはFET入力のOPアンプを使用することになります．

図3-21に**図3-18**に示したHPFのシミュレーション結果を示します．

● 多重帰還型HPFの構成

図3-22は多重帰還型HPFの回路と定数の計算式です．この回路も多重帰還型LPFのときと同様に，正帰還型よりも低ひずみ特性が期待できます．

ただし，すべてのコンデンサが同じ容量にできるのですがコンデンサが3個必要になり，

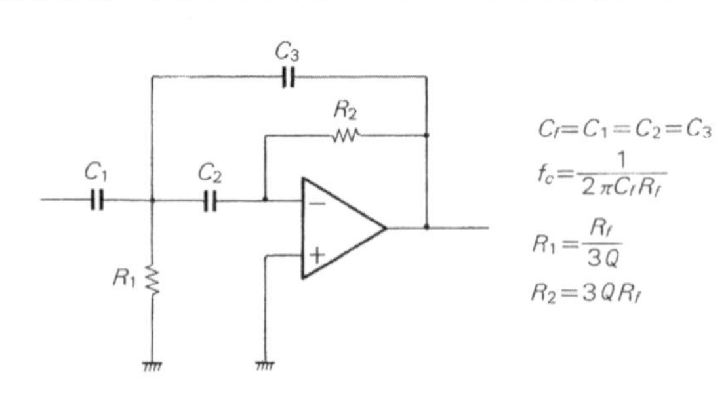

〈図3-22〉
多重帰還型2次HPF

正帰還型にくらべるとコストの点では不利といえます．

また多重帰還型 HPF は周波数が高くなると C_1, C_3 のインピーダンスが低くなり，入力インピーダンスが下がると共にＯＰアンプの負荷となっているため，広い周波数範囲では使用することができません．

ＯＰアンプの利得は非常に大きく，出力が飽和しない限り＋入力，－入力間の差動入力電圧はごくわずかです．そして多重帰還型のフイルタや78頁で説明するバイカッド型のフィルタは，ＯＰアンプの＋入力が接地されているため，－入力電圧の振れもごくわずかとなりＯＰアンプ初段の動作点の変化が少なくなり，低ひずみが実現できます．

このため高確度の計測器や高級オーディオのディバイディング・アンプなどに使用すると効果を発揮します．

なおＯＰアンプ初段の動作点が大きく変化したときのひずみ発生の度合いはＯＰアンプの種類によっても大きく異なるので，ＯＰアンプの選択には注意が必要です．

3.4 ステート・バリアブル・フィルタの設計

● ステート・バリアブル・フィルタとは

図 3-23 に示すのがステート・バリアブル・フィルタ(状態変数型フィルタ)と呼ばれる回路です．反転入力と非反転入力の二つのタイプがあります．いずれも OP アンプを 3 個も使用し，抵抗の数も 7 個と多いのですが，ほかの回路にはない次の利点があります．

① しゃ断周波数と Q を決定するための素子がそれぞれ単独に決定でき，互いに影響を及ぼさない．

② 使用する 2 個のコンデンサが同じ値に設計でき，コンデンサの容量に自由度がある．

③ 素子感度が低く，Q の大きな(100 程度まで)フィルタが実現できる．

④ 一つの回路で LPF，HPF，BPF の 3 種の出力が同時に取れる．

最近はコンパクトなアクティブ・フィルタ・モジュールが多くのメーカから発売されていますが，それに採用されているのが，ほとんどこのステート・バリアブル・フィルタです．

現在では多くの電子回路にコンパクトさが魅力の表面実装部品が使用され，実装における部品点数のデメリットは低減されています．そこで，同一容量の標準コンデンサが使用でき，素子感度が低いことなどのメリットから，フィルタ・モジュールの多くはこの型となっているようです．

〈図 3-23〉
ステート・バリアブル・フィルタ

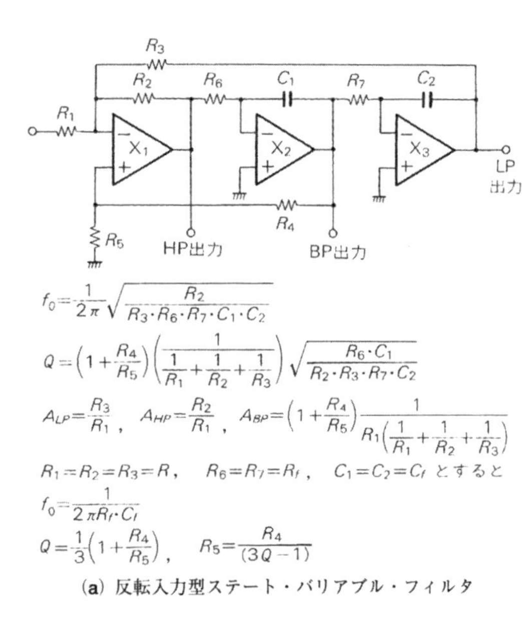

$$f_0=\frac{1}{2\pi}\sqrt{\frac{R_2}{R_3\cdot R_6\cdot R_7\cdot C_1\cdot C_2}}$$

$$Q=\left(1+\frac{R_4}{R_5}\right)\left(\frac{1}{\frac{1}{R_1}+\frac{1}{R_2}+\frac{1}{R_3}}\right)\sqrt{\frac{R_6\cdot C_1}{R_2\cdot R_3\cdot R_7\cdot C_2}}$$

$$A_{LP}=\frac{R_3}{R_1},\quad A_{HP}=\frac{R_2}{R_1},\quad A_{BP}=\left(1+\frac{R_4}{R_5}\right)\frac{1}{R_1\left(\frac{1}{R_1}+\frac{1}{R_2}+\frac{1}{R_3}\right)}$$

$R_1=R_2=R_3=R$，　$R_6=R_7=R_f$，　$C_1=C_2=C_f$ とすると

$$f_0=\frac{1}{2\pi R_f\cdot C_f}$$

$$Q=\frac{1}{3}\left(1+\frac{R_4}{R_5}\right),\quad R_5=\frac{R_4}{(3Q-1)}$$

(**a**) 反転入力型ステート・バリアブル・フィルタ

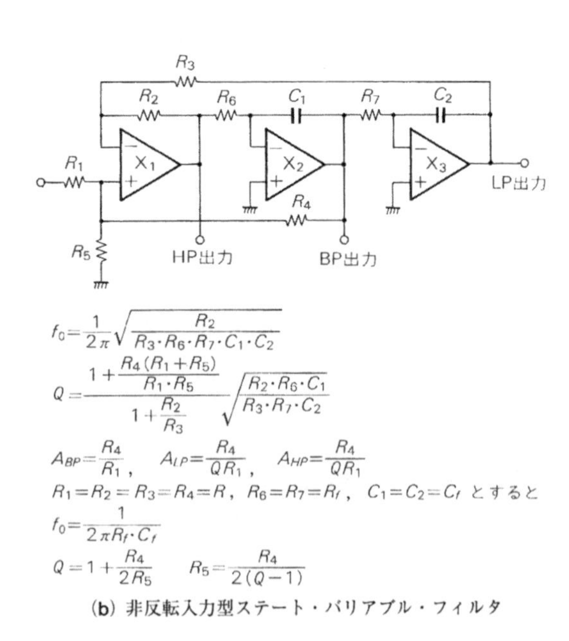

$$f_0=\frac{1}{2\pi}\sqrt{\frac{R_2}{R_3\cdot R_6\cdot R_7\cdot C_1\cdot C_2}}$$

$$Q=\frac{1+\frac{R_4(R_1+R_5)}{R_1\cdot R_5}}{1+\frac{R_2}{R_3}}\sqrt{\frac{R_2\cdot R_6\cdot C_1}{R_3\cdot R_7\cdot C_2}}$$

$$A_{BP}=\frac{R_4}{R_1},\quad A_{LP}=\frac{R_4}{QR_1},\quad A_{HP}=\frac{R_4}{QR_1}$$

$R_1=R_2=R_3=R_4=R$，$R_6=R_7=R_f$，　$C_1=C_2=C_f$ とすると

$$f_0=\frac{1}{2\pi R_f\cdot C_f}$$

$$Q=1+\frac{R_4}{2R_5}\qquad R_5=\frac{R_4}{2(Q-1)}$$

(**b**) 非反転入力型ステート・バリアブル・フィルタ

● 反転型と非反転型による特性の違い

図 3-24 が反転入力型ステート・バリアブル・フイルタによる LPF，HPF，BPF の振幅-周波数特性です．LPF と HPF では，Q の値にかかわらず通過帯域では利得が 1 ($R_1=R_2=R_3$ の場合)となり，BPF は通過域の利得が Q の値に比例して変化します．

図 3-25 が非反転入力型ステート・バリアブル・フィルタの特性です．BPF では Q の値に関わらず設定周波数での利得が 1 ($R_1=R_2=R_3$ の場合)となっており，LPF と HPF の通過域の利得は逆に，Q に反比例して減少します．

したがって実際の LPF あるいは HPF は，通過帯域で利得が 1 になる反転入力型を使い，BPF は中心周波数で利得が 1 になる非反転入力型のステート・バリアブル・フィルタを使用することになります．

図 3-25 の非反転入力型 LPF と HPF の特性を見ると，Q の値に関わらず設定周波数での利得が 1 となり，LPF では高域の減衰量が，HPF では低域の減衰量が BPF にくらべて大きくなっています．したがって BPF として使用するときは，減衰させたい周波数成分によっては，LPF あるいは HPF 出力を BPF として使用すると効果的なことがあります．**図 3-26** は，**図 3-23**(a) によって 5 次 LPF を構成して，コンデンサの容量に 5 %の誤差があると仮定したときのモンテカルロ・シミュレーションの結果を示します．

● 可変周波数/可変 *Q* のユニバーサル・フィルタへの応用

図 3-27 は，ステート・バリアブル・フイルタを可変周波数/可変 Q のユニバーサル・フィルタとして設計した回路です．

この回路では 1 デカードの単位はコンデンサをリレー(R_L)で切り替え，その間は抵抗値をアナログ・スイッチで切り替えています．抵抗値は 1，2，4，8 の重みをもって設計し，BCD コードをもったロータリ・スイッチで切り替えて，抵抗の数を節約しています．

周波数の設定は 10 Hz ～ 1.5 kHz までは 10 Hz ステップ，100 Hz ～ 15 kHz までは 100 Hz ステップの 2 レンジで行えるようになっています．BPF の Q は 2，5，10 の 3 点が選択できます．

なお，アナログ・スイッチには ON したときの残留抵抗… ON 抵抗があります．定数を決めるときはその分を考慮して決定・調整する必要があります．ここで使用したアナログ・スイッチは汎用の μPD5201 で，使用状態における ON 抵抗は 50 Ω として計算しています．

アナログ・スイッチの ON 抵抗成分は，電圧に対して非直線性をもっており，フィル

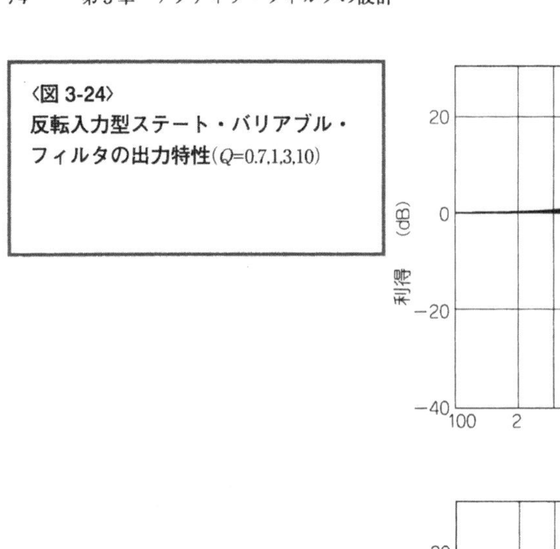

〈図 3-24〉
反転入力型ステート・バリアブル・フィルタの出力特性（Q=0.7,1,3,10）

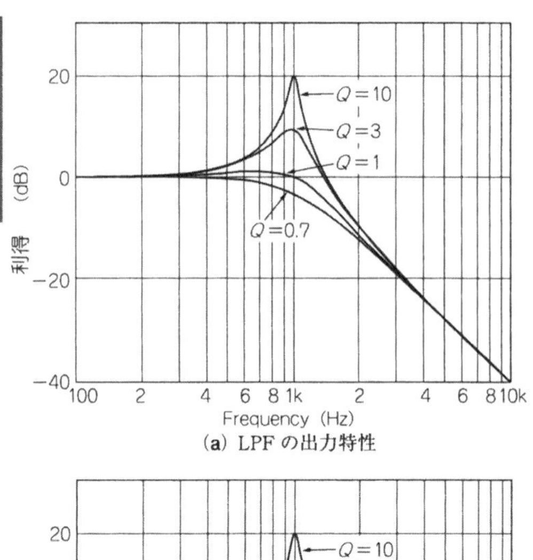

(a) LPF の出力特性

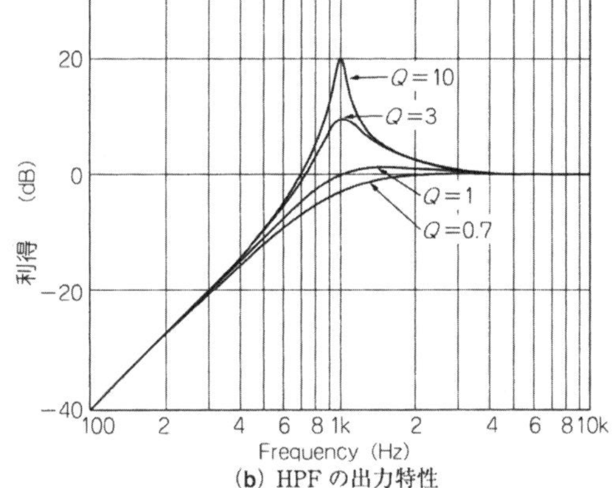

(b) HPF の出力特性

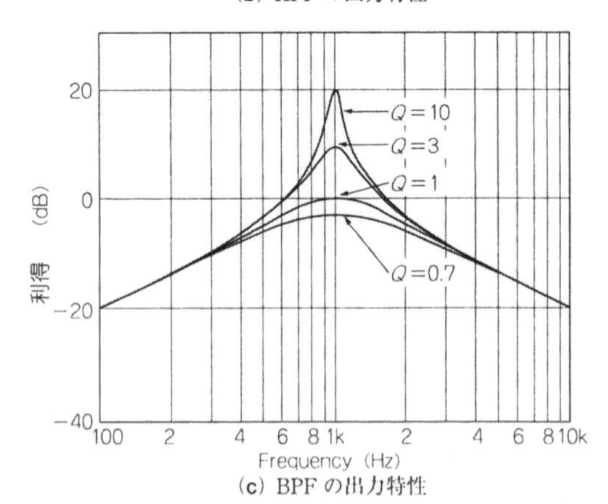

(c) BPF の出力特性

〈図 3-25〉
非反転入力型ステート・バリアブル・フィルタの出力特性(Q = 1,3,10)

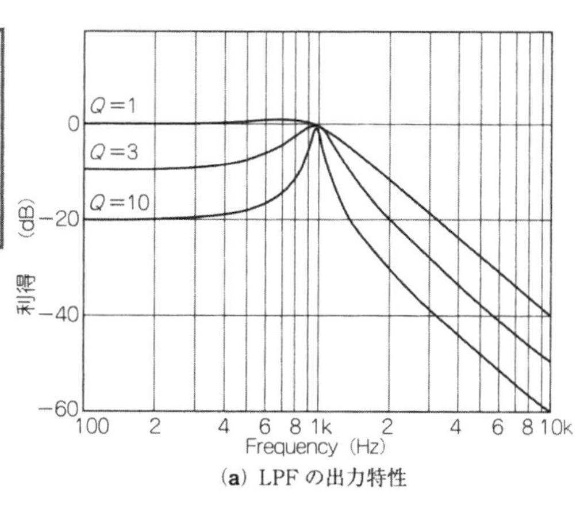

(a) LPF の出力特性

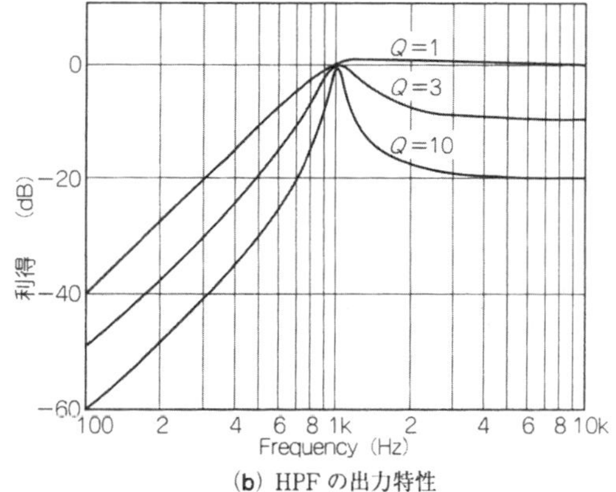

(b) HPF の出力特性

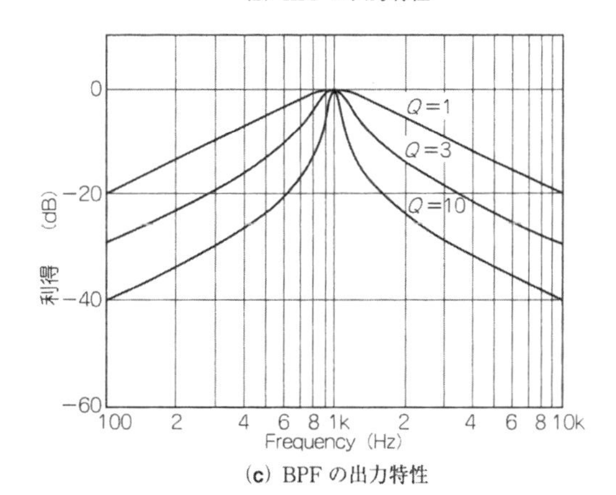

(c) BPF の出力特性

〈図 3-26〉
ステート・バリアブル5次LPFのコンデンサ容量に5%の誤差が生じた場合のシミュレーション

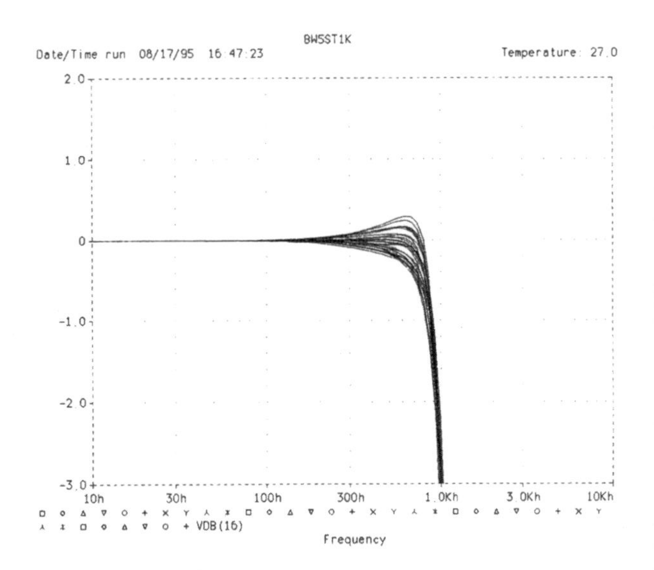

タ回路に使用するときはひずみの原因となります．できる限りON抵抗の少ないアナログ・スイッチを使用し，また抵抗とアナログ・スイッチのON抵抗の比を大きくとって，ひずみの発生を少なくする必要があります．

本来ならコンデンサの切り替えにも半導体であるアナログ・スイッチを使用したいところですが，コンデンサに抵抗成分が付加するとフィルタの減衰特性に直接影響を与えます．よって，残念ながらここにはアナログ・スイッチは使用できません．直接ロータリ・スイッチで切り替えるか，小型メカ・リレーを使用することになります．

● 市販のステート・バリアブル・フィルタ・モジュール

ステート・バリアブル・フィルタは利用範囲が広く特性も優れているため，多くのメーカから便利なモジュールが発売されています．

これらのモジュールは周波数を可変するための抵抗とアナログ・スイッチを内蔵し，周波数確度を確保するために抵抗をレーザ・トリミングしてあります．コンパクトにしたいときはモジュールの活用も有効です．

表3-2に代表的なものを紹介しておきます．

〈図 3-27〉 可変周波数/可変 Q のユニバーサル・フィルタ(10 Hz ～ 15 kHz)

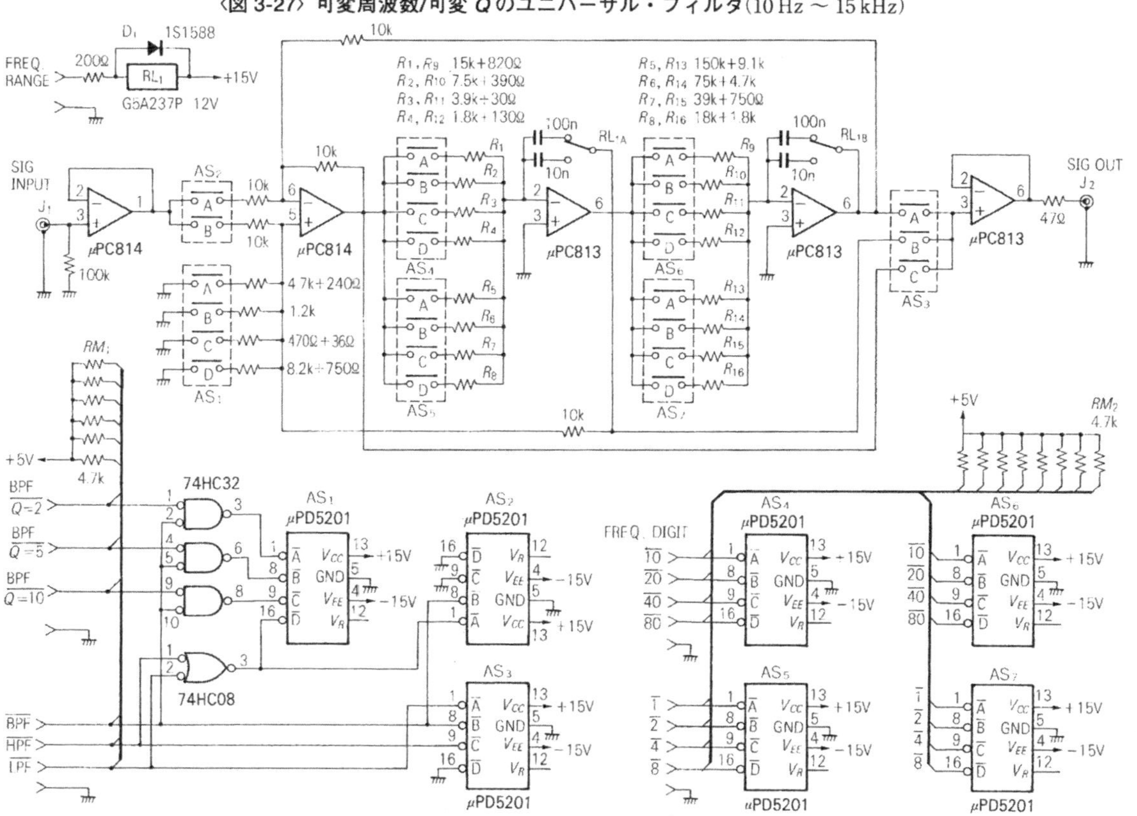

〈表 3-2〉 市販のステート・バリアブル・フィルタ・モジュールの一例
〔㈱エヌエフ回路設計ブロック〕

型名	減衰傾度	しゃ断(中心)周波数範囲			周波数設定ロジック
DT-212	12 dB/oct (ハイパス/ローパス) 6 dB/oct (バンドパス)	D型 160 kHz max.	DC1型 1 Hz ～ 1.599 kHz	DC2型 100 Hz ～ 159.9 kHz	BCD3桁 (最上位は15まで可)
DT-408	12 dB/oct×2段 (ハイパス/ローパス) 6 dB/oct×2段 (バンドパス)	D型 外付けキャパシタによる		DC2型 1 kHz ～ 159 kHz	BCD2桁 (最上位は15まで可)
DT-208	12 dB/oct (ハイパス/ローパス) 6 dB/oct (バンドパス)	D型 1.6 MHz max		DC3型 10 kHz ～ 1.59 MHz	BCD2桁 (最上位15まで可)
DT-5FL	60 dB/oct 相当 5次連立チェビシェフ	1型 10 Hz ～ 2 kHz		2型 100 Hz ～ 20 kHz	3ビット・バイナリ
DT-6FL	80 dB/oct 相当 6次連立チェビシェフ	1型 10 Hz ～ 2 kHz		2型 100 Hz ～ 20 kHz	3ビット・バイナリ
DT-8FL	130 dB/oct 相当	1型 20 Hz ～ 20 kHz		2型 100 Hz ～ 100 kHz	4ビット・バイナリ
OP-102	DT-212と組み合わせてロジック信号で周波数を設定できる正弦波発振用アダプタ 周波数：1 Hz ～ 100 Hz、ひずみ率：0.01 %、90°(位相遅れ)出力端子付き				BCD3桁 (DT-212による)

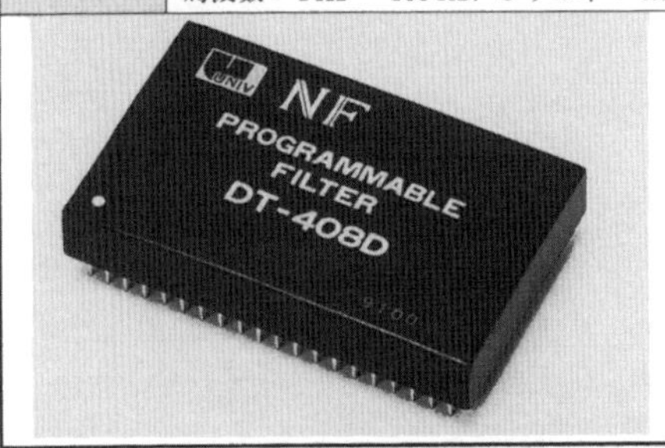

● よく似た構成…低ひずみにはバイカッド・フィルタ

ステート・バリアブル・フィルタによく似たフィルタに，**図 3-28** に示すバイカッド・フィルタと呼ばれるタイプがあります．正帰還型フィルタや多重帰還型フィルタに比べると，ステート・バリアブル・フィルタと同様に素子感度が低く，Qの大きなフィルタを実現することができます．そして，一つの回路からLPF，BPFの出力を同時にとることができます．HPFが同時に必要なときはOPアンプ4個の回路となります．

このバイカッド・フィルタはすべてのOPアンプ＋入力がグラウンドされているので，ステート・バリアブル・フィルタに比べて，多重帰還型フィルタと同様に低ひずみが期待できる点が特徴です．

ただし残念なことに，周波数とQを決定するための素子が影響しあうため，周波数可変のユニバーサル・フィルタには向きません．

〈図 3-28〉バイカッド・フィルタの構成

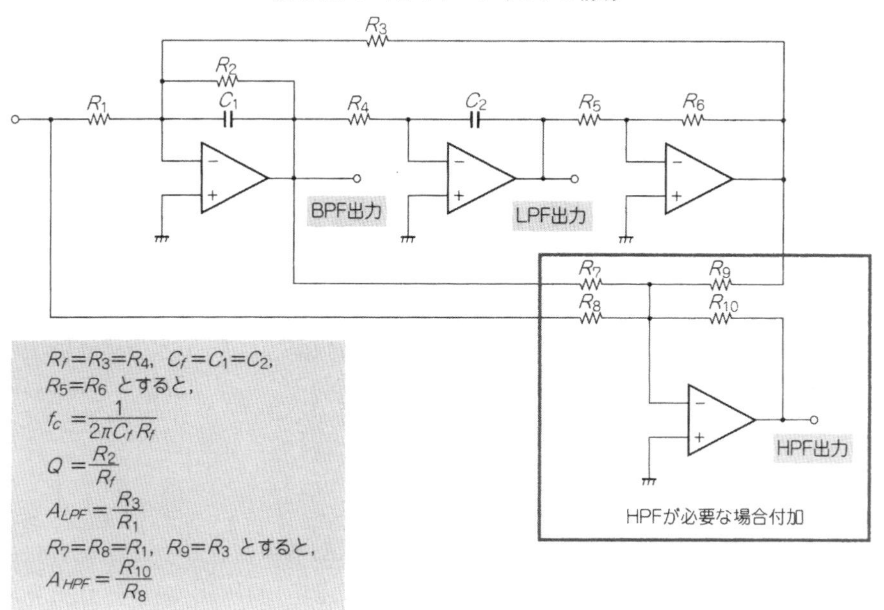

3.5 バンドパス・フィルタの設計

● LPF と HPF をカスケードにすると

図 3-29 に示すように，ローパス・フィルタ(LPF)とハイパス・フィルタ(HPF)を縦続接続…カスケードすると，特定の周波数帯域だけを通過させるバンドパス・フィルタ(BPF)を実現することができます．しかし，単純にカスケード接続しただけでは通過帯域が広くなってしまいます．

これに対して，高域しゃ断周波数と低域しゃ断周波数の比が小さい…つまり通過帯域幅の狭い BPF を得る場合は，**図 3-30** のように，中心周波数の異なった 2 次の BPF 回路をカスケードすることによって，より減衰傾度の大きい BPF を実現することができます．

また，ほかのフィルタと同様に，カスケード型 BPF にもバタワース，ベッセル，チェビシェフ特性があり，平坦性，過渡応答特性，減衰特性のいずれを重視するかによって，それらを選択することになります．

● コラムA ●
ステート・バリアブル・フィルタの低ひずみ発振器への応用

〈図3-A〉ステート・バリアブル・フィルタを用いた低ひずみ発振器

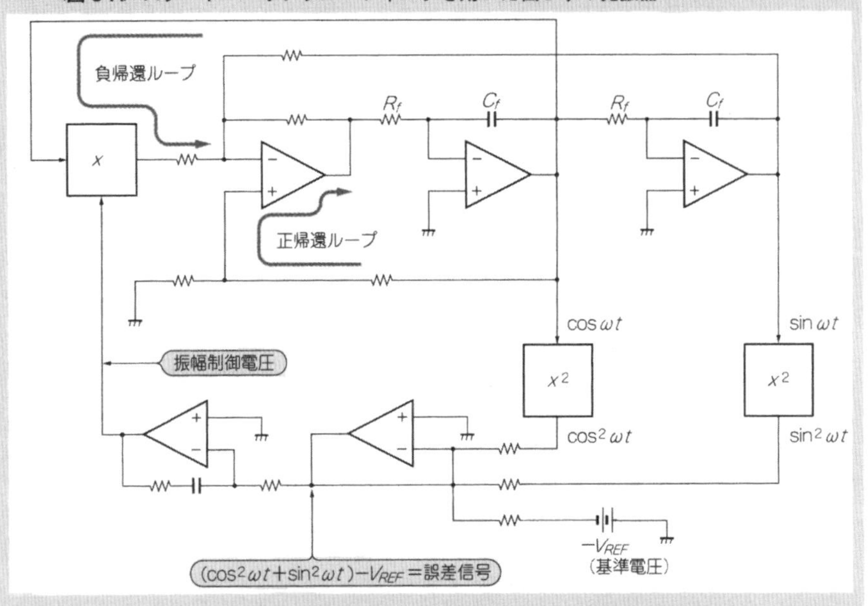

ステート・バリアブル・フィルタは周波数可変が容易で，ひずみの発生も少ないため，正帰還をかけて振幅制御回路(AGC … Auto Gain Controll)を付加すると，低ひずみ率発振器が実現できます．**図3-A**にブロック図の一例を示します．

一般の低ひずみ発振器の場合，発振出力の振幅を一定にするためにAGCを使用しますが，AGCのための出力振幅検出のために，発振出力を検波した後に平均化して出力振幅に比例した直流信号を得ています．このとき，検波した直流信号にリプルが重畳しているとAGCによってひずみが生じてしまいます．そのため低ひずみ発振器を実現するには，平均化のための時定数を非常に長くしなければならず，100 Hz以下の場合は一定振幅になるまでの時間が無視できなくなって発振器としては実用的ではありません．

ところが，ステート・バリアブル・フィルタの場合はうまいことにBPF出力とLPF出力で位相が90°異なっていて，cos出力とsin出力になります．そこで両者を自乗回路に導入して合成すると三角関数の式より，

表 3-3 に各特性のカスケード型 BPF の正規化表を示します．表の利得 G はカスケードによる利得低下の補正利得を示しています．

カスケード型 BPF を構成するための 2 次の BPF 回路には，先に示したステート・バリアブル・フィルタのほかに以下の回路が使用できます．

〈図 3-29〉
LPF と HPF を縦続接続して BPF を作る

〈図 3-30〉
狭帯域バンドパス・フィルタの合成

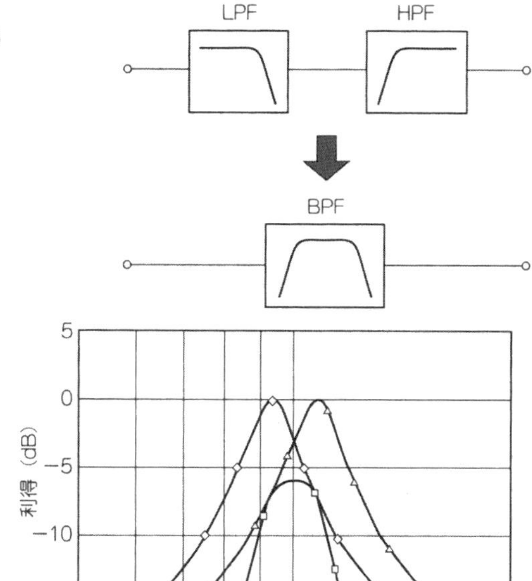

$$\cos^2+\sin^2 = 1$$

となります．

この式は，cos 出力と sin 出力を自乗して加算すると振幅の情報を持った直流が得られることを示しています．そして何より平均化することなく直流になるので，低周波でも一定時間になるまでの待ち時間なしに AGC のための直流信号が得られます．(実際には演算誤差によるリプルが若干現れるので，短い時定数の平均化回路は必要)

ステート・バリアブル・フィルタを利用すると，こうして応答の速い，可変周波数の発振器が実現できます．

〈表 3-3〉カスケード型バンドパス・フィルタ設計のための正規化表

実現する BPF			各段の f_0 と Q				
次数 n	Q_{bp}	利得 G	$f_{01}(Q_1)$	$f_{02}(Q_2)$	$f_{03}(Q_3)$	$f_{04}(Q_4)$	$f_{05}(Q_5)$
2	2	2.064	0.8365 (2.87)	1.1955 (2.87)	−	−	−
	5	2.010	0.9316 (7.09)	1.0734 (7.09)	−	−	−
	10	2.003	0.9653 (14.15)	1.0360 (14.15)	−	−	−
3	2	4.190	0.8054 (4.09)	1.2417 (4.09)	1.0000 (2.00)	−	−
	5	4.030	0.9170 (10.04)	1.0905 (10.04)	1.0000 (5.00)	−	−
	10	4.007	0.9576 (20.02)	1.0443 (20.02)	1.0000 (10.00)	−	−
4	2	8.512	0.9065 (2.18)	1.1031 (2.18)	0.7946 (5.37)	1.2585 (5.37)	−
	5	8.080	0.9623 (5.42)	1.0392 (5.42)	0.9118 (13.12)	1.0967 (13.12)	−
	10	8.018	0.9810 (10.83)	1.0193 (10.83)	0.9549 (26.16)	1.0473 (26.16)	−
5	2	17.294	0.8612 (2.50)	1.1612 (2.50)	0.7896 (6.65)	1.2665 (6.65)	1.0000 (2.00)
	5	16.204	0.9428 (6.19)	1.0607 (6.19)	0.9094 (16.25)	1.0997 (16.25)	1.0000 (5.00)
	10	16.053	0.9710 (12.37)	1.0299 (12.37)	0.9536 (32.40)	1.0487 (32.40)	1.0000 (10.00)

(a) カスケード型バタワース BPF の正規化表

実現する BPF			各段の f_0 と Q				
次数 n	Q_{bp}	利得 G	$f_{01}(Q_1)$	$f_{02}(Q_2)$	$f_{03}(Q_3)$	$f_{04}(Q_4)$	$f_{05}(Q_5)$
2	2	1.370	0.8482 (1.84)	1.1790 (1.84)	−	−	−
	5	1.339	0.9380 (4.54)	1.0661 (4.54)	−	−	−
	10	1.335	0.9686 (9.07)	1.0324 (9.07)	−	−	−
3	2	2.038	0.7739 (1.97)	1.2922 (1.97)	1.0000 (1.51)	−	−
	5	1.929	0.9043 (4.78)	1.1059 (4.78)	1.0000 (3.77)	−	−
	10	1.915	0.9511 (9.53)	1.0515 (9.53)	1.0000 (7.54)	−	−
4	2	3.156	0.8977 (1.48)	1.1140 (1.48)	0.7293 (2.13)	1.3711 (2.13)	−
	5	2.878	0.9598 (3.68)	1.0419 (3.68)	0.8825 (5.10)	1.1332 (5.10)	−
	10	2.840	0.9798 (7.36)	1.0206 (7.36)	0.9395 (10.14)	1.0644 (10.14)	−
5	2	5.058	0.8267 (1.47)	1.2096 (1.47)	0.6907 (2.23)	1.4478 (2.23)	1.0000 (1.33)
	5	4.385	0.9299 (3.62)	1.0754 (3.62)	0.8627 (5.62)	1.1592 (5.26)	1.0000 (3.32)
	10	4.296	0.9646 (7.22)	1.0367 (7.22)	0.9289 (10.44)	1.0766 (10.44)	1.0000 (6.64)

(b) カスケード型ベッセル BPF の正規化表

● Q＝10 以下なら OP アンプ 1 個の多重帰還型 BPF

この回路は OP アンプが 1 個で構成でき，もっとも少ない部品点数で BPF を実現できるものです．**図 3-31** にその構成と計算式を示します．ただし，この回路は Q によって利得が決定してしまいます．しかも Q^2 に比例するため回路の柔軟性に欠け，一般には Q = 10 以下までが実用限界といえます．また OP アンプの裸利得は，共振周波数において $2Q^2$ よりも十分大きい必要があります．

実現するBPF			各段の f_0 と Q				
次数 n	Q_{bp}	利得 G	$f_{01}(Q_1)$	$f_{02}(Q_2)$	$f_{03}(Q_3)$	$f_{04}(Q_4)$	$f_{05}(Q_5)$
2	2	2.705	0.8356 (3.62)	1.1968 (3.62)	–	–	–
	5	2.633	0.9309 (8.92)	1.0742 (8.92)	–	–	–
	10	2.623	0.9649 (17.8)	1.0364 (17.8)	–	–	–
3	2	9.529	0.8052 (6.69)	1.2420 (6.69)	1.0000 (3.27)	–	–
	5	9.164	0.9166 (16.4)	1.0910 (16.4)	1.0000 (8.16)	–	–
	10	9.112	0.9574 (32.7)	1.0445 (32.7)	1.0000 (16.3)	–	–
4	2	47.265	0.9081 (4.46)	1.1013 (4.46)	0.7945 (11.0)	1.2586 (11.0)	–
	5	44.883	0.9623 (11.1)	1.0392(11.1)	0.9116 (26.9)	1.0970 (26.9)	–
	10	44.547	0.9810 (22.2)	1.0194 (22.2)	0.9547 (53.7)	1.0474 (53.7)	–
5	2	278.63	0.8631 (6.23)	1.1586 (6.23)	0.7896 (16.6)	1.2665 (16.6)	1.0000 (4.98)
	5	261.26	0.9428 (15.4)	1.0607 (15.4)	0.9092 (40.5)	1.0999 (40.5)	1.0000 (12.5)
	10	258.82	0.9710 (30.8)	1.0299 (30.8)	0.9535 (80.7)	1.0488 (80.7)	1.0000 (24.9)

(c) カスケード型チェビシェフ(0.25 dB)BPF の正規化表

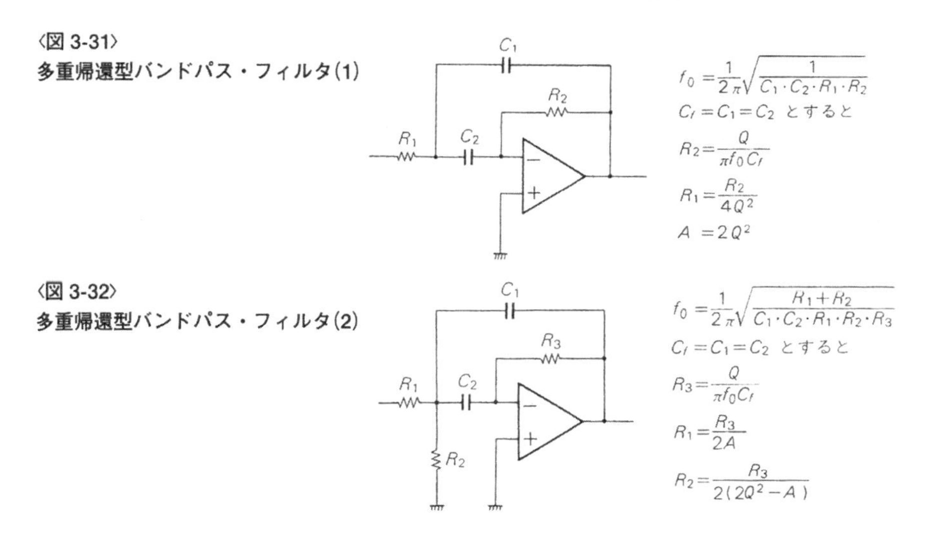

〈図 3-31〉
多重帰還型バンドパス・フィルタ(1)

〈図 3-32〉
多重帰還型バンドパス・フィルタ(2)

図 3-31 の回路を改良したのが**図 3-32** です．抵抗を 1 本追加しただけですが，利得を自由に設定することができます．しかも追加した抵抗(R_2)を微小変化させることによって，利得 A と Q にあまり影響を与えずに中心周波数だけを可変できるようになります．

しかし，この回路も安定性を考えると Q = 10 以下が実用限界といえます．

カスケード接続による BPF の場合，中心周波数の確度が重要なので，**図 3-32** のように利得 A と Q に影響を与えず中心周波数だけが調整できることは大きなメリットです．

● 中心周波数 1 kHz，Q=5 のバンドパス・フィルタ

では**図 3-32** の回路を使用した中心周波数 1 kHz，$Q=5$，利得 =1 のバタワース 2 段接続 BPF を設計してみましょう．

回路構成は**図 3-33** のようになります．実際に試作するときは，R_2 と R_5 に微調整用の半固定抵抗を接続して，中心周波数を調整します．

2 次のバタワース BPF ですから，まず**表 3-3(a)**から，

$$f_{01} = 0.9316,\ f_{02} = 1.0734,\ Q_1 = Q_2 = 7.09,\ 利得\ G_1 = 2.010$$

を選びます．

回路の利得の補正は 1 段目で行います．1 段目の定数を，

$$f_{01} = 931.6\,\mathrm{Hz},\ Q_1 = 7.09,\ 利得\ G_1 = 2.010$$

とします．また，すべてのコンデンサの値は 22 nF を使用します．すると，

$$R_3 = \frac{7.09}{\pi \times 931.6\,\mathrm{Hz} \times 22\,\mathrm{nF}} = 110.1\,\mathrm{k\Omega}$$

$$R_1 = \frac{R_3}{2 \times 2.010} = 27.39\ \mathrm{k\Omega}$$

$$R_2 = \frac{R_3/2}{2 \times 7.09^2 - 2.010} = 558.7\ \Omega$$

となります．つづいて 2 段目の定数は，

$$f_{02} = 1.0734\,\mathrm{kHz},\ Q_2 = 7.09,\ 利得\ G_2 = 1$$

となるので，

$$R_6 = \frac{7.09}{\pi \times 1.0734\,\mathrm{kHz} \times 22\mathrm{nF}} = 95.57\,\mathrm{k\Omega}$$

$$R_4 = \frac{R_6}{2 \times 1} = 47.78\,\mathrm{k\Omega}$$

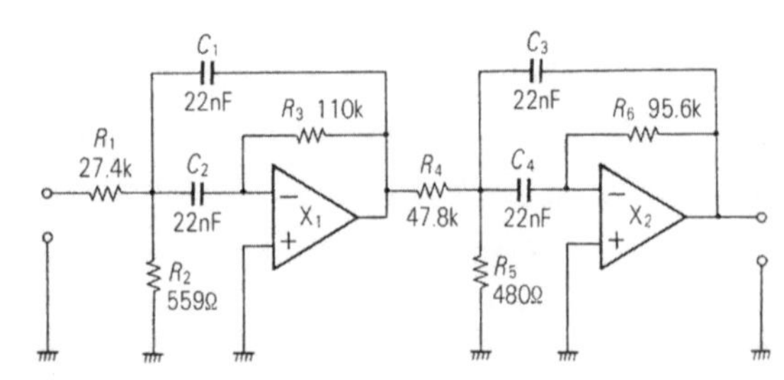

〈図 3-33〉
中心周波数 1 kHz，Q=5 のバタワース BPF

〈図 3-34〉
図 3-33 の回路の利得・位相-周波数特性シミュレーション

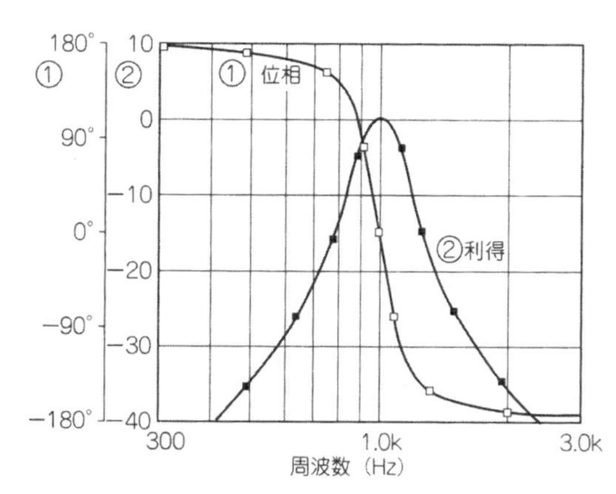

$$R_5 = \frac{R_6/2}{2 \times 7.09^2 - 1} = 480.0\ \Omega$$

となります．

以上の定数で周波数特性をシミュレーションした結果を**図 3-34** に示します．

● 高い *Q* を得るには増幅器 2 個の BPF（DABP … Dual Amp Band Pass Filter）

OP アンプを 2 個使用して，より大きな Q を実現できるようにした BPF が**図 3-35** です．2 段増幅器型ということで DABP とも呼ばれています．この回路では Q=100 程度までは実用になります．

ただ，この回路の利得は Q に関わらず 2 となります．利得を 2 以下にしたいときは，多重帰還 BPF のときと同様に**図 3-36** のような回路を使用します．

この DABP は OP アンプを 2 個使用するためにコスト負担が大きそうですが，2 回路入りの OP アンプを使用すれば，ステート・バリアブルにくらべて使用素子数も少なくなり，狭帯域…シャープな BPF を実現するには有用な回路といえます．

〈図 3-35〉
2 段増幅器型（DABP）バンドパス・フィルタ

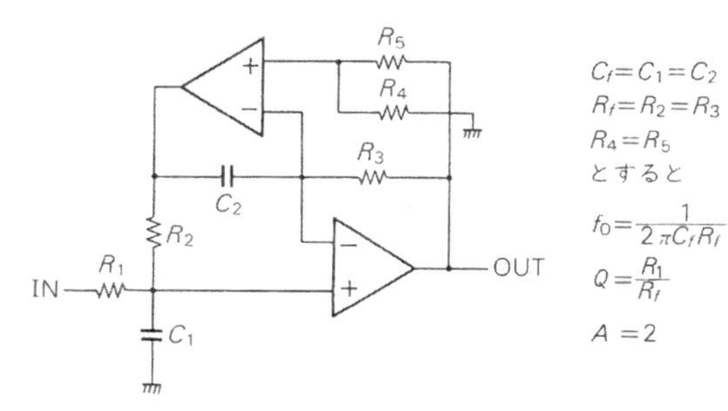

〈図 3-36〉
A=2 以下にする 2 段増幅器型 (DABP)バンドパス・フィルタ

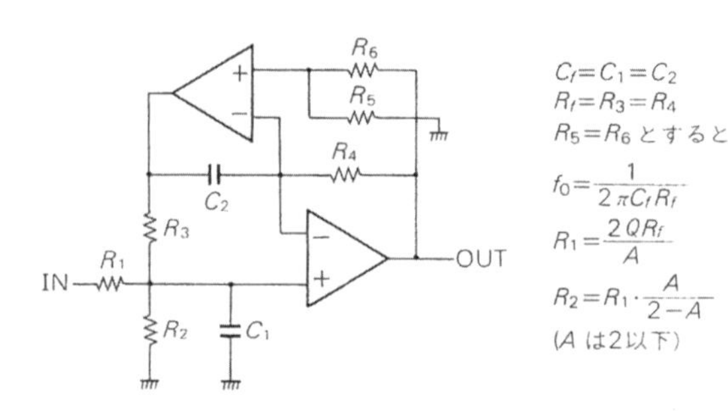

なお調整のとき，最初に周波数の微調整を**図 3-35** の R_2 で行い，そのあと R_1 で Q を調整すれば，周波数と Q を互いに影響を与えずに独立して調整することができます．

さらに DABP には 2 個の OP アンプの帯域幅が等しいと Q の変動が少なくなるという性質があります．2 個入りの特性の揃った OP アンプを使用することにより，高域でも良い特性を期待することができます．

● OP アンプの雑音評価に使用できる帯域幅 100 Hz の BPF

では OP アンプなどの雑音評価にも使用できる，中心周波数 1 kHz，帯域幅 100 Hz の BPF を実際に設計してみましょう．

OP アンプの雑音評価などの場合は，できれば帯域幅 1 Hz の BPF が望ましいのですが，中心周波数 1 kHz に対して帯域幅 1 Hz では Q が 1000 となり，アクティブ BPF では実現が困難になります．

しかし，OP アンプの中域の雑音はホワイト・ノイズですから，性質からして雑音の大きさは周波数帯域幅の平方根に比例します．したがって中心周波数 1 kHz，帯域 100 Hz での雑音電圧を 1/10 にしてみれば，1 Hz 当たりの雑音電圧に換算することができます．

設計した BPF の構成を**図 3-37** に示します．コンデンサはすべて 33 nF，容量誤差 1% 以内のものを使用します．抵抗は E24 系列で，誤差 1%以内のものを組み合わせて計算値の 1%以内にしています．

まず**表 3-3(a)**から正規化値を求めると，各段の中心周波数と Q は下記のようになります．

1 段目：f_{01} = 0.9576 kHz，Q_1 = 20.02

2 段目：f_{02} = 1.0443 kHz，Q_2 = 20.02

3 段目：f_{03} = 1.0000 kHz，Q_3 = 10

補正利得が4.007，各段の利得は2なので，初段に低雑音増幅器を設け，ここで利得を約50倍にします．最後にトータル利得が100になるようVR_1で調整します．

カスケード接続BPFの場合，各段の中心周波数に誤差があると，それは通過域のリプルとなります．したがって，各段にはそれぞれ半固定抵抗を設け，中心周波数を正確に調整します．各段のBPFは，中心周波数で入出力の位相が0°になります．

1段目の中心周波数の調整は，f_{01}=957.6 Hzの信号を入力端子に加えて調整します．位相をピッタリ調整するにはオシロスコープを*X-Y*モードにして，TP_1とTP_2のリサージュ波形を表示させます．調整のようすを**写真3-1**に示します．具体的には(**a**)から(**b**)になるようにVR_2を回して調整します．

同様に2段目ではf_{02}=1.0443 kHz，3段目ではf_{03}=1 kHzを入力端子に加えて，それぞれVR_3とVR_4を調整します．

図3-38が調整後の周波数特性です．100 dB以上の減衰特性をきれいに実現しています．－3dB点の帯域幅は理論値に対して3%ほど広くなっています．

〈図3-37〉DABPを使用した中心周波数1kHz，*Q*=10のバタワースBPF

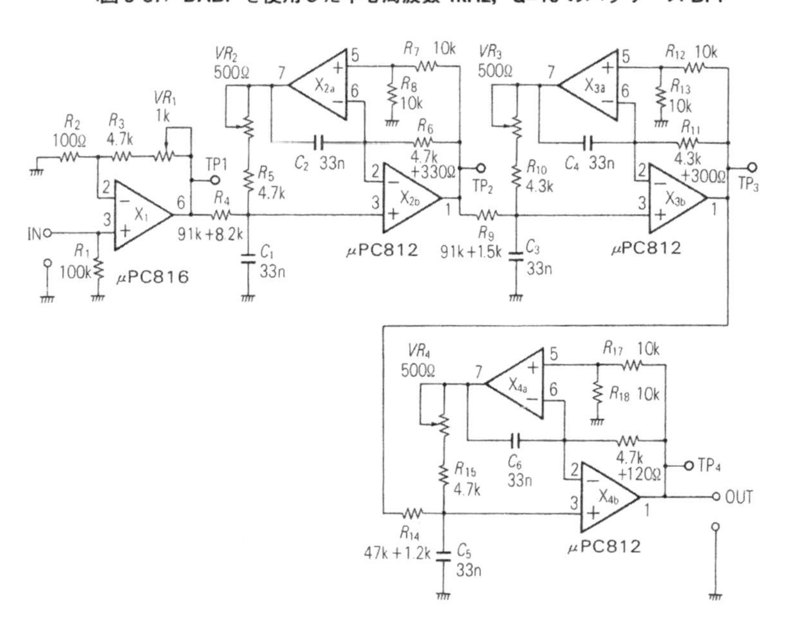

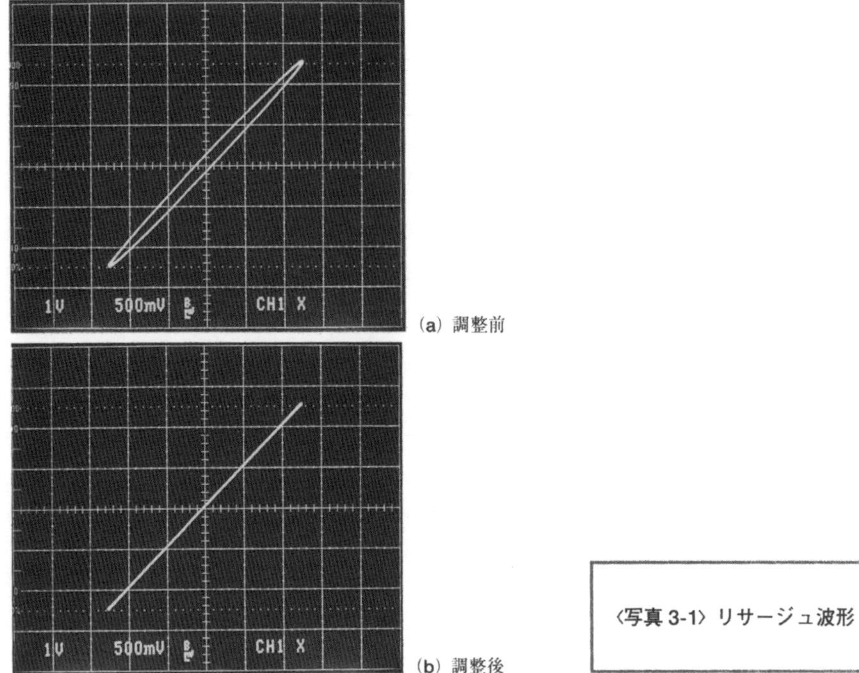

(a) 調整前

(b) 調整後

〈写真 3-1〉リサージュ波形

図 3-39 が 1 kHz でのひずみ特性です．これも非常に低ひずみになっていることがわかります．

ところで BPF では，雑音成分による過大信号が入力されても BPF の効果によって出力波形がひずまず，BPF が飽和しているのを見過ごす危険があります．実際に使用するときは，途中の OP アンプ出力電圧(TP_1)を監視するための過大信号検知回路を付加する必要があります．

写真 3-2 は，正弦波 1 kHz の信号を 50 波形トーン・バースト信号として入力したときの出力応答波形です．このフィルタでは通過域の平坦性を最優先してバタワース特性にしたため，過渡特性にうねりが生じています．また，立ち下がり特性では信号がいったん 0 になってからふたたび小さな山が生じています．面白い形になってはいますが，立ち上がりと立ち下がりのエンベロープをたどってみると同じ形となるので，なるほどと直感的に納得できます．

第 4 章の *LC* による BPF の項でも説明しますが，この応答波形のエンベロープ特性はしゃ断周波数 50 Hz，3 次バタワース LPF のステップ応答波形と同じ形となります．

〈図 3-38〉
図 3-37 の回路の特性(実測値)

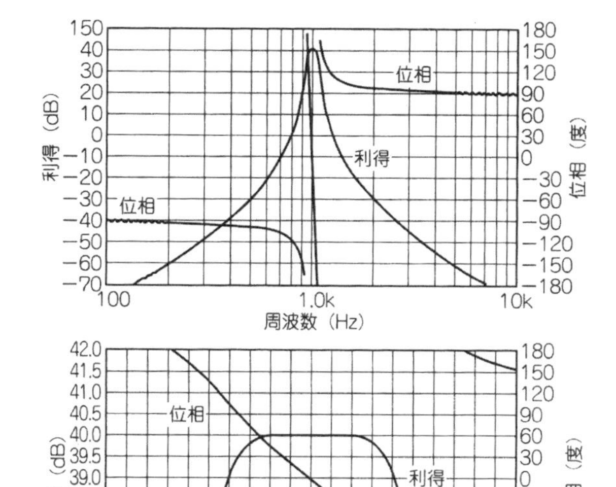

(a) 振幅・位相-周波数特性

(b) 振幅・位相-周波数特性
〔(a)を拡大したもの〕

〈図 3-39〉 DABP 1 kHz BPF のひずみ-出力電圧特性

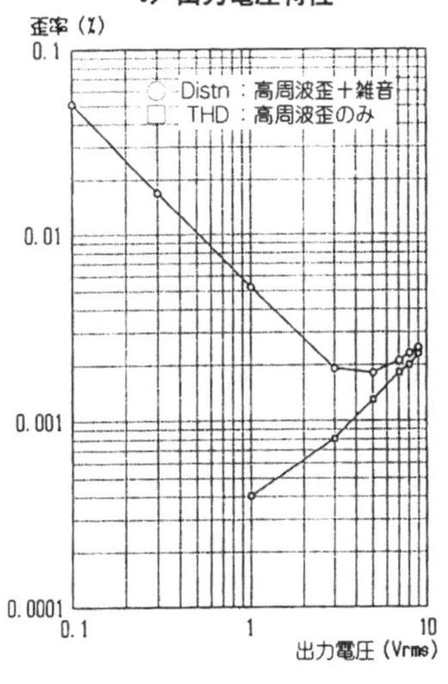

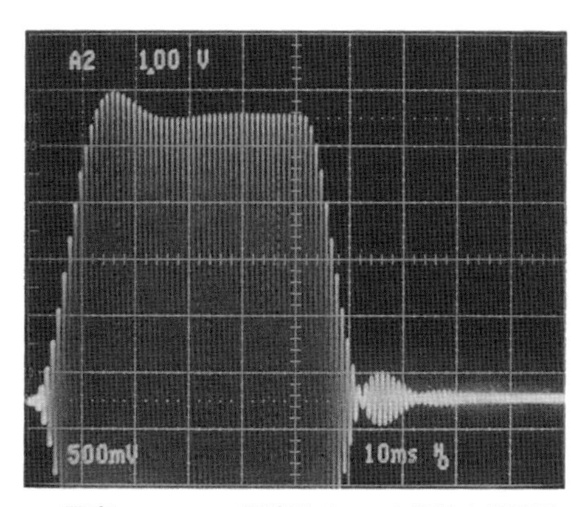

〈写真 3-2〉 1kHz 正弦波バースト信号応答波形

3.6 バンドエリミネート・フィルタの設計

信号に電源周波数やクロックなどが混入したときなど，特定の周波数だけを除去したいことがあります．このようなとき使用されるのがバンドエリミネート・フィルタ…BEF (Band Elimination Filter)，あるいは**ノッチ・フィルタ**(Notch Filter)と呼ばれるものです．

● BPFを使用したバンドエリミネート・フィルタ

バンドパス・フィルタ…BPFは特定の信号周波数だけを通過させるフィルタなので，**図3-40**のように，入力信号からBPFの出力信号を引き算すれば特定の周波数を阻止するフィルタとなります．つまり，BPFの項目で説明した回路に減算器を追加することになります．このときBPFの出力位相が反転しているタイプを使用すると，そのまま加算すればよいので回路も簡単になります．

図3-41は多重帰還型BPFを使用したバンドエリミネート・フィルタ…BEF回路です．BEFは除去周波数の幅(帯域)が非常に狭いため，使用するCR素子のわずかな誤差で減衰量が悪化してしまいます．そのため減衰特性は半固定抵抗を使用して調整を行いますが，交流信号なので位相と振幅の二つの要素について調整することになります．

図3-41の回路ではVR_2が振幅，VR_1が位相調整用半固定抵抗です．除去したい周波数の信号を加えて，出力が最小になるように交互に調整します．このとき入出力をオシロスコープのX-Yモードでモニタすると調整のようすがよくわかります．**図3-42**のように位相を調整をすると楕円が狭くなり，やがて直線になります．この状態で振幅を調整をすると直線の傾きが寝てきて，出力信号が消えていきます．

図3-43はQを変えたときの減衰特性です．Qが大きくなるほど谷が狭くなってほかの周波数に与える影響が少なくなりますが，わずかな周波数の変化で減衰量が小さくなって

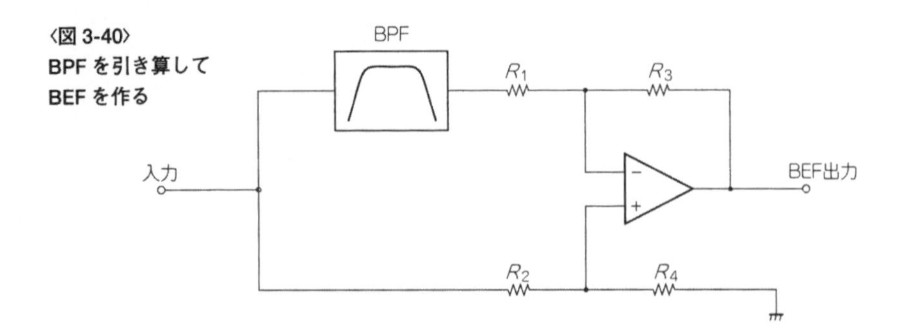

〈図3-40〉 BPFを引き算してBEFを作る

〈図 3-41〉
多重帰還 BPF を使った 50 Hz BEF, Q=5

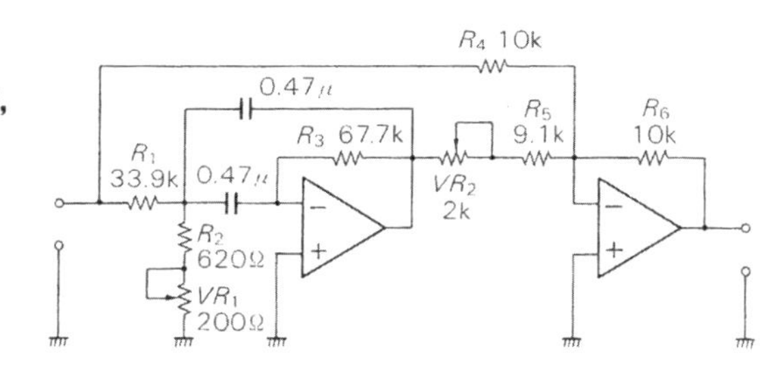

〈図 3-42〉 **BEF の入出力リサージュ波形**(入力:X, 出力:Y)

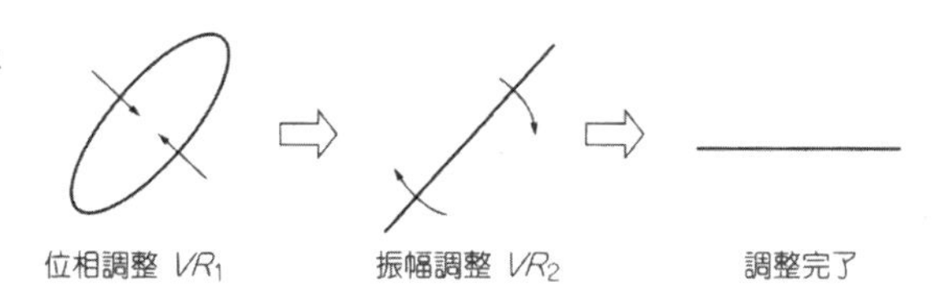

〈図 3-43〉 **図 3-41 の回路で Q が 1, 5, 25 のときの振幅-周波数特性**

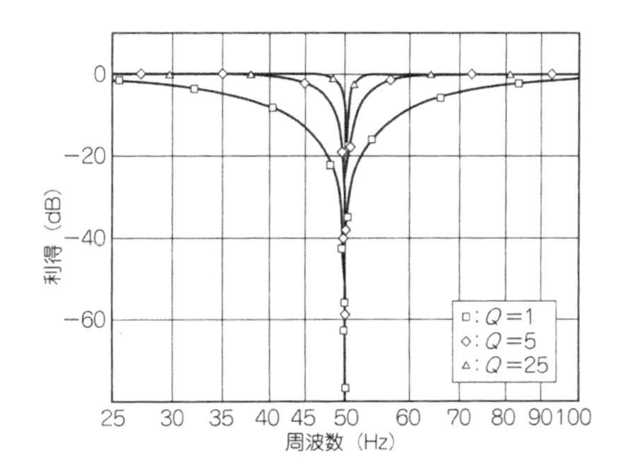

しまいます.

BEF は電源周波数(ハム)の除去によく使用されますが，ハムは基本波の単一周波数だけではありません．2 倍，3 倍の周波数成分を含んでいることがあります．とくに電源の両波整流波形の影響の場合は 2 倍波，電源トランスの漏れ磁束による影響の場合は 3 倍波が多く含まれます．したがって BEF も，場合によっては 2 次，3 次の周波数にも対応し，複数カスケード接続する必要があります.

● ひずみ計測用ツインTノッチ・フィルタ

増幅器のひずみを計測するときなどにもBEFは使用されますが，BPFと組み合わせたBEFの場合，BPF自身のひずみの影響が現て，低ひずみの測定には不利になります．このようなとき使用されるのが**図3-44**に示すツインTノッチ・フィルタと呼ばれるものです．

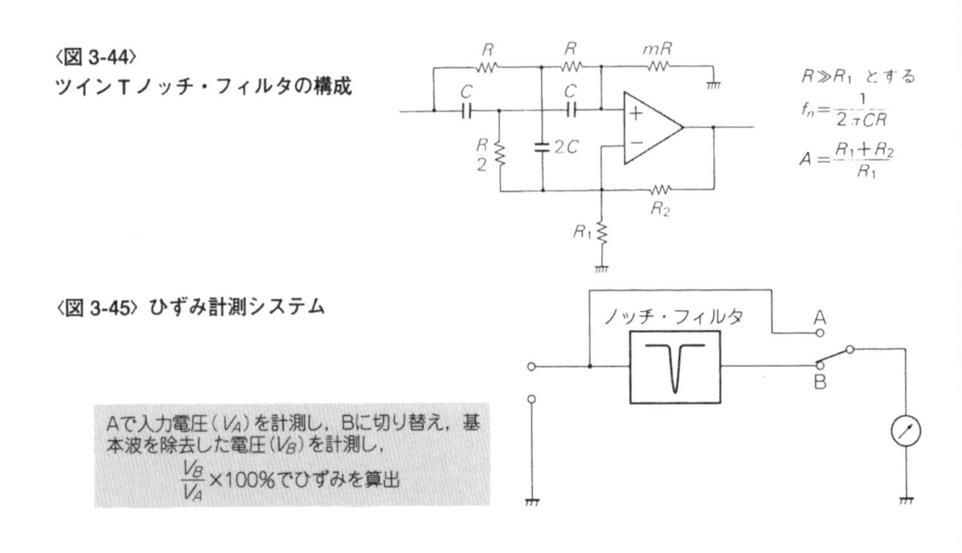

〈図3-44〉
ツインTノッチ・フィルタの構成

〈図3-45〉ひずみ計測システム

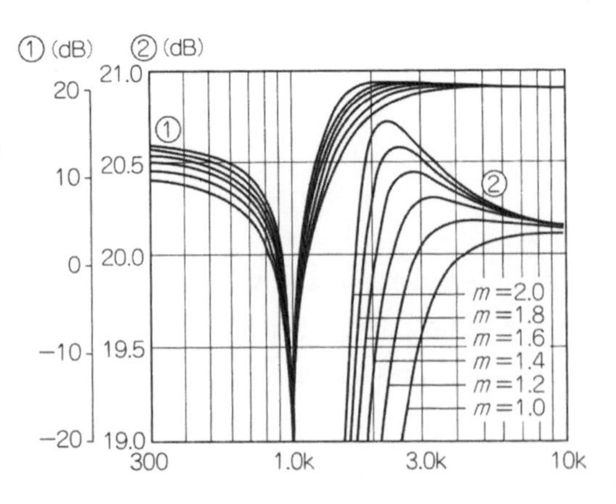

〈図3-46〉
図3-44の回路のツインTノッチ・フィルタの*m*を変化させたときのシミュレーション（②は①を拡大したグラフ）

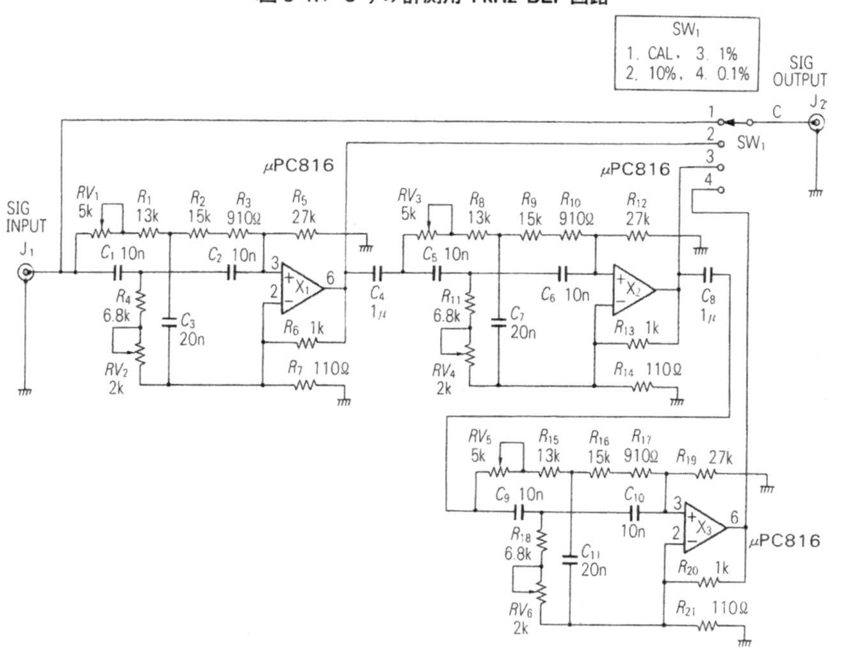

〈図 3-47〉 ひずみ計測用 1 kHz BEF 回路

ひずみ計測システムは**図 3-45** のように構成されますが，フィルタで除去するのは基本波成分なので大きな振幅となっています．ツイン T 回路でその基本波成分が除去され，小さな信号になってから OP アンプに加わるので，OP アンプでのひずみ発生が少なくなります．

図 3-46 に，**図 3-44** の回路でツイン T ノッチ・フィルタの係数 m の値を 1～2 まで変化させたときの周波数特性のシミュレーション結果を示します．ひずみ計測の場合，2 次と 3 次の応答特性が重要ですが，m を 1.6 にとると誤差が 0.5 dB 以内に収まります．

図 3-47 は，固定周波数(1 kHz)用のひずみ計測用 BEF 回路です．各段のノッチ・フィルタは高調波に対して 20 dB の利得をもっています．各段の出力を選択することにより，フルスケールが 10 %，1 %，0.1 %となります．

この回路は同調する必要がありませんので，出力を交流電圧計に接続し，スルーのときとノッチ・フィルタを使用したときの比を計算すれば，0.001 %程度までの高調波ひずみを計測することができます．また，この出力をスペクトル・アナライザに接続すれば，各次数の高調波を－120 dB 程度まで観測することができます．

Appendix

アクティブ・フィルタ設計のための正規化テーブル

フィルタ特性の理論解析は，先人の努力によりほぼ完成されています．しかし基本的なことからすべて説明するには多くの数式とページが必要で，何より筆者の手に負えるところではありません．

ここでは，第3章のアクティブ・フィルタ設計に使用した**表3-1**および**表3-3**の正規化テーブルの算出経緯について，イメージしやすいようにS平面を使用した図によって簡単に説明しておきます．

● S平面(複素周波数平面)とは

フィルタの理論にまず現れるのが，複素周波数を表現したS平面です．

正弦波電圧を三角関数で表現すると，

$$E = \cos\omega t \quad (1)$$

となります．指数関数で表すと，

$$E = e^{j\omega t} \quad (2)$$

です．この $j\omega$ の代わりに複素数を使用して，

$s = \sigma + j\omega$ とすると，

$$E = e^{st} = e^{\sigma t} \times e^{j\omega t} \quad (3)$$

となります．

このとき σ を X 軸，$j\omega$ を Y 軸にして表したのが**図3-48**に示すS平面です．

(3)式から $\sigma > 0$ の場合は時間と共に振幅が増大していくことを表し，$\sigma = 0$ の場合は

〈図3-48〉S平面とは

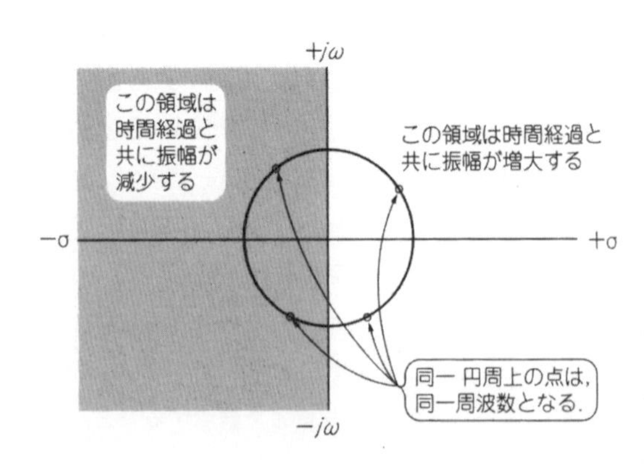

一定振幅を，$\sigma < 0$ 場合は時間と共に振幅が減少していくことを表しています．

時間と共に振幅が増大するＳ平面の右半分では回路が非常に不安定となるので，フィルタ理論ではＳ平面の左半分を使用することになります．また同一円周上の点は同じ周波数となります．

このＳ平面を使用して２次のLPFを表すと**図3-49**のようになります．二つの極に対して動作点が周波数＝０，つまり直流は原点となって，周波数が上がるにつれ虚数軸を上昇していきます．このとき極から動作点までのベクトルの長さから振幅を，ベクトルの角度から位相を表すことができます．

図3-50に示すように規格化周波数である単位円上に極を設けて振幅特性を描いた場合，

〈図3-49〉Ｓ平面上のLPFの動作

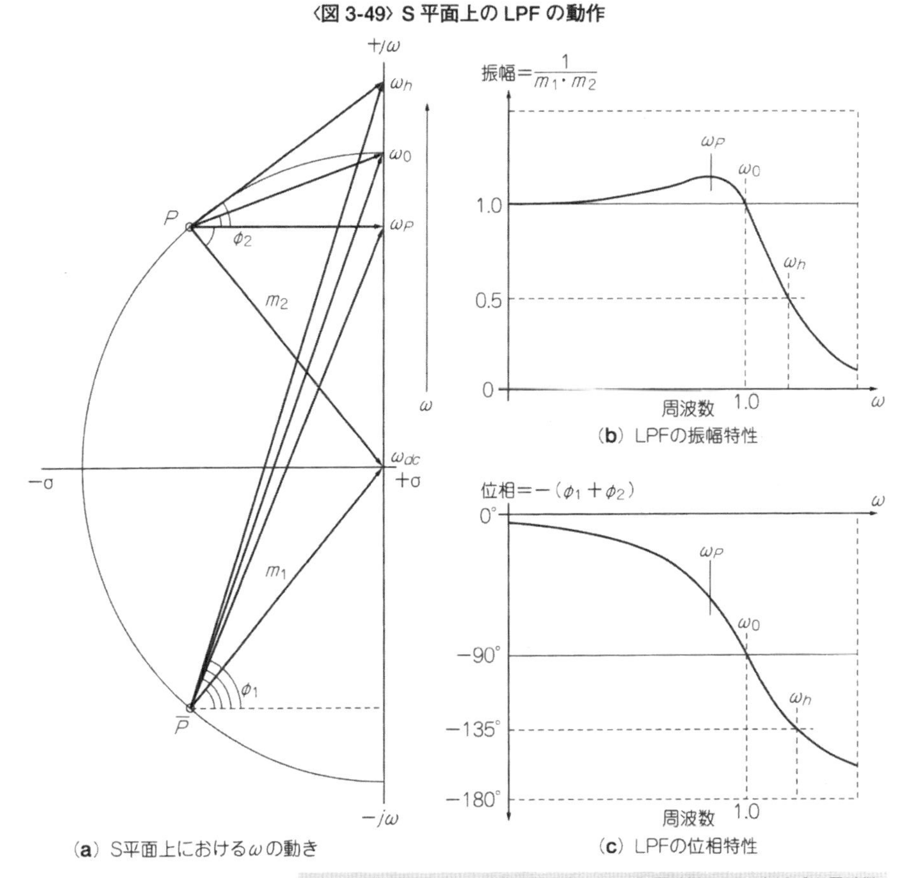

(**a**) Ｓ平面上におけるωの動き

(**b**) LPFの振幅特性

(**c**) LPFの位相特性

ω_{dc}：直流　ω_P：ピーク周波数　ω_0：しゃ断周波数　ω_h：高域減衰周波数

角ϕが大きいほど振幅特性に大きなピークが生じます．この角度とQの関係を数式で表すと，

$$Q = \frac{1}{2\cos\phi} \qquad (4)$$

となります．

● バタワース特性は

バタワース特性は，通過域の振幅特性がいちばん広くなるのが特徴です．LPFにおける振幅特性は下の式のようになります．

$$|T(j\omega)| = \frac{1}{1+(\frac{\omega}{\omega_c})^{2n}} \qquad (5)$$

n:次数

この特性をS平面で表すと，**図3-51**の「・」に示すように単位円周上で，角度が下の式で決定される点に極ができます．

$$\sin\left(\frac{2k-1}{2n}\right)\times 180^\circ + j\cos\left(\frac{2k-1}{2n}\right) \qquad (6)$$

$k = 1, 2, \cdots\cdots\cdots\cdots, n$

〈図3-50〉 S平面とQ

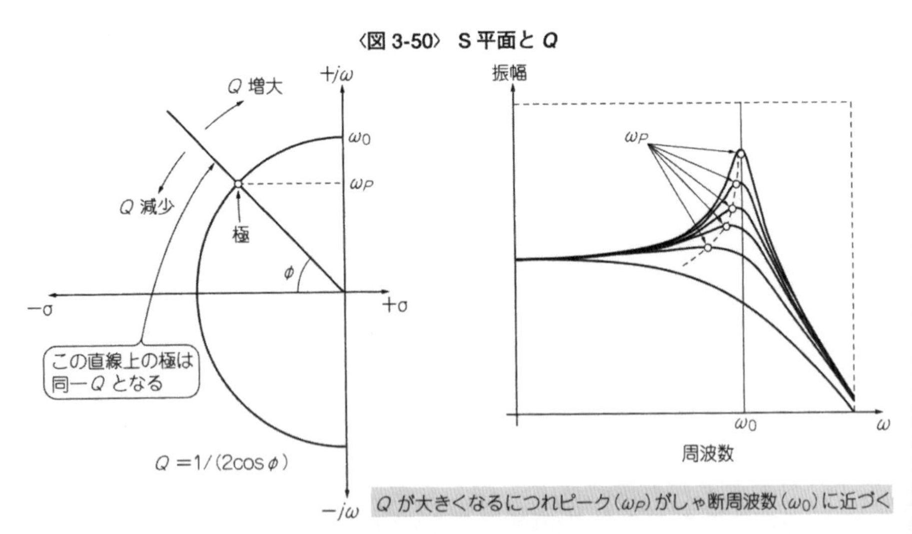

〈表 3-4〉
バタワース特性の極の角度

2次	± 45.0°			
3次	0.0°	± 60.0°		
4次	± 22.5°	± 67.5°		
5次	0.0°	± 36.0°	± 72.0°	
6次	± 15.0°	± 45.0°	± 75.0°	
7次	0.0°	± 25.7°	± 51.4°	± 77.1°
8次	± 11.3°	± 33.8°	± 56.3°	± 78.8°

したがって単位円周上，つまり同一しゃ断周波数で異なった Q の組み合わせにより，バターワース特性が実現できることになります．

バターワース特性の各次数での極の角度を 計算すると**表 3-4** のようになります．これから式(4)で Q を算出したのが，本文の**表 3-1(a)**です．

● チェビシェフ特性のとき

通過域にリプルをもたせ，減衰特性を急峻にしたのがチェビシェフ特性です．LPF における振幅特性は下のようになります．

$$|T(j\omega)| = \frac{1}{1+\varepsilon^2 C_n^2(\omega)} \quad \cdots\cdots (7)$$

ただし，$C_n(\omega) = \cos n \cos^{-1}\omega$　　$\omega \leqq 1$ のとき

$C_n(\omega) = \cosh n \cosh^{-1}\omega$　$\omega > 1$ のとき

ε はリプル幅を決める定数で，

$$\text{リプル幅(dB)}\ a = 20\log\sqrt{(1+\varepsilon^2)} \quad \cdots\cdots (8)$$

$$\varepsilon = \sqrt{10^{\frac{a}{10}} - 1}$$

となります．

この特性をS平面で表すと，**図 3-51** の「∘」に示すように短径 a，長径 b の楕円上に極がきます．この楕円が細くなるほど減衰特性は急峻になりますが，リプルが大きくなります．チェビシェフ特性のフィルタが楕円フィルタとも呼ばれるのもこのためです．

a と b の値は次数 n とリプル定数 ε から下式で求めることができます．

$$\nu = \frac{1}{2n}\ \mathrm{arccosh}\frac{\varepsilon^2+2}{\varepsilon^2} \quad \cdots\cdots (9)$$

$$a = \sinh\nu$$

$$b = \cosh\nu$$

● ベッセル特性は

ベッセル特性は位相ひずみがないため，方形波を入力してもリンギングやオーバシュートが生じません．LPF における振幅特性は下式のようになります．

$$|T(j\omega)| = \frac{k_n}{D_n(j \times \omega_c)} \quad \cdots\cdots (10)$$

D_n はベッセル多項式

$D_1(s) = 1 + s$

$D_2(s) = 3 + 3s + s^2$

$D_3(s) = 15 + 15s + 6s^2 + s^3$

⋮

$D_n(s) = (2n - 1) D_{n-1}(s) + s^2 D_{n-2}(s)$

K_n は $D_n(s)$の定数項

〈図 3-51〉 各種 5 次 LPF の極の位置

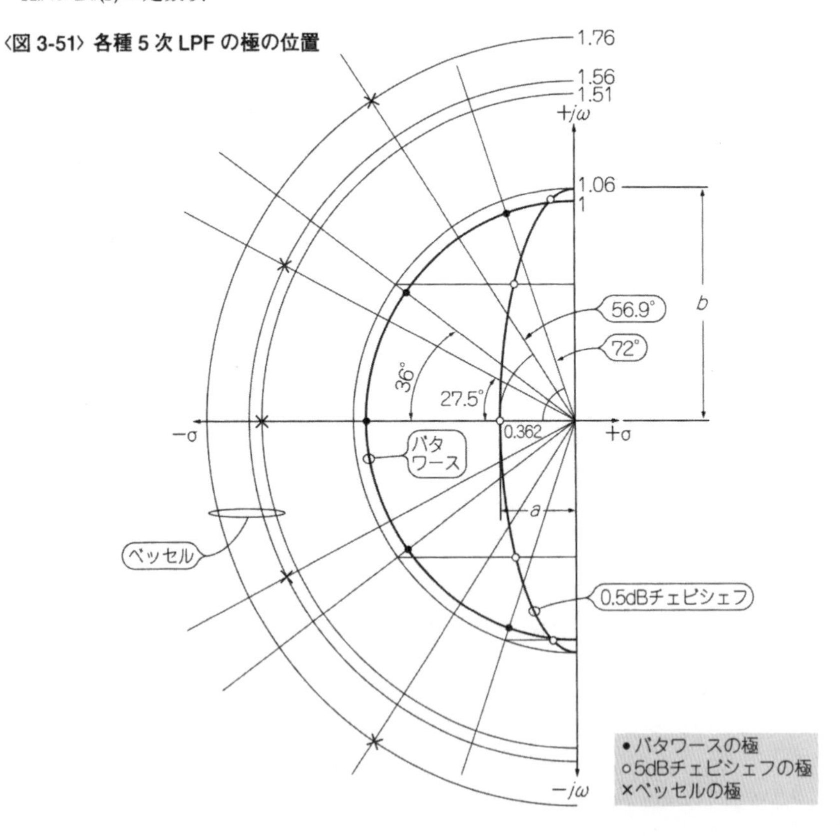

規格化テーブルまでを式で表すのは複雑すぎるので省略しますが，ベッセルの極の位置をS平面で比較すると**図 3-51**の「×」に示すようになります．

第4章

カスタム・メイドの職人芸が生きる
LC フィルタの設計

4.1 *LC* フィルタのあらまし

● 10 kHz 以上では *LC* フィルタの価値は大きい

LC フィルタの使用できる周波数範囲は非常に広く，下は数十Hz から，上は集中定数での限界… 300 MHz 程度にまでおよびます．しかしオーディオ帯域…低周波領域では，*LC* フィルタは形状が大きく，コイルが特殊で高価なことから，現在では第3章で紹介したアクティブ・フィルタが主流になっています．

低周波領域では高価で時代遅れというイメージの強い *LC* フィルタですが，カットオフ周波数が 10 kHz 程度以上になると，アクティブ・フィルタに比較して，形状や価格，特性の面で有利なことが増えてきます．とくに *LC* フィルタは電源が不要なので，省電力の点で優れ，メリットが出てきます．

LC フィルタの一番のネックはコイルやコンデンサの定数が特殊な値になることです．いわゆる標準部品が使用できず，特別注文となってしまうことです．

とくにコイルは手に入れにくく，納期もかかり，少量では高価格になりがちです．したがって *LC* フィルタを使用するときは設計も含め，専門メーカに依頼してしまうことが多くなります．

しかし一品物の特注の場合には，コイルに使用するコアとボビンを常備し，設計者が自分でコイルを巻き，*LCR* メータでコンデンサを選別すれば，任意のしゃ断周波数で，比較的急峻なフィルタを短時間で製作することができます．また次数の少ないローパス・フィルタやハイパス・フィルタなら，市販の標準品…**マイクロ・インダクタ**で簡単に設計することもできます.

したがって，カスタム・メイドの職人芸を売り物にしたいアナログ技術者にとって，LCフィルタの設計・製作は必須の技術・技能ともいえます.

なおフィルタに使用するLCそのものについては，第6章で詳しく紹介します.

● 正規化テーブルとシミュレータで設計は簡単になってきた

フィルタの専門書を読むと原理的な事項から詳しく説明してあり，複雑な数式がたくさん出てきます．そのためか数学の素養がない者にはとても難解で，一般には敬遠されがちです．しかしフィルタの研究ではなく，設計するだけならば複雑な数式は不要です.

一般にLCフィルタの設計は，第3章で紹介したアクティブ・フィルタと同様に，目的に適したフィルタの特性(バタワース，チェビシェフなど)を選び，必要な減衰量から次数を決定すれば，あらかじめ用意されている正規化表から素子の値を計算することができます．素子の値は簡単に求まります.

表4-1にLCフィルタの主用途であるローパス・フィルタにおける正規化テーブルを示しておきます.(**a**)が3次フィルタ,(**b**)が5次フィルタにおける値です．この表はハイパス・フィルタやバンドパス・フィルタにも使用します.

こうして求めた数値から回路シミュレータを使用して特性を確認すれば，LCフィルタの設計は完了です.

回路シミュレータを使用するメリットは，設計値が簡単に確かめられるだけではなく，**素子の誤差**による特性の変化や，**過渡応答特性**，**群遅延特性**などが簡単に求められることです.

アナログ回路屋を目指すならば,回路シミュレータはぜひとも備えておきたいものです.

〈表4-1〉 LCローパス・フィルタの正規化テーブル

π型	T型	ベッセル	バタワース	チェビシェフ	連立チェビシェフ
C_1	L_1	0.337	1.000	1.633	1.519
L_2	C_2	0.971	2.000	1.436	1.465
C_2	L_2	—	—	—	0.0259
C_3	L_3	2.203	1.000	1.633	1.519

(**a**) 3次LCローパス・フィルタの正規化値

π型	T型	ベッセル	バタワース	チェビシェフ	連立チェビシェフ
C_1	L_1	0.174	0.618	1.505	1.399
L_2	C_2	0.507	1.618	1.444	1.441
C_2	L_2	—	—	—	0.0352
C_3	L_3	0.804	2.000	2.405	2.240
L_4	C_4	1.111	1.618	1.444	1.371
C_4	L_4	—	—	—	0.0934
C_5	L_5	2.258	0.618	1.505	1.344

(**b**) 5次LCローパス・フィルタの正規化値

〈図 4-1〉
LPF の二つの型(表 4-1 に対応)

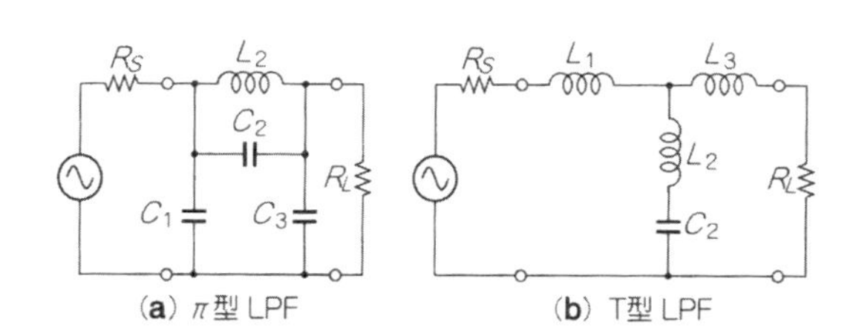

● *LC* フィルタ二つの型

LC フィルタの構成には，**図 4-1** に示すようにπ型とT型の二つがあります．いずれの接続も同じ特性が得られますが，T型では阻止周波数で入力インピーダンスが大きくなり，π型では入力インピーダンスが小さくなる特徴があります．

したがって，OP アンプなどで阻止周波数成分を多く含んだ信号を駆動するときは，T型 *LC* フィルタのほうが負荷が軽くなります．

また *LC* フィルタでは *C*(コンデンサ)に比べて，*L*(コイル)のほうが高価で形状も比較的大きいので，*L* の使用数が少ない構成であることも選択の条件になります．

4.2　*LC* フィルタの設計

● ローパス *LC* フィルタの設計

図 4-2 は代表的なローパス・フィルタ…ベッセル特性，バタワース特性，チェビシェ

〈図 4-2〉　代表的特性の 5 次 *LC* ローパス・フィルタの設計例
(しゃ断周波数：10 kHz，入出力インピーダンス：600 Ω)

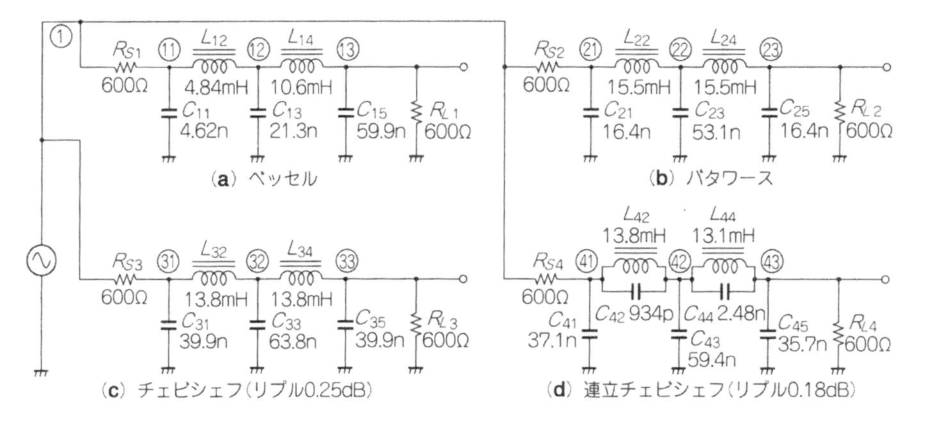

フ特性，連立チェビシェフ特性…を，5次*LC*フィルタで設計した回路です．

これを回路シミュレータPSpiceでシミュレーションするためのものが**リスト4-1**です．(**a**)が周波数特性シミュレーション，(**b**)が過渡特性をシミュレーションするためのものです．

図4-3がシミュレーション結果です．(**a**)が周波数特性シミュレーションの結果ですが，

〈リスト4-1〉 5次*LC*ローパス・フィルタ特性シミュレーションのためのPSpiceリスト

```
LC Filter Frequency Response
*
.AC   DEC   150   1K   100K
*
VIN   1   0     AC     2
*
* Bessel
RS1      1     11          600
C11     11      0          4.62N
L12     11     12          4.84M
C13     12      0          21.3N
L14     12     13          10.6M
C15     13      0          59.9N
RL1     13      0          600
*
* Butterworth
RS2      1     21          600
C21     21      0          16.4N
L22     21     22          15.5M
C23     22      0          53.1N
L24     22     23          15.5M
C25     23      0          16.4N
RL2     23      0          600
*
* Chebyshev
RS3      1     31          600
C31     31      0          39.9N
L32     31     32          13.8M
C33     32      0          63.8N
L34     32     33          13.8M
C35     33      0          39.9N
RL3     33      0          600
*
* Elliptic
RS4      1     41          600
C41     41      0          37.1N
L42     41     42          13.8M
C42     41     42          934P
C43     42      0          59.4N
L44     42     43          13.1M
C44     42     43          2.48N
C45     43      0          35.7N
RL4     43      0          600
*
.PROBE V(1) V(13) V(23) V(33) V(43)
*
.END
```

(**a**) 周波数特性

(**b**) 過渡応答特性

```
LC Filter Transient Response
*
.TRAN   0.5U   0.5M   0   0.5U
*
VIN   1   0   PULSE(0 +2 0 0 0 0.5M 0.5M)
*
* Bessel

〔以下リスト4-1(a)と同じ〕
```

〈図 4-3〉
5次 LC ローパス・フィルタの特性

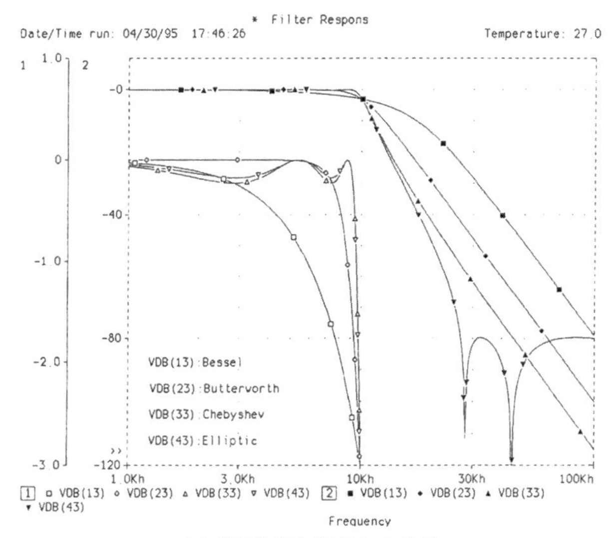

(a) 周波数特性〔リスト 4-1(a)〕

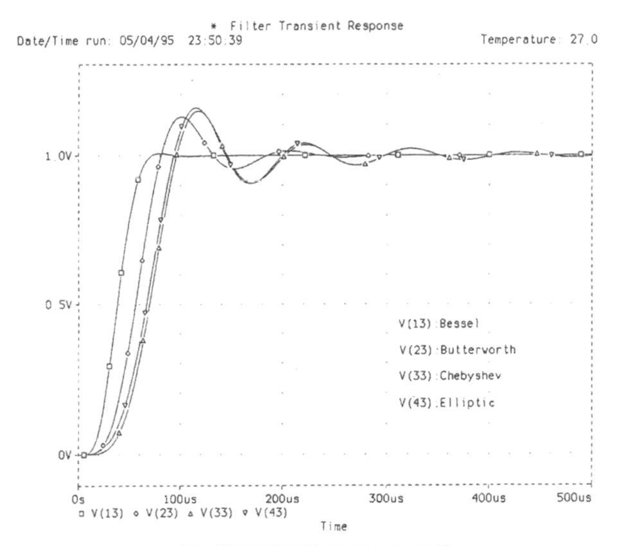

(b) 過渡応答特性〔リスト 4-1(b)〕

いずれのフィルタ特性も－3dBのしゃ断周波数が正確に10kHzとなっています．そしてもっともしゃ断特性が急峻なのが楕円フィルタとも呼ばれるノッチ点をもった連立チェビシェフ特性〔エリプティック(Elliptic)特性とも呼ばれる〕です．

図(**b**)が過渡特性のシミュレーション結果です．ベッセル特性以外はすべてリンギングが生じていますが，ベッセル特性は過渡応答のピークもなくもっとも速く最終値に落ち着いていることがわかります．

● 正規化テーブルの使い方

ローパス・フィルタ(LPF)の定数を求めるには先の**表4-1**を使用しますが，実際のCやLの値は，次のように入出力インピーダンスとしゃ断周波数を代入して求めます．

たとえば**図4-2**の5次ベッセルLPFの定数は，**表**(**b**)を使うと下式で求められます．

$$C_n = K_n \times \frac{1}{2\pi FR}$$

$$L_n = K_n \times \frac{R}{2\pi F}$$

K_n：正規化値，F：しゃ断周波数，R：入出力インピーダンス

したがって，

F：10kHz，R：600Ω，$C = 1/(2\pi FR)$，$L=R/(2\pi F)$として，

$C_{11}=C \times 0.174=4.62$ nF

$C_{13}=C \times 0.804=21.3$ nF

$C_{15}=C \times 2.258=59.9$ nF

$L_{12}=L \times 0.507=4.84$ mH

$L_{14}=L \times 1.111=10.6$ mH

このように，とくに難しい理論を知らなくても**表4-1**の正規化された表があれば，フィルタの設計は簡単に実行することができます．しかも，パソコンが自由に使用できるようになったため，特性シミュレーションまで含めて，これらの作業はほんのわずかの時間で完了します．

さらに高次のフィルタについての設計は，巻末に示した参考文献を参照すればさまざまなLCフィルタの設計が簡単にできます．

ただし，実際に使用するコイルやコンデンサは理想的な特性ではありません．部品に関する詳しい知識や経験がないと，どの程度の特性まで製作できるか，どの程度の誤差におさまるかの判断は難かしくなります．

〈図4-4〉 LPFからHPFへの変換

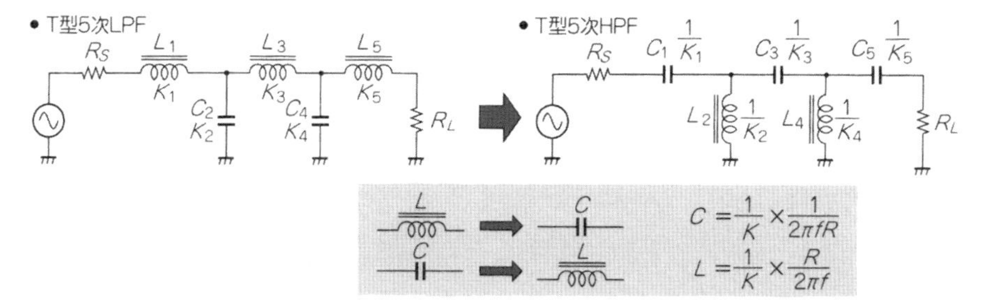

● ローパス・フィルタ(LPF)からハイパス・フィルタ(HPF)への変換

フィルタはローパスだけではありません．ハイパス・フィルタを設計するときは先の**表4-1**の使い方が変わってきます．

LPFからHPFへの変換は次のように行います．

図4-4に示すように，LをCに，CをLに変換してから正規化値の逆数で乗算します．

たとえばバタワース特性の5次T型LPFをHPFに変換するには，

F：10 kHz，R：600 Ω，$C = 1/(2\pi FR)$，$L = R/(2\pi F)$として，

$$C_1 = C \times (1/0.618) = 42.9\,\text{nF}$$

$$L_2 = L \times (1/1.618) = 5.9\,\text{mH}$$

$$C_3 = C \times (1/2.000) = 13.3\,\text{nF}$$

$$L_4 = L \times (1/1.618) = 5.9\,\text{mH}$$

$$C_5 = C \times (1/0.618) = 42.9\,\text{nF}$$

この設計値でLPFとHPFをシミュレーションしたのが**図4-5**です．LPF，HPFとも－3 dBのところが10 kHzとなっています．

● バンドパス・フィルタ(BPF)への変換

BPFの場合は，**図4-6**に示すように素子の変換を行います．

数式だけ見ると，BPFではバンド幅を狭くすればいくらでもQを上げることができそうですが，実際のコイルには浮遊容量や損失があります．また，設計したLの値が製作不可能な値になることもあり，あまり大きなQを実現することはできません．

周波数や使用するコイルにもよりますが，一般に実用になるのはQが数十以下のことが多いようです．

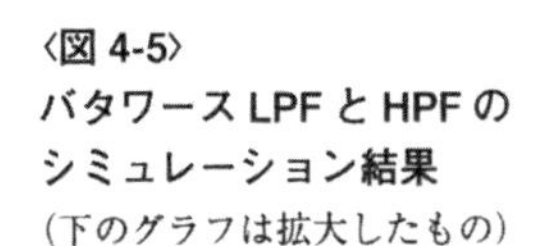

〈図4-5〉 バタワースLPFとHPFのシミュレーション結果 (下のグラフは拡大したもの)

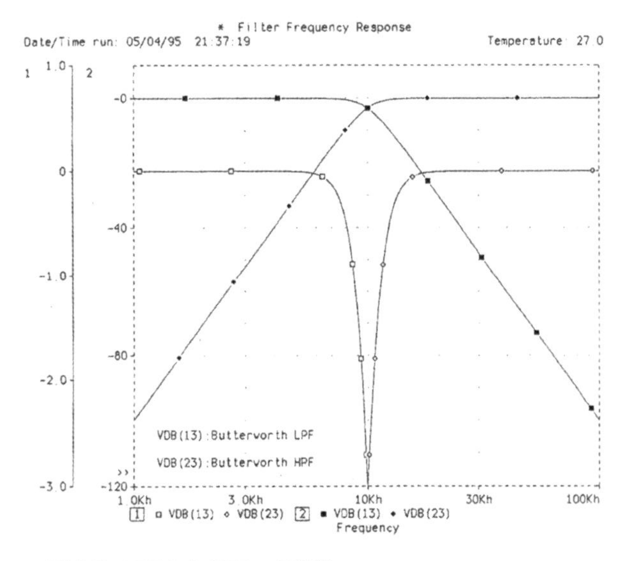

〈図4-6〉 LPFからBPFへの変換

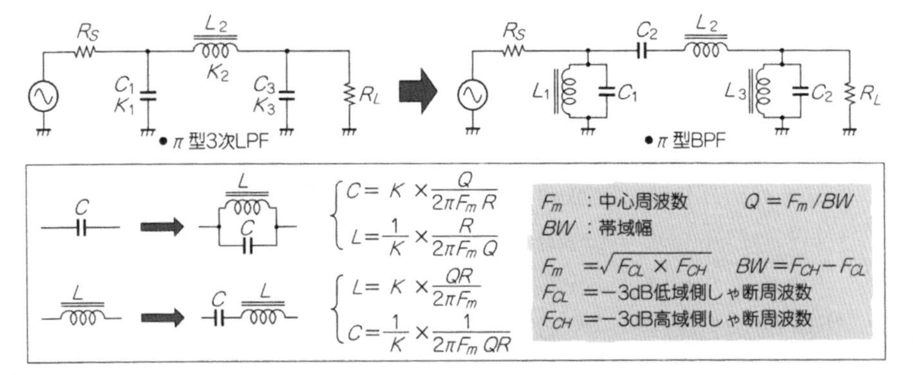

たとえば**表4-1**から3次π型バタワース特性のLPFをBPFに変換すると，

F_m：10 kHz，BW：2 kHz，Q：5，R：600 Ωとして，

$$L_1 = \frac{1}{1} \times \frac{R}{2\pi F_m Q} = 1.91\,\text{mH}$$

$$C_1 = 1 \times \frac{Q}{2\pi F_m R} = 133\,\text{nF}$$

$$L_2 = 2 \times \frac{QR}{2\pi F_m} = 95.5\,\text{mH}$$

$$C_2 = \frac{1}{2} \times \frac{1}{2\pi F_m QR} = 2.65\,\text{nF}$$

$$L_3 = \frac{1}{1} \times \frac{R}{2\pi F_m Q} = 1.91\,\text{mH}$$

$$C_3 = 1 \times \frac{Q}{2\pi F_m R} = 133\,\text{nF}$$

●コラムB●　関数電卓も愛用してます

本文に紹介しているように，回路設計の中に回路シミュレータを使用することが多くなってきました．しかし，いくらパソコンが小さく便利になっても電子回路の設計や調整のとき手放せないのが関数電卓です．

私がここ数年来愛用しているのが数式記憶機能のある fx-4500P です．

現在記憶させている式は下の 11 式です．時定数の計算はフィルタだけでなく，アンプの位相補正や浮遊容量の影響度合いなど，必要な定数が簡単に求まります．

	(式)	求める定数
①	$(AB)/(A+B)$	並列合成抵抗値 P
②	$(PB)/(B-P)$	並列抵抗値 A
③	$1/(2\pi CR)$	CR 回路の F
④	$1/(2\pi FR)$	CR 回路の C
⑤	$1/(2\pi FC)$	CR 回路の R
⑥	$\mathrm{R}/(2\pi L)$	LR 回路の F
⑦	$\mathrm{R}/(2\pi F)$	LR 回路の L
⑧	$2\pi FL$	LR 回路の R
⑨	$1/(2\sqrt{LC})$	LC 回路の F
⑩	$1/((2\pi)^2F^2C)$	LC 回路の L
⑪	$1/((2\pi)^2F^2L)$	LC 回路の C

ただひとつの不満は，数式の呼び出しが若干面倒なことです．

カシオさん何とかなりませんか．

となります.

BPFをベッセル，バタワース，チェビシェフそれぞれの特性で設計し，シミュレーションした結果が**図4-7**です.(a)が振幅-周波数特性,(b)～(d)が過渡応答特性です.

〈図4-7〉
3次対*LC*BPFの特性

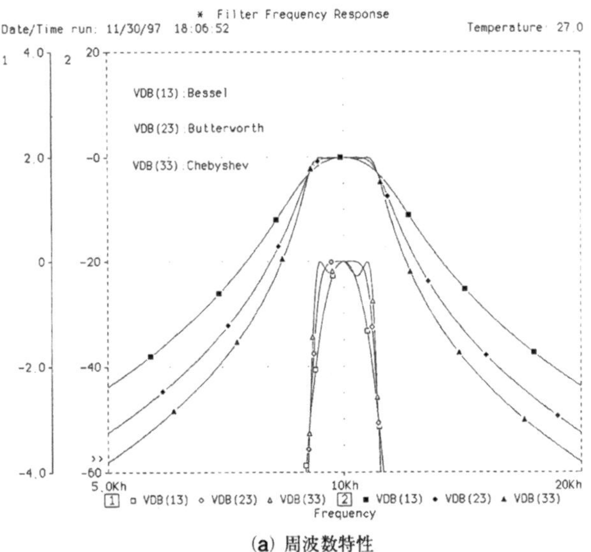

(**a**) 周波数特性

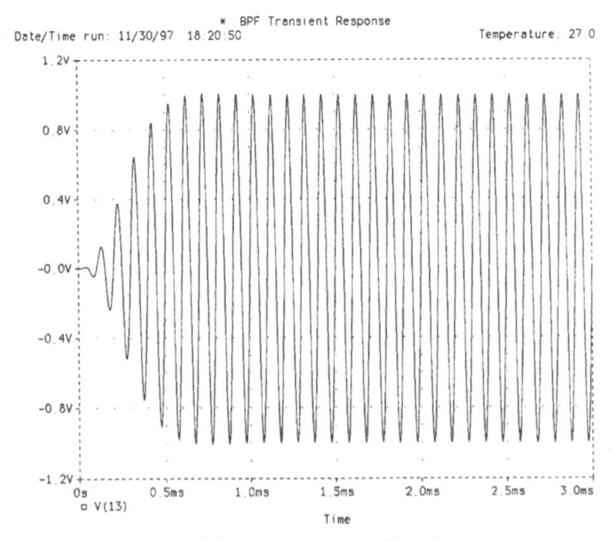

(**b**) ベッセルBPFの過渡特性

LPFと同様に減衰特性が急峻なのはチェビシェフ特性，過渡特性に優れているのはベッセル特性，そして通過域でもっとも平坦性が優れ，中心周波数の微動に対しレベル変動が少ないのがバタワース特性となっています．

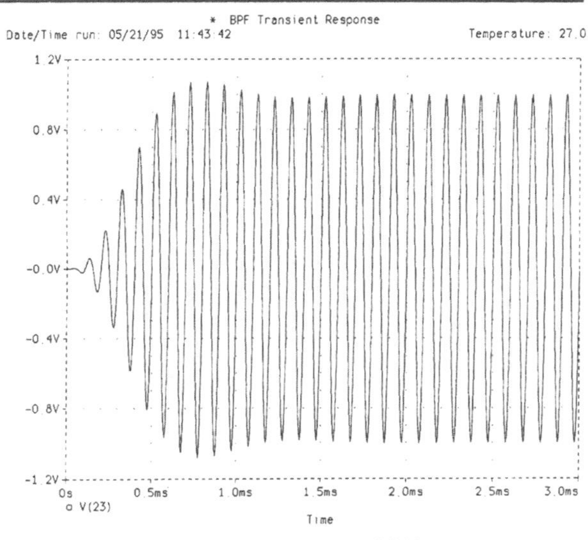

(c) バタワースBPFの過渡特性

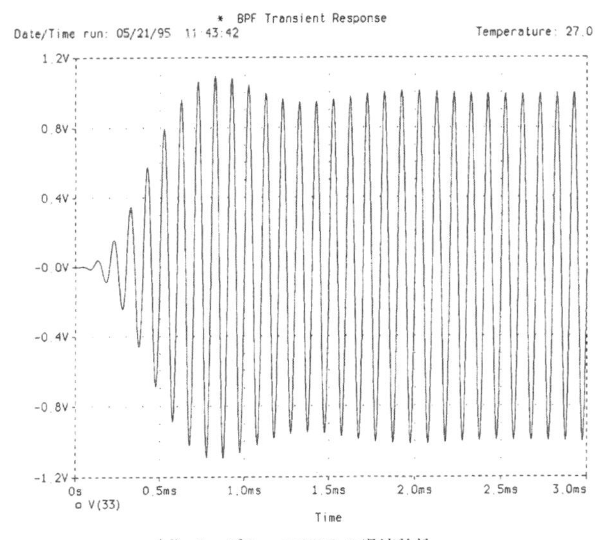

(d) チェビシェフBPFの過渡特性

〈図 4-8〉
3次バタワース LPF
(F_c:1 kHz)の過渡応答特性

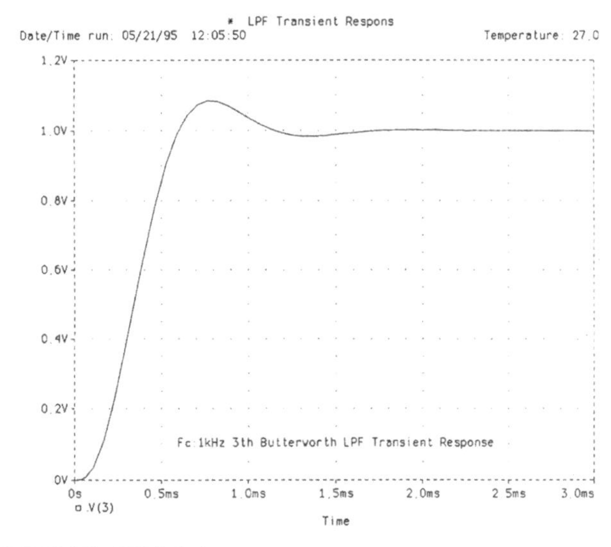

● BPF の帯域幅が狭くなるほど応答は遅くなる

BPF の過渡応答は帯域幅が狭くなるほど遅くなり，その包絡線の過渡応答は帯域幅が1/2 に対応する LPF の過渡応答と同じになります．このようすをシミュレーションしたのが**図 4-8** です．帯域幅 2 kHz の 3 次バタワース BPF の包絡線過渡応答と，しゃ断周波数 1 kHz の 3 次バタワース LPF の過渡応答がほぼ同じになっています．

なお，BPF の過渡応答特性を見るとき回路シミュレータ PSpice を使用して体験したのですが，PSpice の TRAN 命令で，最大ステップ値を指定しないと誤った結果が得られることがあります(**リスト 4-2**，**図 4-9** 参照)．

回路シミュレータに限らないのでしょうが，シミュレータを使用するためには，シミュレーションする対象についての知識と，シミュレーション結果についての良否を判断する力が重要になります．シミュレータの結果は鵜呑みにせず，十分使い込み，その癖を知る必要があります．

4.3 *LC* フィルタの実験試作

● 5 次ローパス・フィルタ付きプリアンプ

ここではオーディオ帯域の信号を処理するための LPF 付きプリアンプを試作します．LPF の構成は，同じ容量のインダクタ 2 個で構成できる 5 次 *LC* バタワース特性です．

〈リスト4-2〉 BPF過渡応答シミュレーションSPICEリスト

```
BPF Transient Response
*
.TRAN 1U 3M 0 1U ←最大ステップ値
*
VIN   1   0   SIN(0 2V 10KHZ)
*
* Bessel
RS1     1     11          600
C11    11      0          44.7N
L11    11      0          5.67M
C12    11     12          5.46N
L12    12     13          46.4M
C13    13      0          292N
L13    13      0          0.867M
RL1    13      0          600
*
* Butterworth
RS2     1     21          600
C21    21      0          133N
L21    21      0          1.91M
C22    21     22          2.65N
L22    22     23          95.5M
C23    23      0          133N
L23    23      0          1.91M
RL2    23      0          600
*
* Chebyshev
RS3     1     31          600
C31    31      0          217N
L31    31      0          1.17M
C32    31     32          3.69N
L32    32     33          68.6M
C33    33      0          217N
L33    33      0          1.17M
RL3    33      0          600
*
*
.PROBE V(1) V(13) V(23) V(33)
*
.END
```

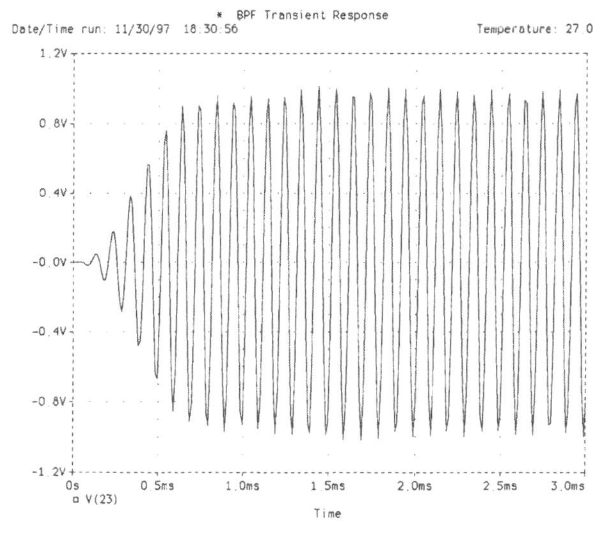

〈図4-9〉
最大ステップ値を指定しないときの3次バタワースBPFの過渡応答特性〔図4-7(c)と比較〕

仕様としてはしゃ断周波数を25 kHz，入出力インピーダンスはOPアンプで直接駆動できる600 Ωとしてあります．

先の**表4-1**を使って*LC*の値を計算すると，**図4-10**のようになります．しかし，実際には磁気シールドされたマイクロ・インダクタを使用することが前提なので，インダクタンスは市販されているコイル… E12系列のものでなくてはなりません．

したがって算出したインダクタンスの値… 6.18 mHに一番近い値6.8 mHを使用することにし，インダクタンスの値が6.8 mHになる入出力インピーダンスを逆算すると約660 Ωとなります．この条件で再び*LC*の値を算出したのが**図4-11**です．

リスト4-3が，素子に誤差が含まれているときの特性のバラツキをシミュレーションするためのリストです．抵抗に1%，コンデンサに5%，インダクタに10%の誤差を設定しています．シミュレーション結果を**図4-12**に示します．

〈図4-10〉 5次バタワースLPF
（f_c：25 kHz　*R*：600 Ω）

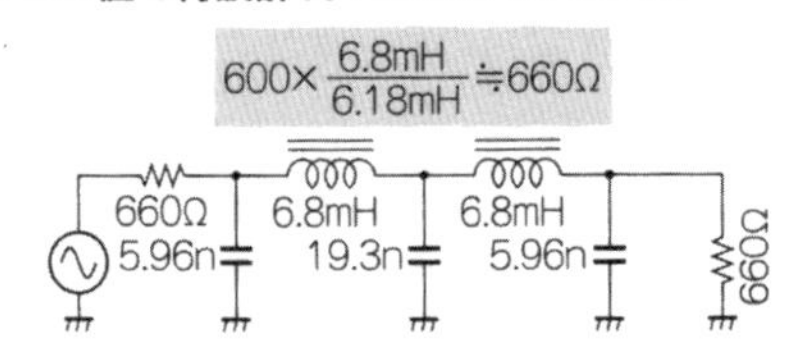

〈図4-11〉 5次バタワースLPFをE12系列のLの値で再設計（f_c：25 kHz　*R*：660 Ω）

〈リスト4-3〉　素子の誤差の影響をシミュレーション

```
25kHz  5th  LPF
*
*      25kHz  5th  LPF
*
.AC    DEC    100    10K    100K
*
VIN    1      0      AC      2
*
RS     1      2      RSRC     660
C1     2      0      C1ST     5.93N
L2     2      3      L2ND     6.8M
C3     3      0      C3RD     19.2N
L4     3      4      L4TH     6.8M
C5     4      0      C5TH     5.93N
RL     4      0      RLOD     660
*
.MODEL   RSRC  RES(R=1  DEV  1%)
.MODEL   C1ST  CAP(C=1  DEV  5%)
.MODEL   L2ND  IND(L=1  DEV  10%)
.MODEL   C3RD  CAP(C=1  DEV  5%)
.MODEL   L4TH  IND(L=1  DEV  10%)
.MODEL   C5TH  CAP(C=1  DEV  5%)
.MODEL   RLOD  RES(R=1  DEV  1%)
.MC  50  AC  VDB(4)  YMAX  LIST  OUTPUT  ALL
*
.PROBE  VDB(4)
*
.END
```

図 4-13 がLPF付きプリアンプとしての回路図です．LPF部の抵抗はE24系列，コンデンサはE12系列から2個の組み合わせで使用しています．

回路全体の利得は40 dBですが，OPアンプは2段構成にしてあります．初段はロー・ノイズ/ロー・ドリフトのOPアンプμPC816を利得30 dBで使用し，2段目はLPF利得の補正を含めて16 dBの利得としています．

〈図 4-12〉
5次LPFの使用素子の誤差によるバラツキのシミュレーション

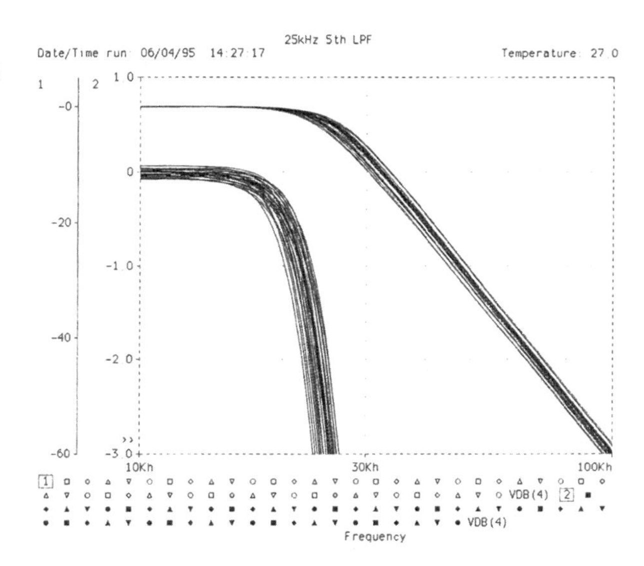

〈図 4-13〉　25 kHz 5次LPF付きオーディオ帯プリアンプ

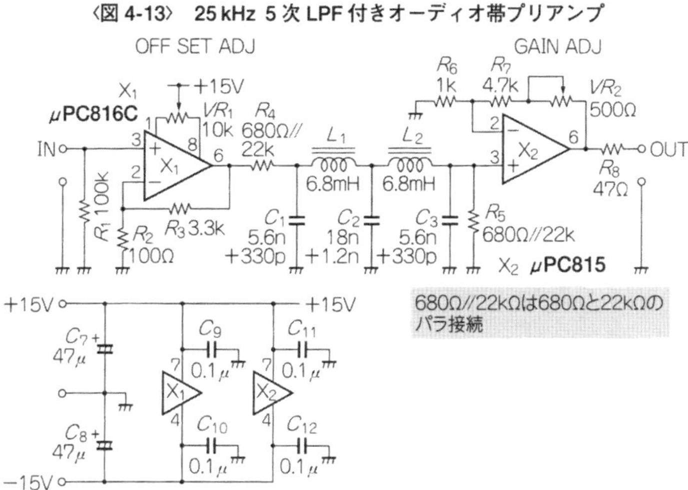

ただし2段目は出力部なので，容量負荷に安定なOPアンプμPC815を使用しました．

図4-14が試作した回路の利得/位相-周波数特性です．ほぼ理論値どおりに25 kHzで－3 dB，100 kHzで約－60 dBの減衰となっています．

〈図4-14〉　試作したプリアンプの利得・位相-周波数特性

〈図4-15〉
試作したプリアンプのひずみ-出力電圧特性

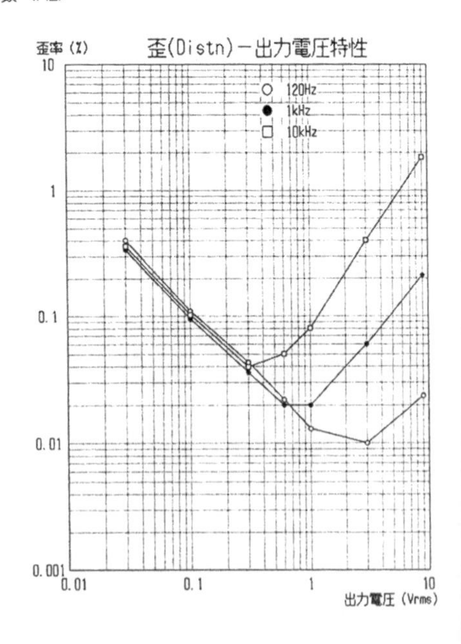

図4-15はひずみ-出力電圧特性を測ったものです．残念ながら低ひずみとはいえず，しゃ断周波数に近づくほどひずみが多くなっています．ひずみ成分はほとんど3次ひずみでした．もう少しひずみを少なくするには，OPアンプの負荷となるLPFのインピーダンスや使用するマイクロ・インダクタを吟味する必要があります．

● バタワースBPFの試作

図4-16は中心周波数1 MHz，帯域幅200 kHz，インピーダンス50 Ωのバタワース*LC*バンドパス・フィルタ(BPF)の設計例です．素子が少なくて簡単な回路です．

この回路においてコンデンサには周波数特性に優れた温度補償型の積層セラミックを選別して使用し，インダクタは角形コイルを使用します．

図4-17がシミュレーションした結果です．また，**図4-18**は抵抗，コンデンサ，インダクタにすべてに2％の誤差が含まれていると仮定したときのバラツキのシミュレーショ

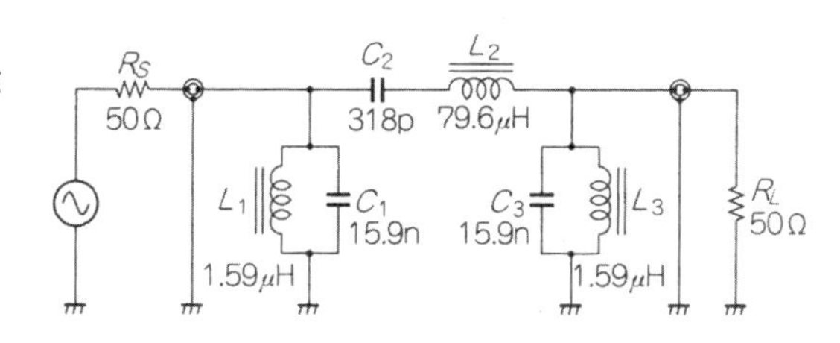

〈図4-16〉
中心周波数1 MHz，帯域200 kHzバタワースBPF

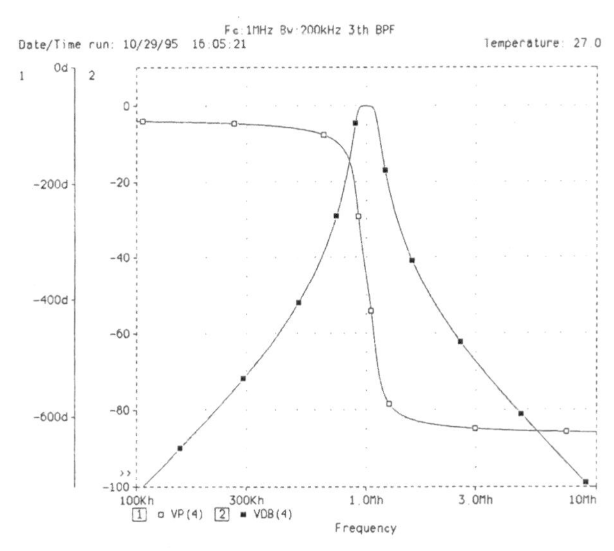

〈図4-17〉
バタワースBPFのシミュレーション結果

〈図 4-18〉
使用した素子に2%の誤差が生じた場合のバタワース BPF のシミュレーション

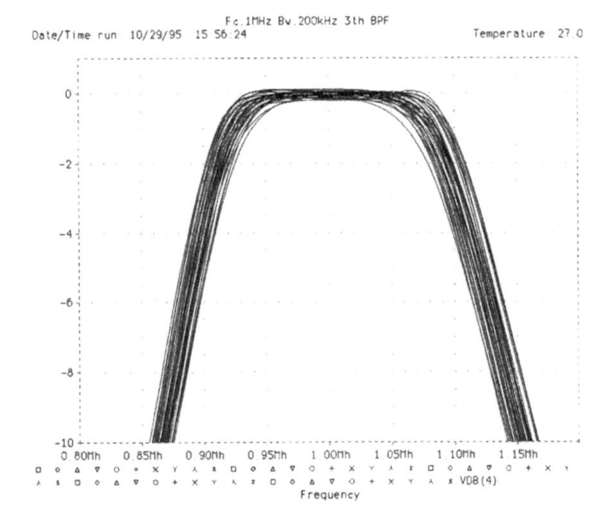

〈図 4-19〉
バタワース BPF の実際の特性

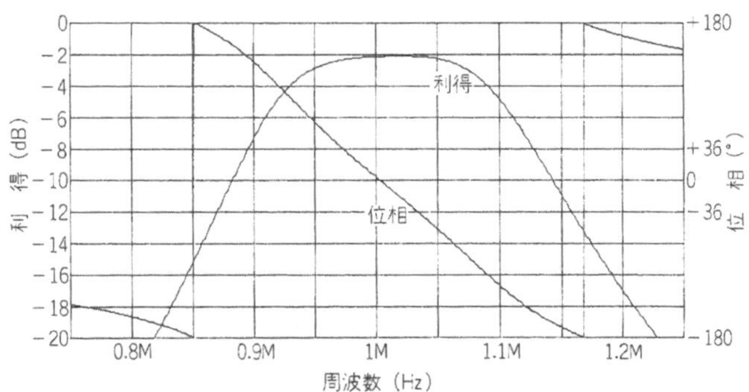

(a) 利得・位相-周波数特性

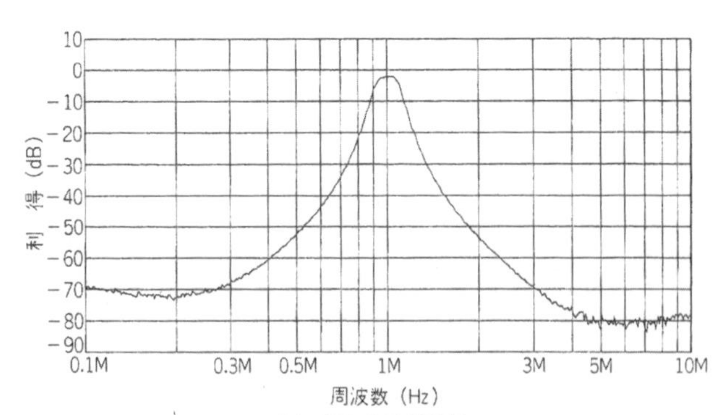

(b) 利得-周波数特性

ンです．

用途にもよりますが，この程度のバラツキに収めるためには積層セラミック・コンデンサの誤差5％は大き過ぎます．*LCR* メータによる選別は避けられません．

角形コイルは10Kタイプに15回巻きして1.59 μH，10DSタイプに42回巻きして79.6 μHになるようにコアを調整しました．

図 4-19 が実際に試作したBPFの振幅・位相-周波数特性です．挿入損失が2 dBほどありますが，きれいな特性になっているのがわかります．

第5章
高次フィルタを容易に実現する
LC シミュレーション型アクティブ・フィルタの設計

5.1 *LC* シミュレーションとは

● コイルを使わないようにしたい

低周波の *LC* フィルタを実現したいとき一番ネックになるのがコイルであることを第4章で説明しました.

アクティブ・フィルタではこのコイルを使わないですむ回路がいろいろと考案されています. FDNR(Frequency Dependent Negative Resistance)と呼ばれる回路もその一つの手法で, 多くの利点があり, 最近はよく使われています.

LC フィルタは一般に**図 5-1**(**a**)に示すような構成になっていますが, 各素子に $1/s(1/j\omega)$ を乗算してみます(使用しているすべての素子に $1/s$ を乗算すれば入出力特性は変化しない).

すると**図 5-1(b)**に示すように, *L* 成分からは *s* がなくなり…つまり抵抗に変換され, *R*

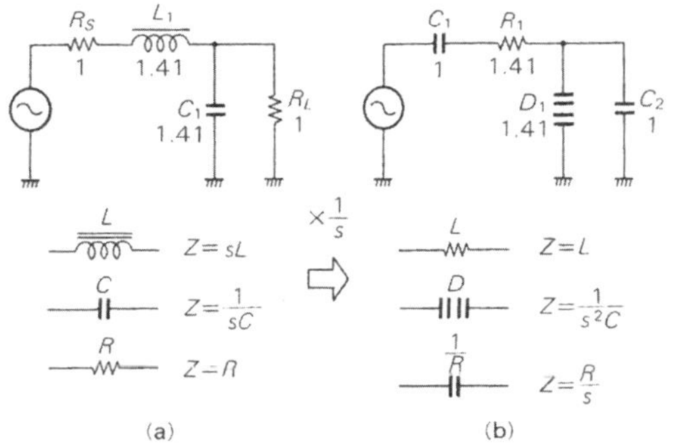

〈図 5-1〉
***LC* フィルタの各素子に $1/s$ をかける**(Bruton 変換)

〈図 5-2〉
FDNR を実現する回路

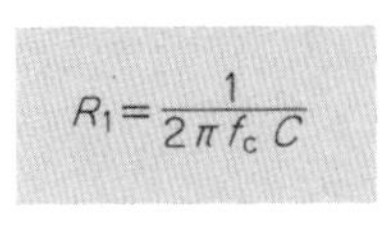

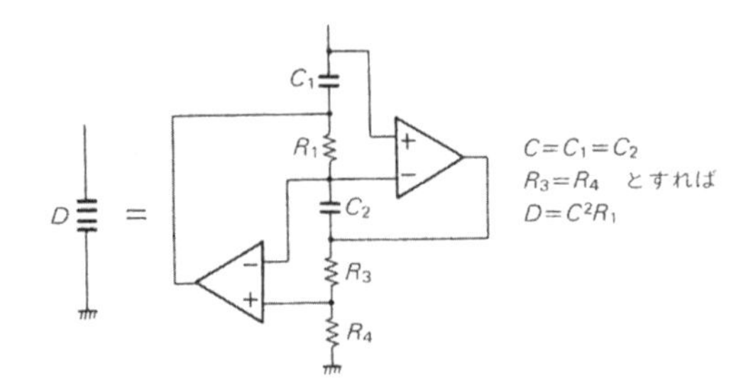

成分は R/s となってコンデンサに変換されます．C 成分は $1/(s^2C)$ という素子に変換されます．この変換は FDNR を考案した Bruton にちなんで，**Bruton 変換**と呼ばれています．

この $1/(s^2C)$ という不思議な成分を ***D*** **素子**と呼び，これを実現するための回路が FDNR と呼ばれるものです．

● FDNR を実現する回路

図 5-2 に D 素子を実現するための FDNR 回路を示します．LC フィルタ回路を Bruton 変換し，D 素子を導入することによって，邪魔なコイルを取り去ることができます．すると，CR と OP アンプだけで LC フィルタと等価な特性を実現することができます．

このように FDNR を使用するフィルタの基本になるのは LC フィルタです．ただし回路構成は，LC フィルタでは L の数が少ないほうが有利でしたが，**図 5-1**(**b**)のように邪魔な L が一番安価で理想特性が実現しやすい R に変換されるため，FDNR では逆に L の数が多く，C や R の数が少ない構成のほうが有利になります．

また，**図 5-2** の FDNR は片側がグラウンドに接続されていなくてはなりません．コンデンサがグラウンドに接続された形だけで構成できるのはローパス・フィル(LPF)だけなので，**図 5-2** の FDNR を使用して実現できるフィルタは LPF だけとなります．

しかしフィルタの中では**アンチエリアシング・フィルタ**… LPF がもっとも多く使われるので，非常に有用な回路といえます．

5.2　実用的 FDNR フィルタの設計

● 5 次 LPF を設計する

では LC フィルタのうち，L の数の多い T 型 LPF を設計してみましょう．

図 5-3 に基本となる T 型 5 次バタワース LPF の構成と，それの FDNR 変換したものを示します．定数設計のための正規化テーブルは，第 4 章で使用した 5 次 LC ローパス・フィルタのもの〔p.102，**表 4-1(b)**〕を使用し，該当の定数に $1/s$ をかけます．

FDNR による回路構成と計算手順を**図 5-4** に示します．

使用するコンデンサはすべて同じ値とすることができますので，E6 系列から選んで 22 nF としました．したがって，しゃ断周波数 1 kHz から，基本の R の値は 7.234 kΩ となります．

ここで問題になるのが，信号源抵抗 R_S から変換されたコンデンサ C_1 です．このままで

〈図 5-3〉
T 型 5 次バタワース LPF の Bruton 変換
（各素子に $1/s$ をかける）

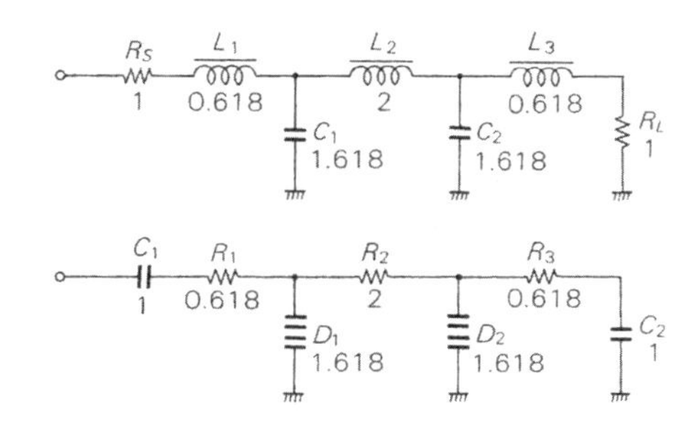

〈図 5-4〉
FDNR を使用した 5 次バタワース LPF

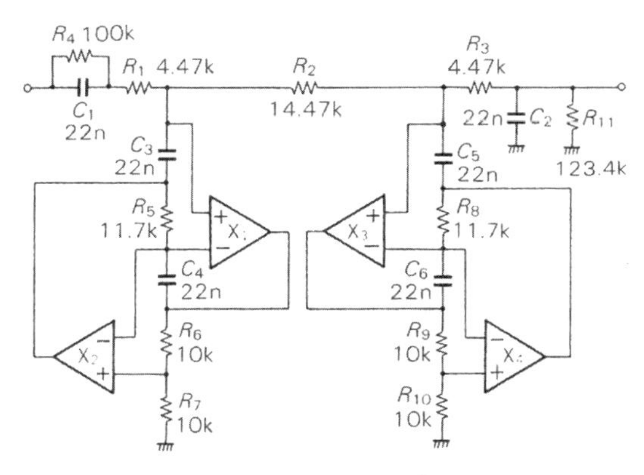

f_C: 1kHz　$C = 22\text{nF}$　より　$R = \dfrac{1}{2\pi f_C C} \fallingdotseq 7.234\text{k}\Omega$

$R_1 = R_3 = R \times 0.618 \fallingdotseq 4.47\text{k}\Omega$

$R_2 = R \times 2 \fallingdotseq 14.47\text{k}\Omega$

$C = C_1 = C_2 = C_3 = C_4 = C_5 = C_6 = 22\text{nF}$

$R_5 = R_8 = 1.618 \times R \fallingdotseq 11.70\text{k}\Omega$

$R_6 = R_7 = R_9 = R_{10} = 10\text{k}\Omega$　とする

$R_4 = 100\text{k}\Omega$　とすると

$R_{11} = R_1 + R_2 + R_3 + R_4 = 123.4\text{k}\Omega$

は直流が伝達されないので，LPFとならないのは明らかです．直流を通過させるには R_1，R_2，R_3 に比べて十分大きな抵抗 R_4 を，C_1 に並列に追加します．そして R_4 の追加を補正するために R_{11} を追加して，$(R_1+R_2+R_3+R_4)$ と R_{11} による直流分圧比を1/2とします．

図5-5がこの**図5-4**の回路定数によるFDNR LPFのシミュレーション結果です．

R_4 は十分に大きな値としたつもりですが，どのくらい大きくする必要があるのかをシミュレーションしたのが**図5-6**です（シミュレーションでは R_4 の値に応じて補正のための R_{11} も変化させている）．必要な確度にもよりますが，R_4 は $(R_1+R_2+R_3)$ の100倍程度には大

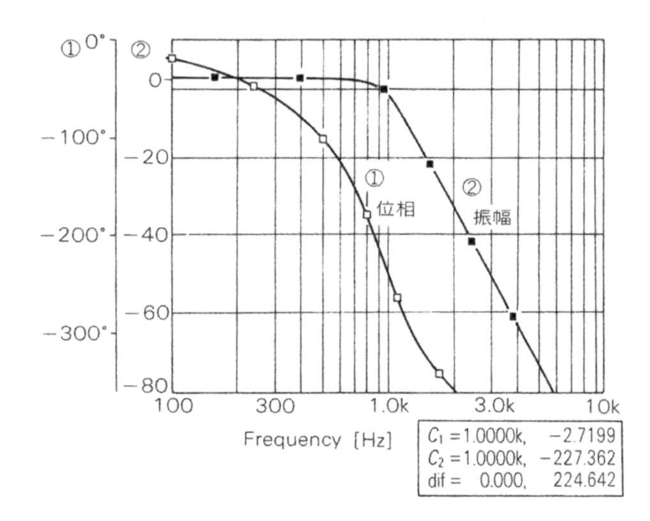

〈図5-5〉
図5-4(5次バタワースLPF)のシミュレーション結果

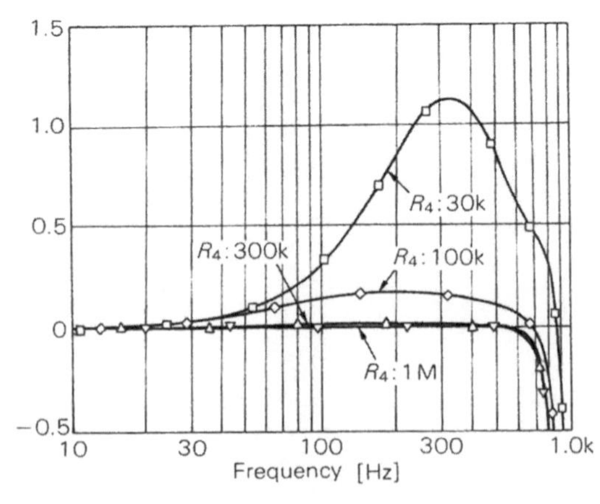

〈図5-6〉
図5-4において R_4 の値を変えたときのシミュレーション

きくする必要があるようです．

しかし，この R_4 の値が数百kΩになると，フィルタの後に接続されるOPアンプのバイアス電流と R_4 によって生じる直流オフセット電圧が無視できなくなります．必要によってはFET入力OPアンプを使用することになります．

● OPアンプの直流ドリフトの影響が出ないのも特徴

FDNRを使用したフィルタでは，**図5-4**を見ると明らかなようにOPアンプ出力が信号に対して直流的に加わりません．コンデンサでカットされています．そのためOPアンプの直流ドリフトがフィルタ出力には現れず，直流ドリフトのないアクティブLPFを実現することができます．

ただし R_4 の項で説明したように，FDNRを使用したLPFではインピーダンスが高くなりがちなので，フィルタの後の回路には注意が必要です．

使用するコンデンサの値に5％の誤差があると仮定したときのシミュレーション結果が**図5-7**です．使用している抵抗に誤差がないとすると直流では0dBになるので，± 0.4dB程度のうねりが生じていることになります．

図5-8は C_1 と C_2 のコンデンサには誤差がないと仮定したときのシミュレーションです．**図5-7**にくらべて，格段に特性バラツキが少なくなっていることがわかります．つ

〈図5-7〉
図5-4に使用しているすべてのコンデンサに5％の誤差が生じた場合

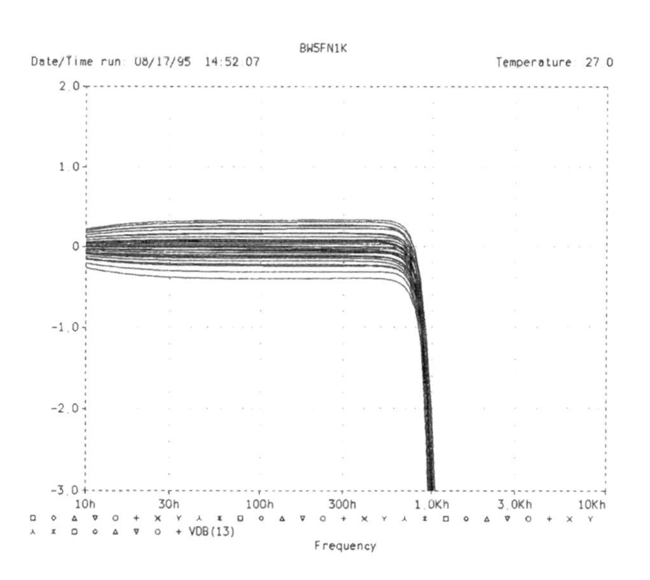

まり，このフィルタの通過域利得の確度は，C_1とC_2の誤差とR_1，R_2，R_3，R_4，R_{11}の誤差が支配的になるのです．これらの素子の誤差には十分な注意が必要です．

〈図 5-8〉
図 5-4 で C_3，C_4，C_5，C_6 に 5 %の誤差が生じた場合

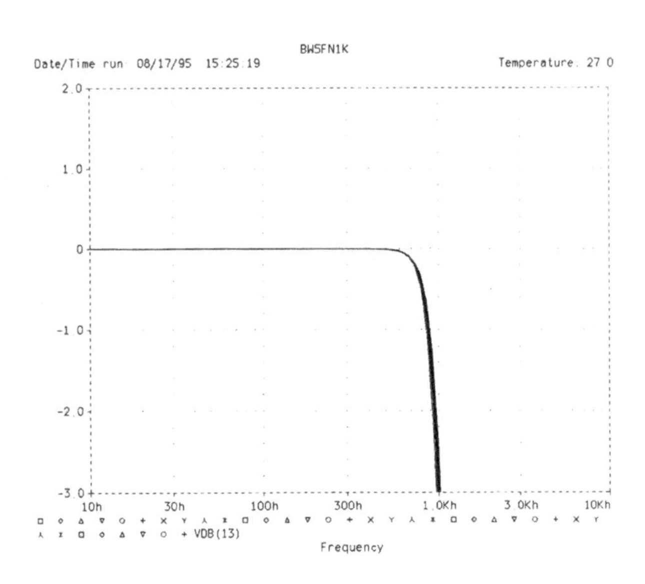

〈図 5-9〉
図 5-4 の回路の 4 個の OP アンプ出力と LPF 出力のシミュレーション

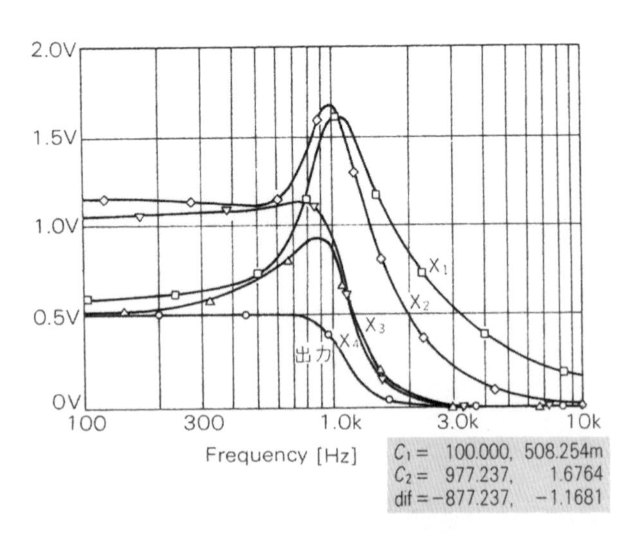

● 最大入力レベルに注意する

図5-9は入力1V，出力0.5Vとしたとき，使用した4個のOPアンプのそれぞれの出力のようすをシミュレーションしたものです．X_2のOPアンプ出力が周波数977Hzのとき最大ピークを生じており，そのときの値が1.68Vとなります．

したがってOPアンプの出力が±10Vまで使用できるとすると，OPアンプ X_2の出力が±10Vになるのは，入力電圧が±5.95Vのときです．そのときの出力電圧は半分の±2.98Vとなります．正弦波の実効値で表すと，最大入力電圧が4.2V_{rms}，そのときの出力電圧が2.1V_{rms}となります．

このようにFDNRを使用したフィルタでは，使用するOPアンプの出力が周波数によって変化し，入力電圧よりもはるかに大きくなる箇所が生じます．設計の際にはシミュレーションを十分に行い，すべてのOPアンプの最大出力電圧を確認しておくことが必要です．

● 信号源抵抗＝0ΩのFDNRフィルタ

先に設計したFDNRのLPFでは，信号源抵抗がコンデンサに変換され，直流を伝達しないことから補正の必要が生じ，特性の悪化につながることを説明しました．

しかし，*LC*フィルタでは必ずしも信号源抵抗が必要ということはありません．**表5-1**に，信号源抵抗を0Ωとして設計したT型LPFの正規化テーブルを示します．

このテーブルを使って設計すると信号源抵抗がないため，信号源抵抗が変換されたコン

〈表5-1〉
信号源抵抗＝0ΩのときのLPF正規化テーブル①
(回路図は次頁正規化テーブル②を参照)

次数 n	L_1	C_2	L_3	C_4	L_5	C_6	L_7
2	1.4142	0.7071					
3	1.5000	1.3333	0.5000				
4	1.5307	1.5772	1.0824	0.3827			
5	1.5451	1.6944	1.3820	0.8944	0.3090		
6	1.5529	1.7593	1.5529	1.2016	0.7579	0.2588	
7	1.5576	1.7988	1.6588	1.3972	1.0550	0.6560	0.2225

(**a**) バタワースT型LPF

次数 n	L_1	C_2	L_3	C_4	L_5	C_6	L_7
2	1.3617	0.7539					
3	1.4631	0.8427	0.2926				
4	1.5012	0.9781	0.6127	0.2114			
5	1.5125	1.0232	0.7531	0.4729	0.1618		
6	1.5124	1.0329	0.8125	0.6072	0.3785	0.1287	
7	1.5087	1.0293	0.8345	0.6752	0.5031	0.3113	0.1054

(**b**) ベッセルT型LPF

〈表 5-1〉信号源抵抗＝0 Ωのときの LPF 正規化テーブル②

n 次数	L_1	C_1	L_3	C_4	L_5	C_6	L_7
2	1.3854	0.8902					
3	1.5341	1.5285	0.8169				
4	1.4817	1.8213	1.5068	0.7853			
5	1.5765	1.7822	1.8225	1.4741	0.7523		
6	1.5060	1.9221	1.8191	1.8329	1.4721	0.7610	
7	1.6009	1.8287	1.9666	1.8234	1.8266	1.4629	0.7555

(c) チェビシェフ(0.25 dB)T 型 LPF

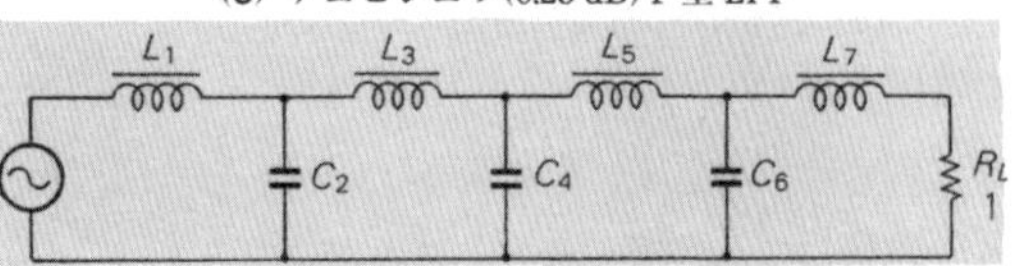

デンサは不要となり，補正抵抗を付加する必要もなくなります．このため直流インピーダンスも低くでき，素子数も減って特性の悪化を防ぐことができます．

ただし残念なことに，信号源抵抗と負荷抵抗の値が等しい *LC* LPF 回路と，信号源抵抗が 0 Ωの *LC* LPF 回路では，コンデンサの誤差による特性の悪化の度合が異なります．後者のほうが特性の悪化の度合が多くなります．このようすをシミュレーションしたのが**図 5-10** です．

〈図 5-10〉T 型 *LC* LPF においてコンデンサに 5 %の誤差が生じたとき

(a) Rs：10 kΩ, R_L：10 kΩ のとき

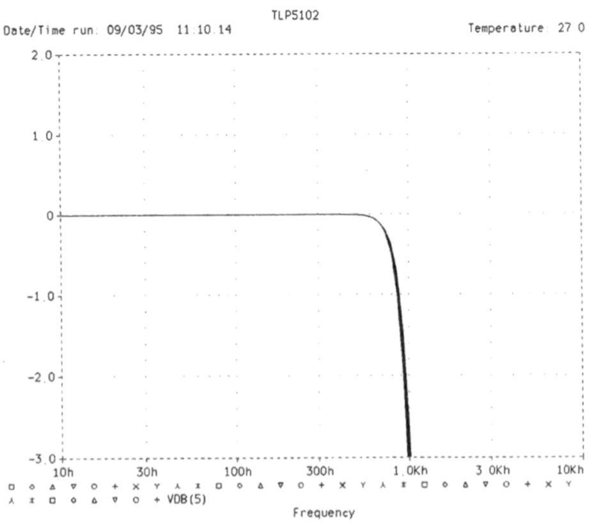

● 信号源抵抗＝0Ωの FDNR 5次ローパス・フィルタの試作

図 5-11 は**表 5-1**(a)のテーブルから正規化値を選択した 1kHz，5次バタワース LPF の等価回路です．**図 5-12** が FDNR による回路構成と計算手順です．

図 5-13 に，この回路でコンデンサに 5％の誤差があると仮定したときのシミュレーション結果を示します．しゃ断周波数付近で最大 0.7dB 程度ピークが生じています．用途にもよりますが，コンデンサの誤差は 1％程度に抑える必要があるようです．

図 5-14 は，**図 5-12** の回路を実際に試作して特性を測ったときの周波数特性です．抵抗は E24 系列から組み合わせて使用し，コンデンサとともに *LCZ* メータを使用して 0.3％以内の誤差に抑えています．

〈図 5-11〉
信号源抵抗＝0Ωの 5次バタワース LPF の Bruton 変換

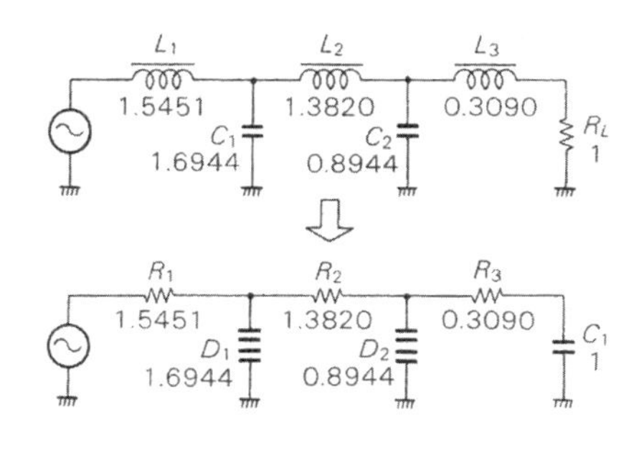

(b) Rs：0Ω, R_L：10kΩ のとき

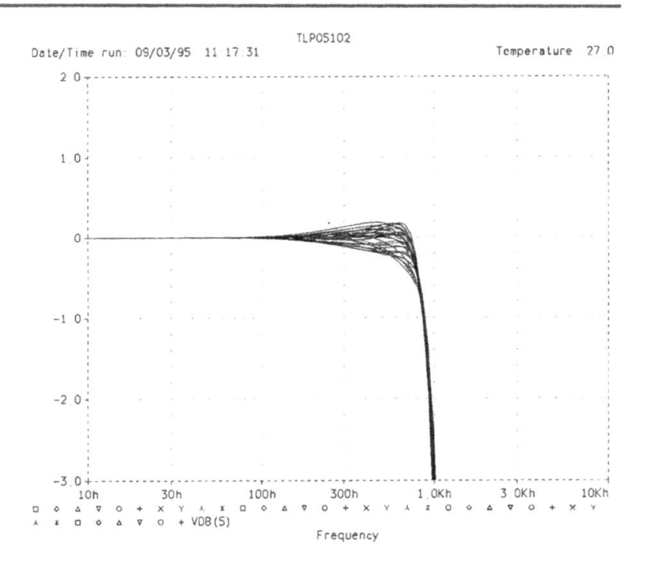

周波数特性を見ると，10 kHz までは正確に理論値に一致した減衰特性が得られていますが，周波数がさらに高くなると OP アンプの利得が減少するため減衰特性が悪化しています．しかし 1 MHz で − 80 dB 以上確保されているので，特性としてはまずまずです．

図 5-15 がひずみ特性を測定したものです．多重帰還型アクティブ・フィルタ(第 3 章,

〈図 5-12〉
信号源抵抗＝0 Ω で設計した FDNR 5 次バタワース LPF

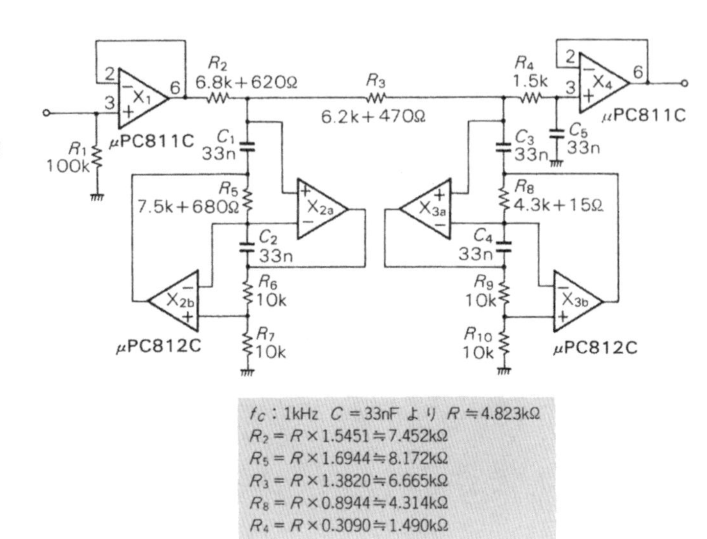

〈図 5-13〉
図 5-12 に使用した回路のコンデンサに 5 %の誤差が生じた場合

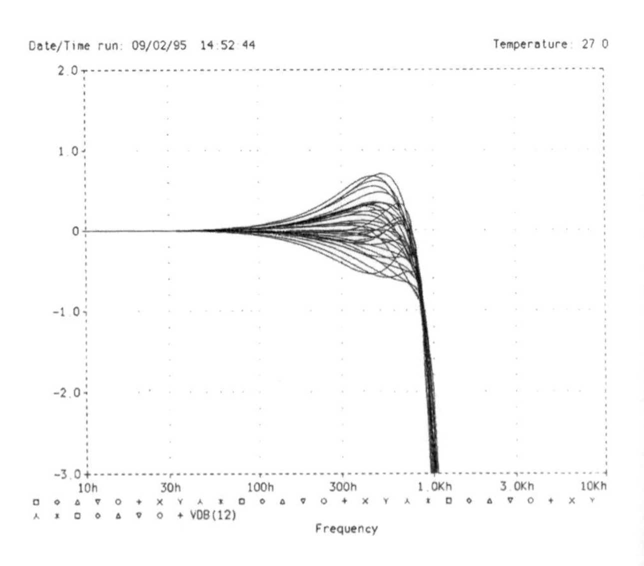

〈図 5-14〉
FDNR 5 次バタワース LPF
(図 5-12)の実測特性

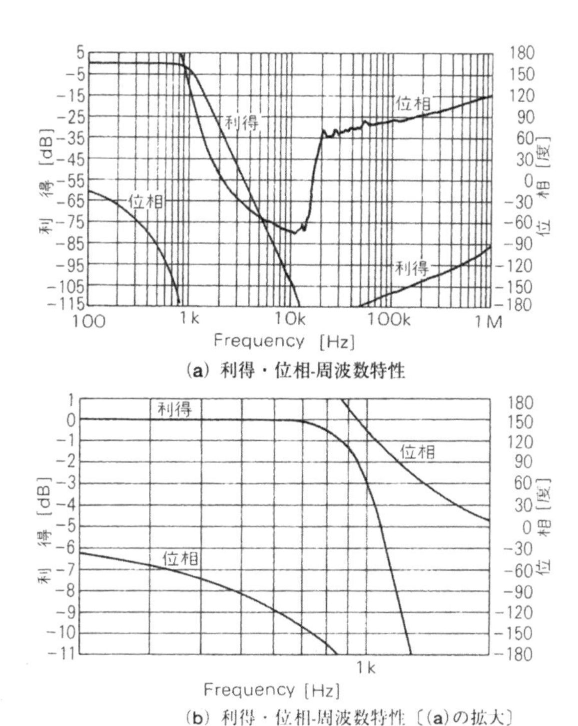

(a) 利得・位相-周波数特性

(b) 利得・位相-周波数特性〔(a)の拡大〕

〈図 5-15〉
FDNR 5 次バタワース LPF(図 5-12)の
ひずみ-出力電圧特性(600 Hz)

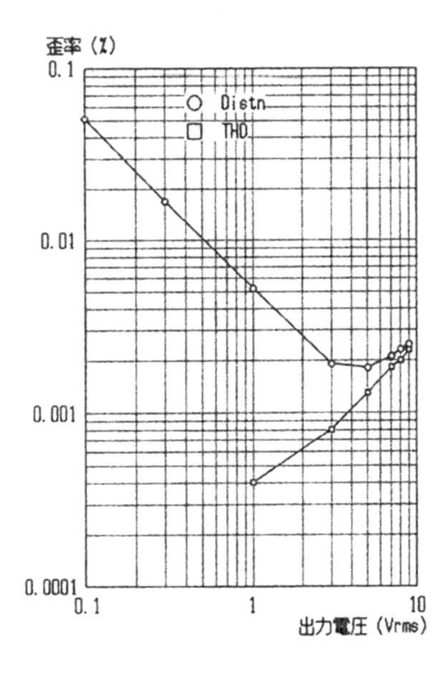

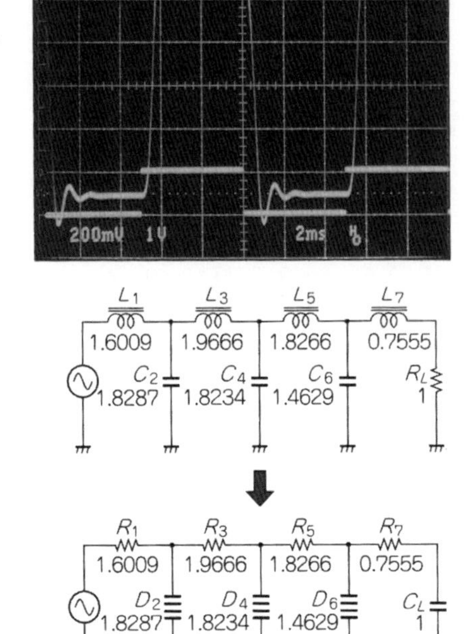

〈写真 5-1〉
FDNR 5次バタワース LPF(図 5-12)に 100 Hz の方形波を入力したときの出力波形

〈図 5-16〉
7次チェビシェフ LPF(リプル 0.25 dB)の Bruton 変換

図 3-11，p.64)ほど低ひずみではありませんが，かなり低ひずみになっています．

写真 5-1 は 100 Hz の方形波を入力したときの出力波形です．バタワース特性として設計していますのでリンギングが生じています．

このように信号源抵抗を 0 Ω とした FDNR LPF は，補正抵抗が不要なため直流インピーダンスが低く設計でき，比較的少ない OP アンプ数で高次 LPF がすべて同容量のコンデンサで構成できます．そのため，LPF のもっとも重要な用途であるアンチエリアシング・フィルタとして，最有力な回路として使われています．

● アンチエリアシング用 7 次チェビシェフ・フィルタの設計

信号源抵抗を 0 Ω とした FDNR フィルタにおける素子の誤差による影響を調べるために，さらに急峻なしゃ断特性をもったアンチエリアシング用 7 次チェビシェフ LPF を設計してシミュレーションしてみましょう．

〈図5-17〉信号源抵抗＝0Ωの FDNR を使用した7次チェビシェフ LPF

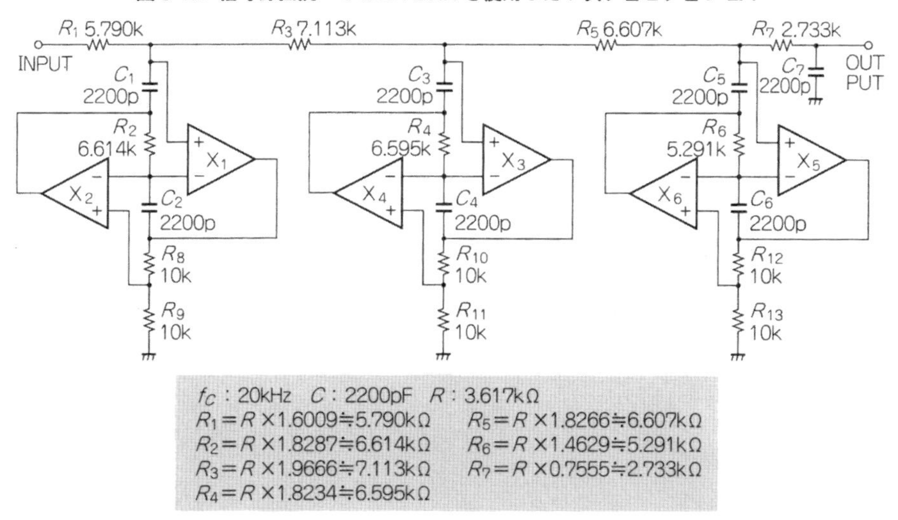

〈図5-18〉
FDNR 7次チェビシェフ LPF のシミュレーション結果

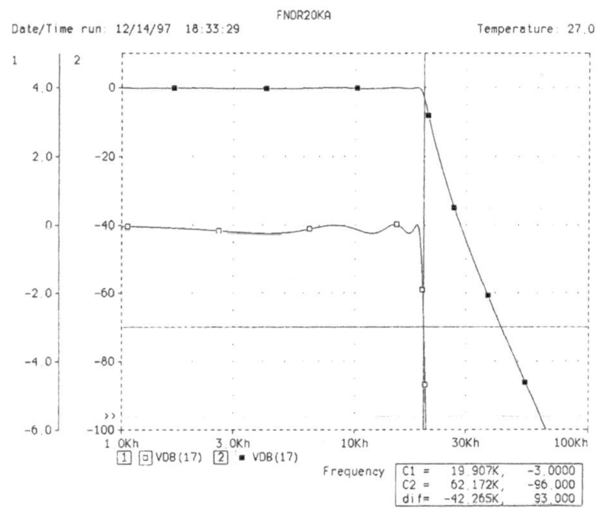

しゃ断周波数はオーディオ帯の最高周波数である20kHzとします．OPアンプの負荷として適度なインピーダンスで，コンデンサの値がE6系列から選べることから，

f_C : 20kHz　C : 2200pF　R : 3.617kΩ

を基準値とします．基本のLCフイルタ回路からBruton変換すると，**図5-16**に示すような構成になります．**図5-17**に回路図と計算手順を示します．

図5-18が理論値でのシミュレーション結果です．リプルがほぼ0.25 dBで，－3 dBのしゃ断周波数も19.907 kHzとほぼ20 kHzになっています．

図5-19は，使用するOPアンプのゲイン・バンド幅(*GBW*)を変化させたときのシミュレーションです．この結果から，少なくとも3 MHz以上の*GBW*をもったOPアンプを使用する必要があるようです．

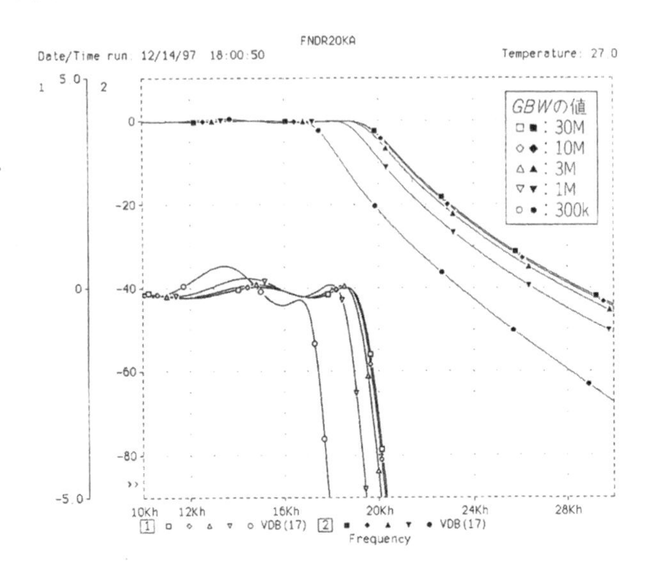

〈図5-19〉
FDNR 7次チェビシェフLPFにおける*GBW*による影響
(シミュレーションのためのリストはp.140に掲載しました)

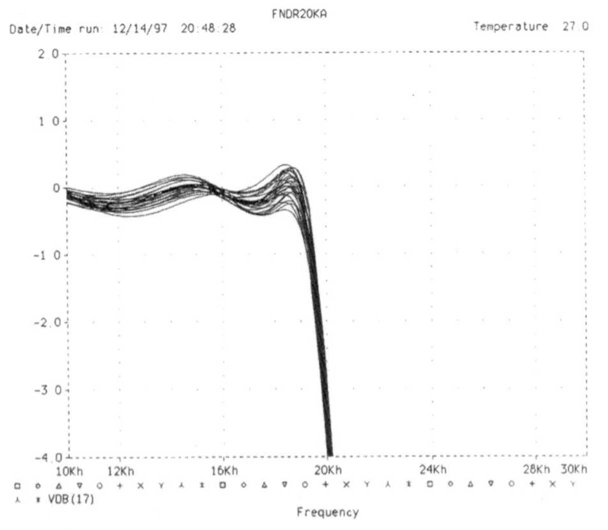

〈図5-20〉
FDNR 7次チェビシェフLPFでコンデンサの誤差が1%あるときの影響
(シミュレーションのためのリストはp.140に掲載しました)

● 特性を細かく検証すると

設計した7次チェビシェフ・フィルタにおいて，**図 5-20** はコンデンサに1%の誤差がある場合のシミュレーションです．振幅の暴れが± 0.5 dB になっています．暴れを少なくするにはコンデンサの誤差を小さくしなくてはなりませんが，振幅の暴れは使用するコンデンサの相対誤差によって生じます．コンデンサの値を測定して同じ容量どうしを組み合わせて選別すれば，コンデンサを有効に使用することができます．

たとえば7個のコンデンサの値を 2220 pF ± 0.2 %に選別できれば，しゃ断周波数が1%低くなるだけで，振幅の暴れは**図 5-20** よりずっと少なくなります．

図 5-21 は抵抗に1%の誤差がある場合のシミュレーションです．抵抗は誤差の少ないものが比較的安価に入手できるので，この程度のしゃ断特性をもったフィルタになると誤差 0.2 %以内程度の抵抗が必要となります．**図 5-22** に誤差 0.2 %のときのシミュレーション結果を示します．

このフィルタでは 0 Ωの信号源が必要になりますが，どの程度の信号源抵抗までが特性を乱さないのかをシミュレーションしたのが**図 5-23** です．信号源抵抗が 10 Ω以下であるならば問題がないことがわかります．

〈図 5-21〉
FDNR 7次チェビシェフ LPF で抵抗の誤差が1%あるときの影響

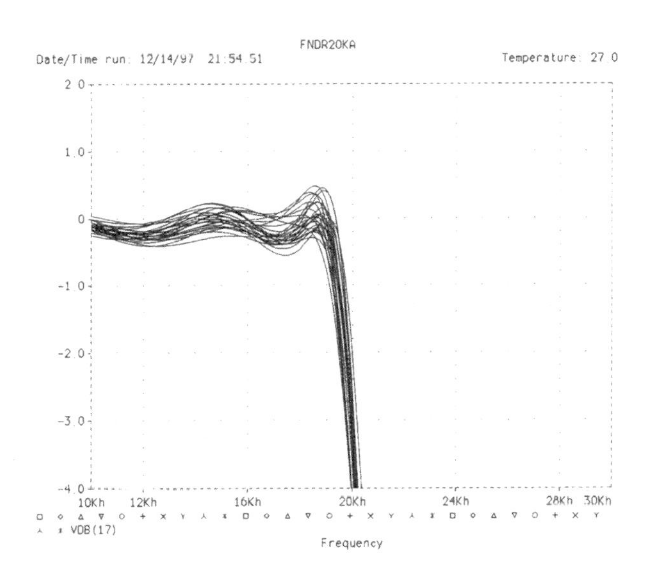

図 5-24 は入力電圧が1Vのとき，各OPアンプの出力電圧をシミュレーションした結果です．出力電圧が最大になるのは X_2 で，19.275 kHz のとき 3.5191 V です．各OPアンプの最大出力を±10V とすると，入力電圧が±2.84 V，入力電圧波形が正弦波とすると，約 2 V_{rms} が許容できる最大入力電圧となります．信号源抵抗が0Ωなので，当然このとき出力電圧も通過領域では 2 V_{rms} となります．

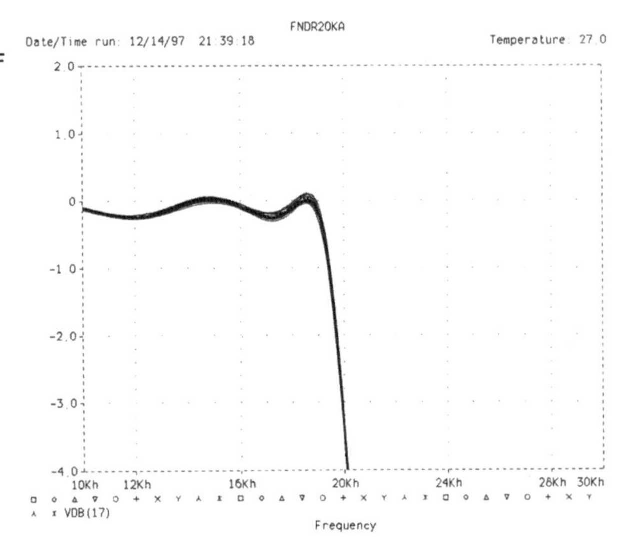

〈図 5-22〉
FDNR 7次チェビシェフ LPF で抵抗の誤差が 0.2%あるときの影響

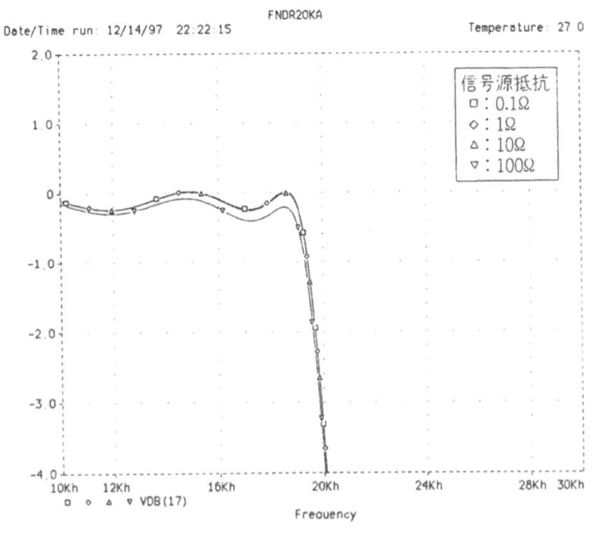

〈図 5-23〉
FDNR 7次チェビシェフ LPF での信号源抵抗の増加による影響

● 高速A-Dコンバータを使うとフィルタの負担が楽になる

設計した7次チェビシェフFDNRフィルタを，16ビットA-Dコンバータ用アンチエリアシングLPFとして使用する場合，16ビットA-Dコンバータの1LSBをデータの許容誤差とすると，ダイナミック・レンジは$1/2^{16}$ですから逆算すると－96dBとなります．

そして，このLPFの減衰量が－96dBになる周波数は62.172kHzなので，倍の周波数である124kHz以上でサンプリングすれば，完全にエリアシングから逃れられることがわかります(**図5-25**)．

もっとフィルタの次数を増やしたり，連立チェビシェフの手法を用いれば，さらにしゃ断特性の急峻なアンチエリアシングLPFを実現することもできます．しかし，そのぶん*CR*の精度も厳しいものとなり，周囲温度による影響や経年変化などを考慮すると，製作に多くの困難が伴います．

〈図5-24〉
図5-17の回路でOPアンプの出力電圧をシミュレーションすると

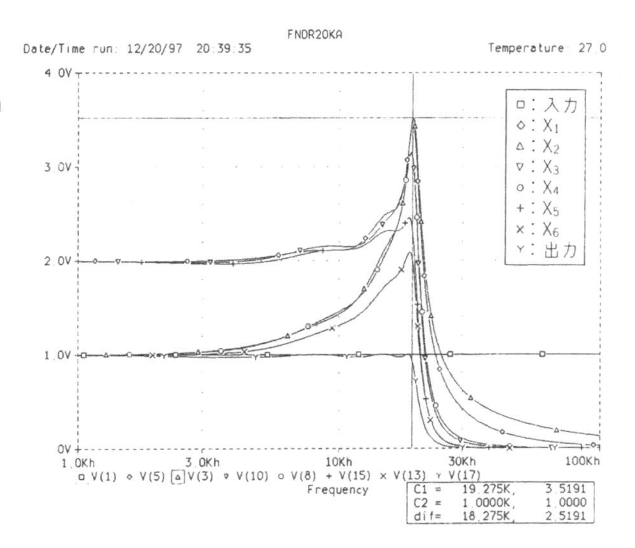

〈図5-25〉
16ビットA-Dコンバータ(しゃ断周波数20kHz)のアンチエリアシング・フィルタに必要な性能

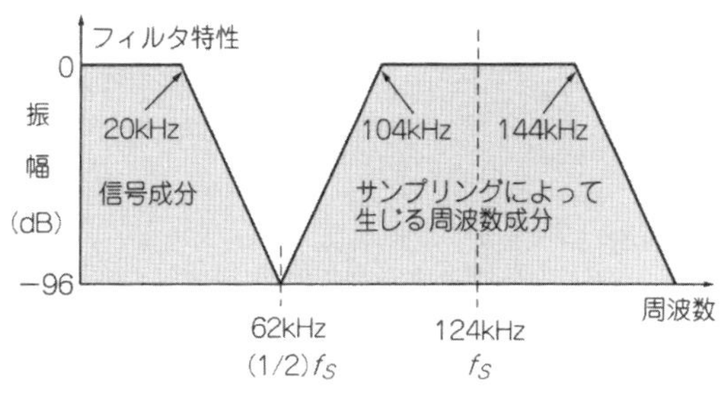

最近では半導体技術が進歩し，高速/高分解能 A-D コンバータもディジタル・オーディオ用に大量に生産され，安価になってきています．またパソコンの普及でメモリの価格も急激に低下しているので，現実にはより急峻なアンチエリアシング LPF を使用するよりも，より高速な A-D コンバータを使用してサンプリング周波数を上げ，ディジタル処理の負担を大きくしたほうがメリットが大きいようです．

● コンデンサをインダクタに変換する GIC

FDNR とよく似た手法に GIC(Generalised Immittance Converters)と呼ぶものがあります．これは OP アンプで**イミッタンス変換回路**を構成し，コンデンサを接続してコイルの動作を実現するものです．

〈図 5-26〉 GIC の構成

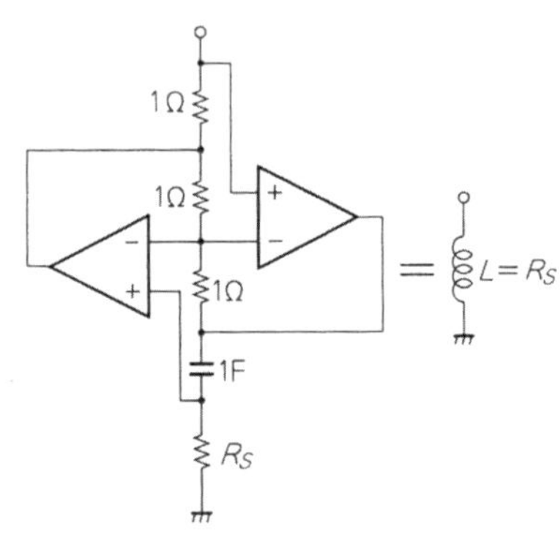

〈図 5-27〉 GIC による 5 次バタワース HPF(しゃ断周波数 10 kHz)

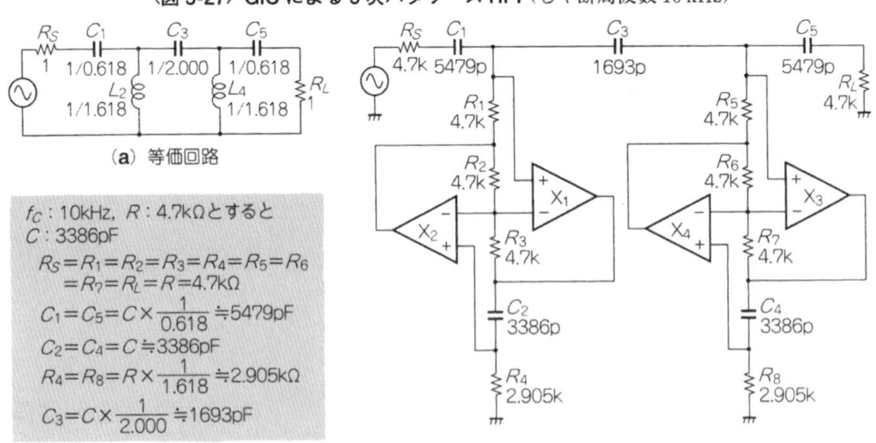

〈図 5-28〉
図 5-27 の 5 次バタワース LPF のシミュレーション結果

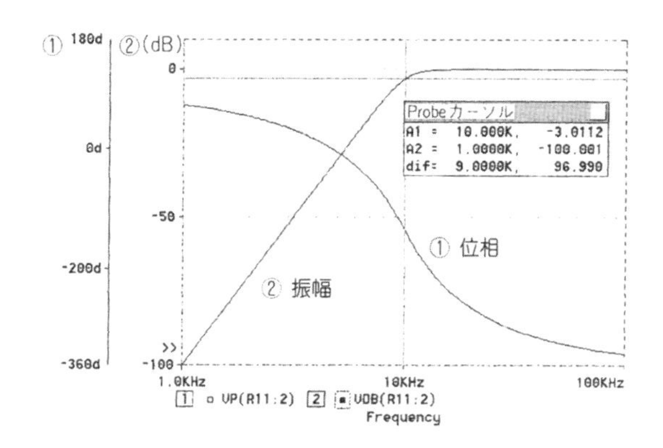

図 5-26 に代表的な GIC の回路の一例を示します．この回路は片端がグラウンドに接続されているので，*LC* ハイパス・フィルタ(HPF)を実現するのに都合のよいものとなります．

第 4 章で設計したしゃ断周波数 10 kHz，5 次バタワース *LC* HPF(p.107，**図 4-4**)を GIC を使用して設計したのが，**図 5-27** に示す回路図と計算順序です．

このようにすべて同じコンデンサの値とはならず，OP アンプも 4 個必要となり，正帰還アクティブ・フィルタなどと比べてあまりメリットが見いだせません．

しかし *LCZ* メータの較正などで，正確で大容量の**基準インダクタンス**が必要なときには大いに効果を発揮するでしょう．本当の基準インダクタを用意するのは大変ですが，これがコンデンサで肩代わりできると効果的です．

図 5-28 が**図 5-27** のシミュレーション結果です．第 4 章の *LC* フィルタと同じ結果が得られています．

● 参考…図5-19のシミュレーション・リスト(上), 図5-20のシミュレーション・リスト(下)

```
FNDR20KS
*
*      20kHz  FNDR  LPF
*
.AC   LIN  200  10K  30K
*
VIN   1     0      AC    1
*
R1    1     2            5.790K
R3    2     7            7.113K
R5    7    12            6.607K
R7   12    17            2.733K
C7   17     0            2200P
*
C1    2     3            2200P
R2    3     4            6.614K
C2    4     5            2200P
R8    5     6            10K
R9    6     0            10K
X1    2     4     5      OPAMP      PARAMS:CC={X}
X2    6     4     3      OPAMP      PARAMS:CC={X}
*
C3    7     8            2200P
R4    8     9            6.595K
C4    9    10            2200P
R10  10    11            10K
R11  11     0            10K
X3    7     9    10      OPAMP      PARAMS:CC={X}
X4   11     9     8      OPAMP      PARAMS:CC={X}
*
C5   12    13            2200P
R6   13    14            5.291K
C6   14    15            2200P
R12  15    16            10K
R13  16     0            10K
X5   12    14    15      OPAMP      PARAMS:CC={X}
X6   16    14    13      OPAMP      PARAMS:CC={X}
*
.PARAM   X=1U
.STEP   PARAM  X  LIST  0.3U  1U  3U  10U  30U
*
.PROBE  V(17)
*
.SUBCKT  OPAMP    1     2     6    PARAMS:CC=1U
RIN   1     2                 10MEG
E1    3     0     1     2     1000K
R1    3     4                 15.9K
C1    4     0     {CC}
E2    5     0     4     0     1
RO    5     6                 50
.ENDS
*
.END
```

```
FNDR20KM
*
*      20kHz  FNDR  LPF
*
.AC   LIN  200  10K  30K
*
VIN   1     0      AC       1
*
R1    1     2               5.790K
R3    2     7               7.113K
R5    7    12               6.607K
R7   12    17               2.733K
C7   17     0      C7TH     2200P
*
C1    2     3      C1ST     2200P
R2    3     4               6.614K
C2    4     5      C2ND     2200P
R8    5     6               10K
R9    6     0               10K
X1    2     4      5        OPAMP
X2    6     4      3        OPAMP
*
C3    7     8      C3RD     2200P
R4    8     9               6.595K
C4    9    10      C4TH     2200P
R10  10    11               10K
R11  11     0               10K
X3    7     9      10       OPAMP
X4   11     9      8        OPAMP
*
C5   12    13      C5TH     2200P
R6   13    14               5.291K
C6   14    15      C6TH     2200P
R12  15    16               10K
R13  16     0               10K
X5   12    14      15       OPAMP
X6   16    14      13       OPAMP
*
.MODEL  C1ST  CAP(C=1  DEV  1%)
.MODEL  C2ND  CAP(C=1  DEV  1%)
.MODEL  C3RD  CAP(C=1  DEV  1%)
.MODEL  C4TH  CAP(C=1  DEV  1%)
.MODEL  C5TH  CAP(C=1  DEV  1%)
.MODEL  C6TH  CAP(C=1  DEV  1%)
.MODEL  C7TH  CAP(C=1  DEV  1%)
.MC  30  AC  V(17)  YMAX  LIST  OUTPUT  ALL
*
.PROBE  V(17)
*
.SUBCKT  OPAMP    1     2     6
RIN   1     2                 10MEG
E1    3     0     1     2     1000K
R1    3     4                 15.9K
C1    4     0                 1U
E2    5     0     4     0     1
RO    5     6                 50
.ENDS
*
.END
```

第6章
性能を決めるのは受動部品だ
フィルタに使用する *RCL*

6.1　フィルタに使用する抵抗器

● 抵抗器のいろいろ

受動素子の御三家… *RCL* の中でもっとも特性が安定で入手性の良いのがこの抵抗です．抵抗だけでフィルタが実現できれば苦労はないのですが，原理的に抵抗は周波数によってインピーダンスが変化しないため不可能です．

抵抗には主に下記の種類があります．

① 巻き線抵抗器…電力用や直流用精密抵抗として使用されています．

② 炭素皮膜抵抗器…**カーボン抵抗**とも呼ばれます．低価格で汎用ですが，温度係数はあまり良くありません．したがって精度をもとめるフィルタ回路には推奨できません．

③ 金属皮膜抵抗器…汎用の精密抵抗で，温度係数が数 ppm/℃～ 100 ppm/℃程度のものが市販されています．抵抗値も E96 系列から手に入れることができるため，フィルタにはもっともよく使う部品です．

④ 金属箔抵抗器…現在もっとも精密で経年変化の少ない抵抗です．0.1 ppm/℃程度まで実現可能です．

⑤ 酸化金属皮膜抵抗器…熱に強いので電力用として使用されています．

表 6-1 に各抵抗の許容差と温度係数を示します．この範囲ですべて入手可能というわけではなく，低抵抗値や高抵抗値では一般に許容差や温度係数が悪化します．

写真 6-1 が各種抵抗器の外観です．これは電子部品全般に言えることですが，外観で種類や性能を判断することは危険です．必ず型名からデータ・シートで確認することが大切です．

〈表 6-1〉抵抗器の種類と特性のまとめ

種　類	製作可能な抵抗値(Ω)	定格電力(W)	許容差(%)	温度係数(ppm/℃)
電力用巻き線抵抗	10m ～ 3k	3 ～ 1k	± 1 ～± 10	± 30 ～± 300
精密用巻き線抵抗	10m ～ 1M	0.1 ～ 1	± 0.005 ～± 1	± 3 ～± 30
炭素皮膜抵抗	1 ～ 3M	0.1 ～ 3	± 2 ～± 10	± 200 ～± 100
金属皮膜抵抗	100m ～ 10M	0.1 ～ 3	± 0.5 ～ 5	± 10 ～± 200
金属箔抵抗	10m ～ 100k	0.1 ～ 1	± 0.005 ～± 5	± 0.4 ～± 10
酸化金属皮膜抵抗	100m ～ 100k	1 ～ 10	± 2 ～± 10	± 200 ～± 500

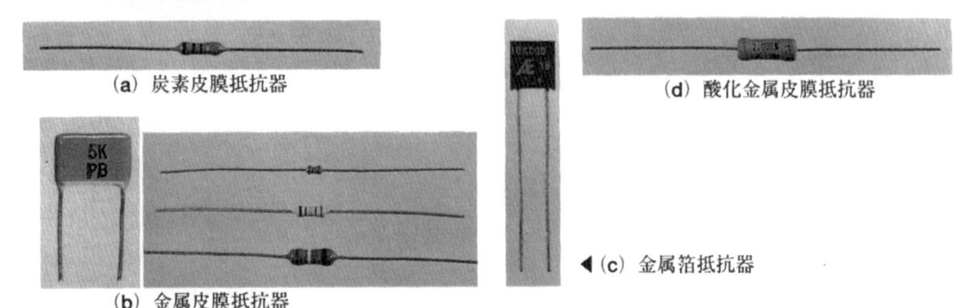

(a) 炭素皮膜抵抗器

(b) 金属皮膜抵抗器

◀(c) 金属箔抵抗器

(d) 酸化金属皮膜抵抗器

〈写真 6-1〉主な抵抗器の外観

● フィルタ回路には金属皮膜抵抗器

フィルタ回路にかぎりませんが，OP アンプ主体の計測用アナログ回路では周波数特性が比較的良くて，温度係数の少ない金属皮膜抵抗器が多く使用されています．± 1%の誤差の抵抗を E96 系列で揃えておくと，フィルタの設計は楽になります．

ただし部品の種類が増えると，部品の購入と実装に負担がかかります．特に表面実装を行う場合には，部品実装のためのマウンタに取り付けられる部品の種類に制限があり，部品の種類削減の工夫は非常に大切なものになります．

精密なフィルタが必要なときは，温度係数に注意する必要があります．温度特性の良い金属皮膜抵抗器でも，製品によって温度係数が異なります．50 ppm/℃のものを選択しておけばかなりの安定度を得ることができます．

表 6-2 に代表的な金属皮膜抵抗器の特性を示します．当然ですが温度係数が小さいものほど価格が高くなるので，組み合わせて使用するコンデンサなどの性能と，製作するフィルタの仕様から適切なものを選定します．

〈表 6-2〉
金属皮膜抵抗器(SN/SNF)の特性例
〔KOA ㈱〕

型名	抵抗温度係数(ppm/℃)	抵抗値範囲(Ω)			
		D(±0.5%)	F(±1%)	G(±2%)	J(±5%)
		E24, E192	E24, E96	E24	
SN C2C	C(±50)	49.9〜562k	10〜1M	———	———
SN K2C	K(±100)	———			
SN C2E	C(±50)	10〜2.21M	10〜2.21M	———	———
SN K2E	K(±100)			10〜2.21M	
SN L2E	L(±200)	———	1.0〜10	0.51〜10	0.2〜10
SN C2H	C(±50)	10〜5.05M	10〜5.11M	———	———
SN K2H	K(±100)		10〜10M	10〜10M	
SN L2H	L(±200)	———	1.0〜1.0	0.51〜10	0.2〜10
SNF 2C	———	———	———	———	0.47〜9.1
SNF 2E			10〜100k		0.47〜100k
SNF 2H					

定格電力
C:0.25 W
E:0.25 W
H:0.5 W

〈図 6-1〉 金属皮膜抵抗器(SNC2C)の抵抗値-周波数特性〔KOA ㈱〕

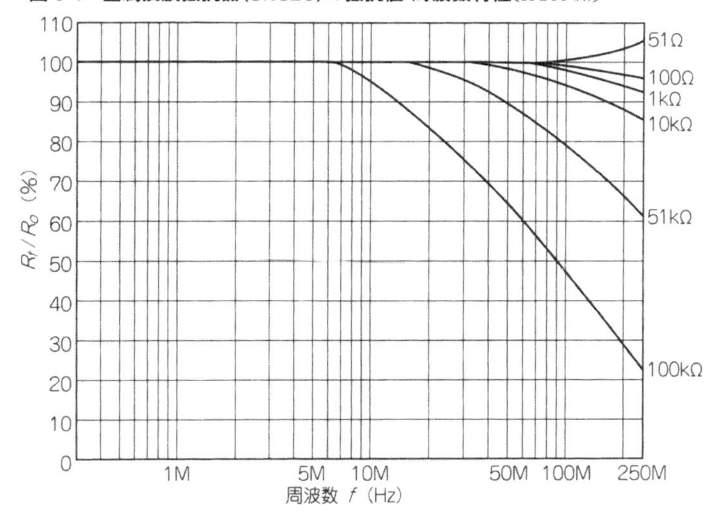

● 抵抗の周波数特性

図 6-1 に代表的な金属皮膜抵抗器の周波数特性を示します．抵抗は，同じ金属皮膜抵抗でもその値によって周波数特性は大幅に異なります．

抵抗を等価回路で書き表すと**図 6-2** のようになります．C は抵抗の浮遊容量，L は主にリードにより生ずるインダクタンスです．これらの値は抵抗値によらずおよそ一定です．そのため周波数が高くなると，高い抵抗値では浮遊容量によるインピーダンスによって抵

〈図 6-2〉 抵抗の等価回路

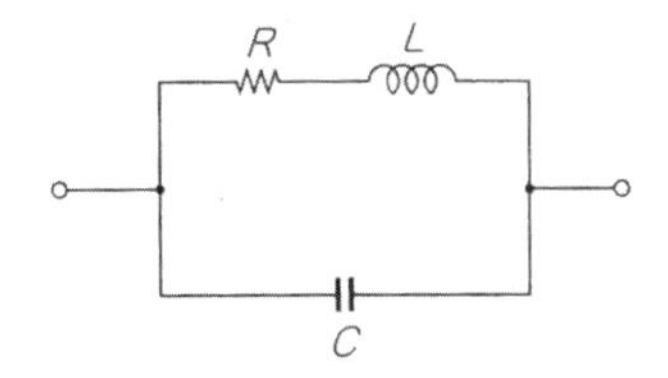

L：リード線によるインダクタンス
C：浮遊容量

〈図 6-3〉 リード線のインダクタンス

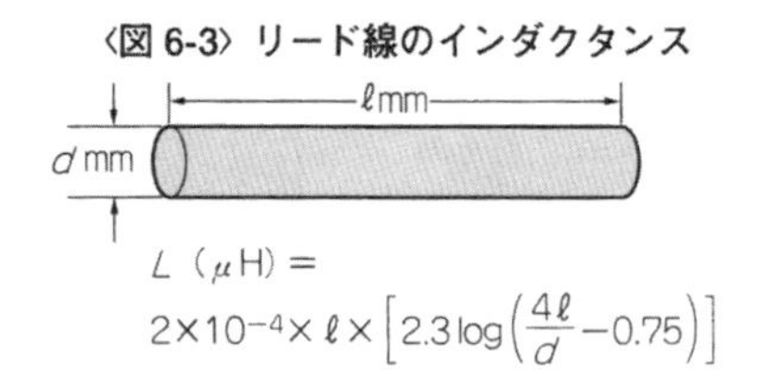

〈図 6-4〉
抵抗の周波数特性シミュレーション
(C：0.02 pF，L：2.9 nH)

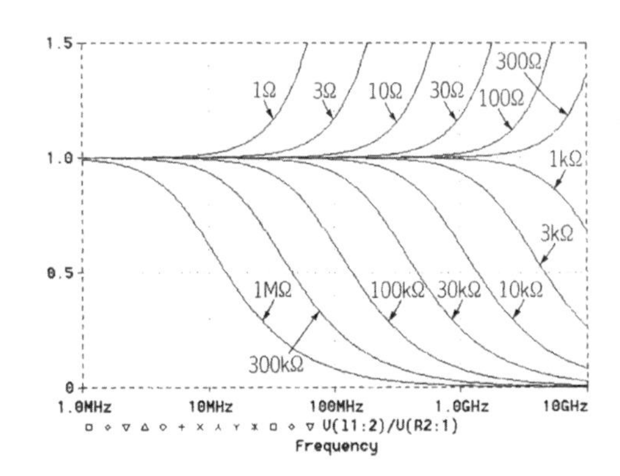

抗値が低下し，低い抵抗値ではリード・インダクタンスによって抵抗値が上昇してしまいます．

たとえば**図 6-1** を見ると，低周波では 51 kΩ の抵抗が，150 MHz では 30 %(約 − 3 dB) 低下しています．このときの浮遊容量を計算すると，C=1/(2πfR)から約 0.02 pF となります．

リード線のインダクタンスは**図 6-3** から求めることができます．直径 0.5 mm のリード線を両端に 2.5 mm ずつ付けると約 2.9 nH となります．この 0.02 pF と 2.9 nH で各抵抗値の周波数特性のシミュレーションを行うと，**図 6-4** のようになります．

このように 100 kΩ を越える抵抗値では浮遊容量に注意し，1 Ω 以下の抵抗値ではリード・インダクタンスに注意しないと抵抗値の誤差が大きくなってしまいます．

部品を実装した場合は，浮遊容量はもっと大きな値となることが多く，50 Ω ～ 100 Ω 程度の抵抗値が一番周波数特性が良好で，高周波ではこの付近のインピーダンスが多用される理由となっています．

6.2 フィルタに使用するコンデンサ

● コンデンサは等価直列抵抗 R_S に注意する

どんなフィルタにも必要になるのがコンデンサです．コンデンサのインピーダンスは $1/\omega C$ であり，周波数が高くなるとインピーダンスが低下します．

コンデンサは受動素子の中でもっとも種類が多く，初心者にとってはどの種類を使用したらよいのかで一番悩む素子でもあります．

コンデンサにはかなりの種類がありますが，フィルタに適したコンデンサの一覧を**表 6-3** に示します．なお，コンデンサの許容差と温度係数の表記の方法は JIS で決められています．これを**表 6-4** に示します．

コンデンサの等価回路は**図 6-5** のように書き表すことができます．当然ながら R_P が大きく，R_S，L が小さいものが優秀なコンデンサとなります．

とくに R_S は，コンデンサがこの値よりも小さなインピーダンスにならないことを示しており，フィルタの減衰量はこの値により制限されてしまいます．またアクティブ・フィルタで大きな Q を実現しようとした場合，R_S が大きいと Q の理論値からのずれも大きくなってしまいます．

この R_S は，コンデンサのデータ・シートで $\tan\delta$（誘電正接…タンデルタと呼ぶ）として規定されています．これは**図 6-6** のベクトル図で示すように損失角を示しています．$\tan\delta$ の逆数がコンデンサの Q となります．

R_S は主に誘電体の種類により左右されます．スチロールやマイカではこの値が小さくなっています．

〈図 6-5〉コンデンサの等価回路

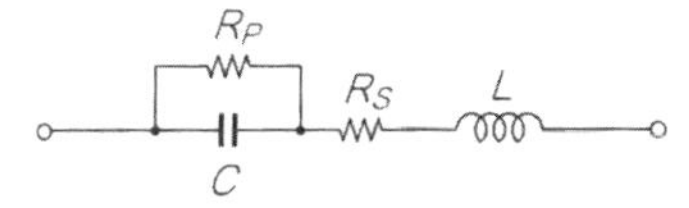

R_P：絶縁抵抗
R_S：主に誘電体による直列抵抗
L：主に電極によるインダクタンス

$$\text{自己共振周波数} = \frac{1}{2\pi\sqrt{LC}}$$

$$Q = \frac{1}{2\pi f C R_S}$$

〈図 6-6〉コンデンサの tan δ

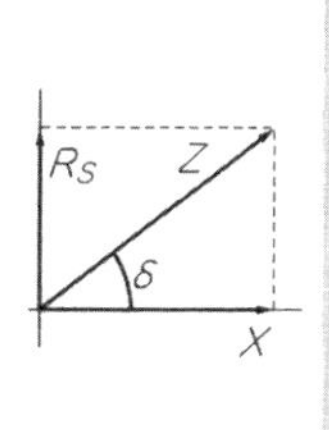

R_S

X：等価リアクタンス $= \dfrac{1}{2\pi fC}$

$$\tan\delta = \frac{R_S}{X} = 2\pi f C R_S$$

$$R_S = \frac{\tan\delta}{2\pi fC} = X\tan\delta$$

（$\tan\delta$ は一般に 1kHz 程度の低周波で規定されるので L は省略し，$R_P \gg X$ なので R_P も省略している）

〈表 6-3〉フィルタに適したコンデンサの種類と特性

SO:双信電機㈱,
MU:㈱村田製作所,
MA:松下電子部品㈱,
S:スチロール,
M:マイカ,
SC:積層セラミック,
C:セラミック,
SF:積層フィルム,
F:フィルム

型名	材質	メーカ	容量範囲(F)	容量許容差	温度係数
ENQ	S	SO	10p － 10n	GJKM	－110±50 ppm/℃
CQ14	S	SO	20p － 20n	GJKM	－150±50 ppm/℃
QS	S	SO	300p － 200n	CDFG	－180±30 ppm/℃
NQS	S	SO	100p － 100n	CDFG	－130±30 ppm/℃
NQ	S	SO	2p － 200n	FGJKM	－135±35 ppm/℃
CM	M	SO	1p － 56n	FGJKM	BCDEF
FM	M	SO	1p － 330p	JK	± 200 ppm/℃
MC	M	SO	100p － 50n	DFG	A～R±200 ppm/℃
SE	M	SO	1p － 100n	CDFGJ	200,100,70 ppm/℃
UC	M	SO	0.5p － 2n	CDFGJ	200,100,50 ppm/℃
DM	M	SO	1p － 100n	DFGJK	CEF
RPE	SC	MU	0.5p － 82n	JK	CH
GRM	SC	MU	0.5p － 16n	JK	CH
DD100	C	MU	1p － 1n	J	CLPRSTUJSL
ECHU	SF	MA	100p － 100n	GJ	
ECQV	SF	MA	10n － 2.2μ	J	
ECHS	F	MA	100p － 470n	FGJ	－ 100 ppm/℃
ECQP	F	MA	100p － 470n	FGJ	
ECQK	F	MA	1n － 470n	GJK	
ECHE	F	MA	10n － 1μ	J	－ 100 ppm/℃

〈表 6-4〉コンデンサの静電容量許容差と記号(JIS C5101)

記号	B	C	D	F	G	J	K	M	N
静電容量許容差	± 0.1	±0.25	± 0.5	± 1	± 2	± 5	± 10	± 20	± 30

記号	P	Q	S	T	V	Z
静電容量許容差	+100 0	+30 −10	+50 −20	+50 −10	+20 −10	+80 −20

(a) 公称静電容量が10pFを越えるもの(単位%)

単位 pF

記号	B	C	D	F	G
静電容量許容差	±0.1	±0.25	±0.5	± 1	± 2

(b) 公称静電容量が10pF以下のもの

*L*は主にコンデンサの内部構造によって決定されます．電解コンデンサのような巻き物構造のものは値が大きく，無誘導巻きや積層構造のものは少なくなっています．この*L*と*C*で直列共振が生じ，直列共振周波数より高域ではコンデンサとしての働きがなくなります．このようすをシミュレーションしたのが**図 6-7**です．

● アルミ電解コンデンサは精密なフィルタには登場しない

コンデンサというと電源回路の平滑フィルタなどに使用するアルミ電解コンデンサがも

誘電正接	定格電圧(VDC)	使用温度範囲(℃)	標準数	形状
0.01	160		E24	
0.01	150		E24	
0.01	50		特別注文	
0.01	50		特別注文	
0.01	150		特別注文	
	300 － 2.5 k		E24	
	500	－ 25 ～ +85	E24	
0.02	50,250	－ 40 ～ +85	特別注文	
	100,500	－ 30 ～ +85	特別注文	
0.1 %以下	100,500	－ 55 ～ +125	特別注文	SMD
	100,300,500	－ 55 ～ +125	E12 ～ E192	
0.1 %以下	50	－ 55 ～ +125	E24	
0.1 %以下	25,50	－ 55 ～ +125	E24	SMD
	50	－ 25 ～ +85	E24	
0.6 %以下	16,50	－ 55 ～ +125	E12	SMD
	50,63,100	－ 40 ～ +85	E12	
0.3 %以下	50,100	－ 40 ～ +125	E12	
0.1 %以下	50,100	－ 40 ～ +85	E24	
	100	－ 40 ～ +85	E12	
0.3 %以下	50,100	－ 40 ～ +125	E12	

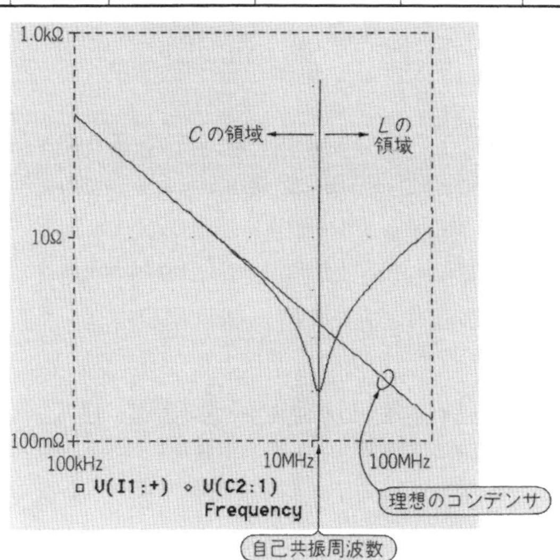

〈図 6-7〉
図 6-5 の等価回路をシミュレーションした結果(C：10 nF，L：20 nH，R_S：0.3 Ω)

っとも一般的ですが，電解コンデンサは容量誤差が± 20 %と多く，またその値が温度や径年で変化しやすく，正確なしゃ断周波数を期待することができません．

〈図6-8〉電解コンデンサの等価回路

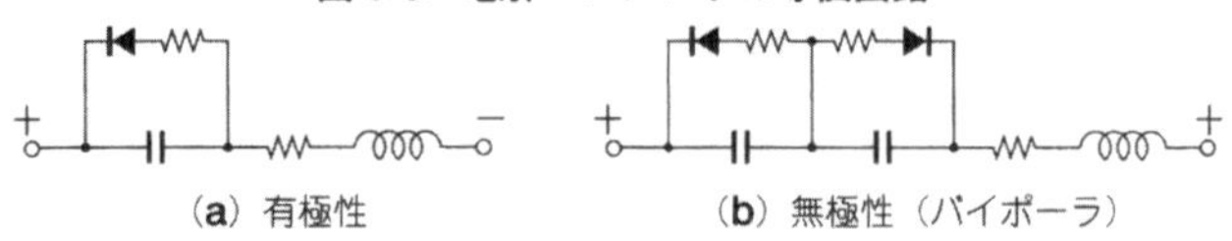

〈図6-9〉
直流信号しゃ断のための
カップリング・コンデンサ

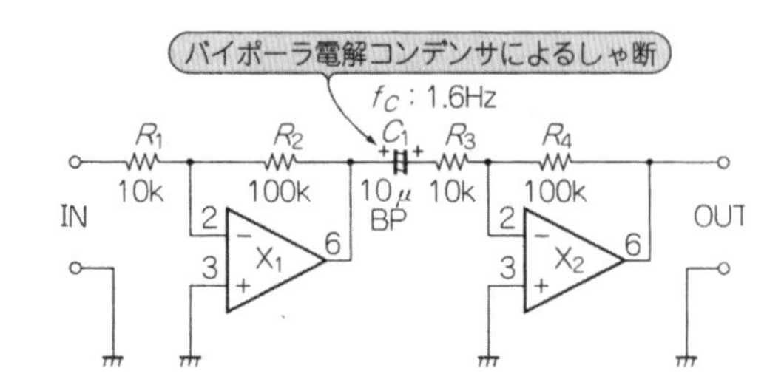

〈図6-10〉
ふつうの電解コンデンサを使いたいなら

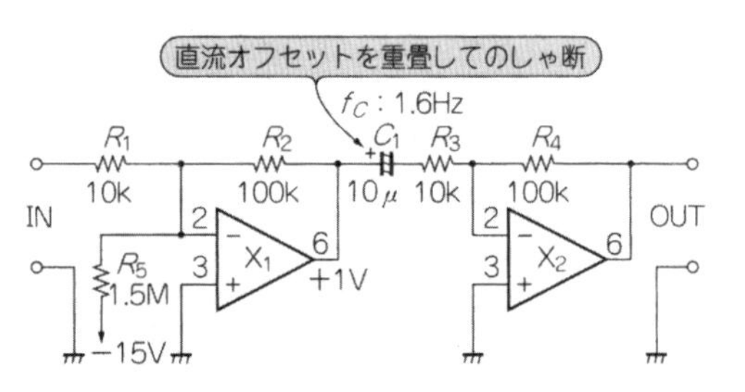

また**図6-8**の等価回路が示すように電解コンデンサには極性があるので，**図6-9**のような直流電位差のない箇所でのカップリング・コンデンサには使用することができません．このようなときにはバイポーラ・アルミ電解コンデンサが使われます．

バイポーラ電解コンデンサの等価回路を**図6-8**に示しますが，これは普通の電解コンデンサを背中合わせに接続した構造となっています．容量誤差は一般の電解コンデンサと同じく±20％程度のものが多いようです．

ふつうの電解コンデンサでも**図6-10**のように，最大出力電圧に影響が出ない程度に故意に直流オフセットを重畳させて使用することもできます．しかし電源からの雑音が混入しやすく，注意が必要です．

若干贅沢な回路ですが，正確な低いしゃ断周波数を設定するときは**図6-11**のように構成すると小さな容量ですることができます．容量が少ないため，正確な容量のフィルム・コンデンサなどが使用できます．出力の直流オフセットは，X_3の入力換算直流オフセット電圧に等しくなります．

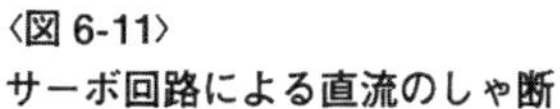
〈図 6-11〉
サーボ回路による直流のしゃ断

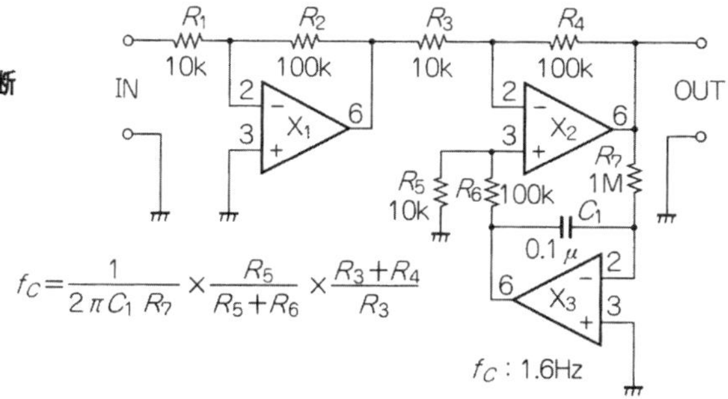

〈図 6-12〉 積層セラミック・コンデンサの内部構造

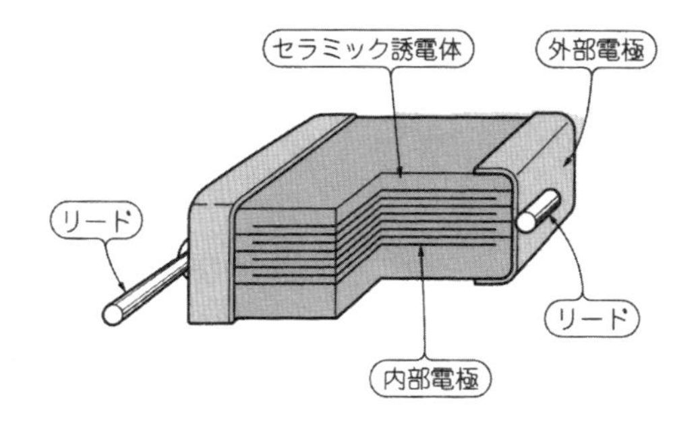

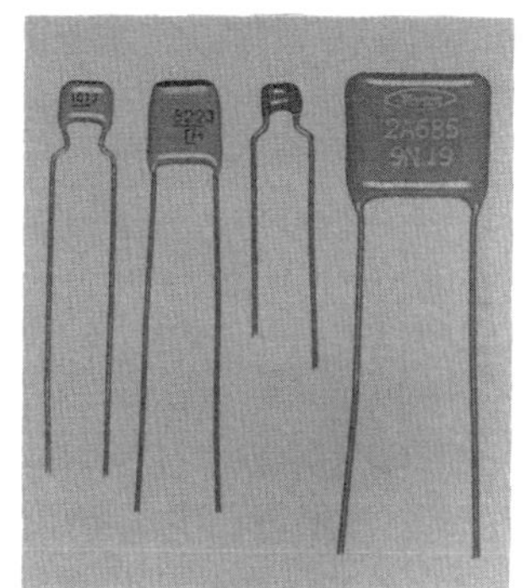

〈写真 6-2〉 積層セラミック・コンデンサの外観

● 積層セラミック・コンデンサ

最近たくさん使用されるようになってきたコンデンサです．**図 6-12** に示すようにセラミック誘電体と電極が多層に積み重なった内部構造となっています．代表的なものの外観を**写真 6-2** に示します．

積層セラミック・コンデンサには温度補償用と高誘電率系の 2 種類があります．名称が同じで外観も似ていますが，**図 6-13** に示すように，温度特性や電圧依存特性などがまったく異なりますから，使用の際には注意が必要です．

温度補償用積層セラミック・コンデンサの容量範囲は 0.5 pF ～ 82 nF 程度ですが，**高誘電率系セラミック・コンデンサ**の容量範囲は 100 μF 程度まであります．

フィルタに使用するのは当然，温度補償用積層セラミック・コンデンサです．温度補償用という名称から，ほかの素子の温度特性を補償するための温度係数があるように受け取りがちですが，**表 6-5** に示すように各種の温度係数のものが選べます．C 特性のものは温度係数が 0 なので，フィルタにはこれが多く使用されます．

〈図 6-13〉 **積層セラミック・コンデンサの特性**〔㈱村田製作所，RPE〕

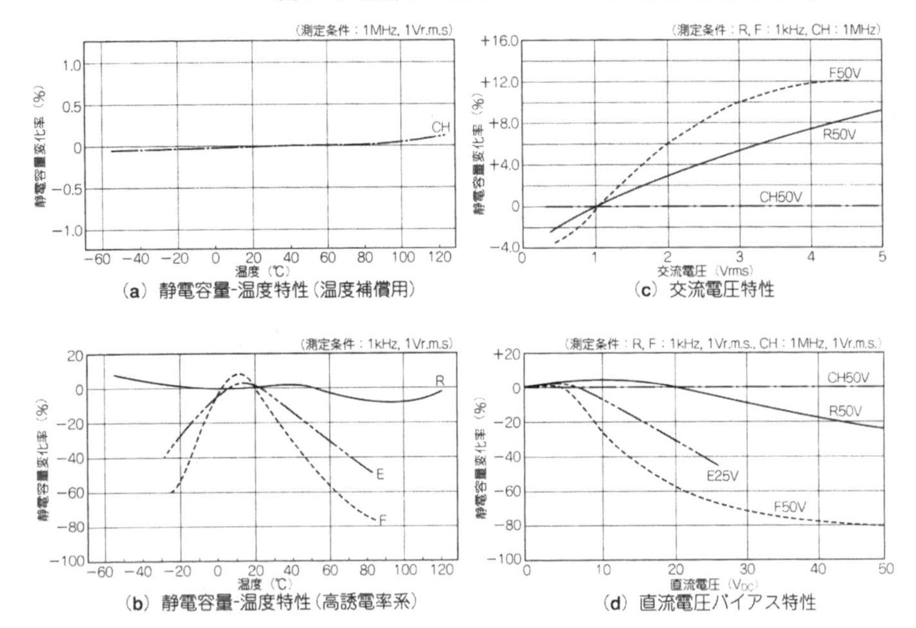

〈表 6-5〉
セラミック・コンデンサの特性(JIS C5130)

記号	静電容量温度係数の公称値(ppm/℃)
A	+100
B	+30
C	0
H	−33
L	−75
P	−150
R	−220
S	−330
T	−470
U	−750
V	−1000
W	−1500
X	−2200
Y	−3300
Z	−4700

(a) 静電容量温度係数と記号

記号	静電容量の温度係数許容差（ppm/℃）
F	±15
G	±30
H	±60
J	±120
K	±250
L	±500
M	±1000
N	±2500

(b) 静電容量温度係数許容差と記号

しかし温度係数が0といっても完全に0のものが存在するはずはなく，温度係数の許容値が規定されています．温度補償用積層セラミック・コンデンサの温度係数許容値は±60 ppm/℃程度です．温度係数は0 ppm ± 60 ppm で記号がCHになります．村田製作所のRPEシリーズなどがこれにあたります．

図6-14に示すように，温度補償用積層セラミック・コンデンサでCH特性のものは温度特性・電圧特性・周波数特性・経年変化特性など非常に優れたコンデンサです．ただし静電容量誤差は5％以内と高精度のフィルタに用いるには若干大きいので注意が必要です．

高確度ものを用意したいときは選別・組み合わせを行って使用します．

〈図6-14〉積層セラミック・コンデンサ(RPE)の特性〔㈱村田製作所〕

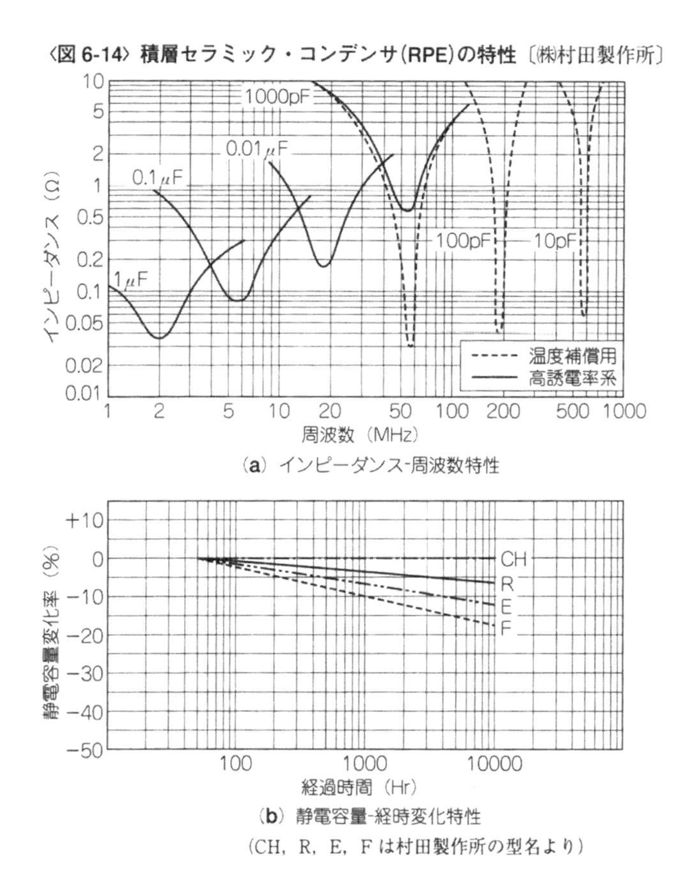

(a) インピーダンス-周波数特性

(b) 静電容量-経時変化特性

(CH，R，E，Fは村田製作所の型名より)

●フィルム・コンデンサ

コンデンサの中でもっとも種類が多く，特性もさまざまなのがフィルム・コンデンサです．**写真6-3**が外観です．最近は積層タイプのフィルム・コンデンサも多くなり，容量の割に小型になってきました．数μFのものまで揃っていますので，1kHz以下の低域用アクティブ・フィルタにはよく使用されています．

コンデンサは周囲温度だけでなく，使用する周波数や印加電圧，それに経年によっても容量の値が変化します．選択の際にはデータ・シートを詳しく調べる必要があります．

また厳しい特性を要求されるものは，エージングをして特性が安定してから使用するなどの配慮が必要になります．コンデンサの種類によってはいつまでも安定しないものがあります．コンデンサの選択はフィルタ・メーカのノウハウのひとつになっています．

図6-15に各種フィルム・コンデンサの温度特性の一例を示します．高性能のものはやはり形状が若干大きくなっています．また**図6-16**に周波数依存性の例を示しますが，小型のものではしゃ断周波数が1MHz以上では容量変化が大きいようです．したがって高確度のフィルタでの使用は苦しいものがあります．

フィルム・コンデンサには種類によって容量誤差が1%以下のものもあり，特注容量で

〈写真6-3〉
フィルム・コンデンサの外観

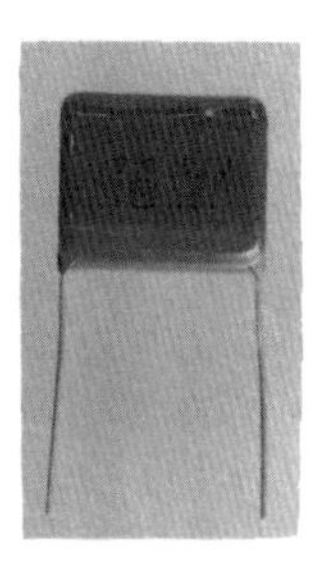

〈図6-15〉フィルム・コンデンサの温度特性〔松下電子部品㈱〕

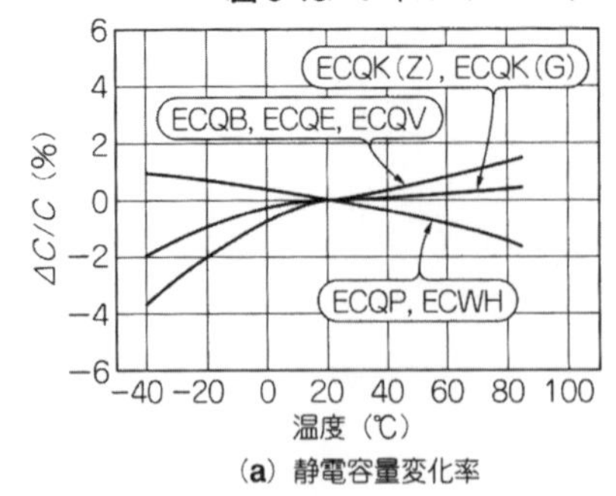

(a) 静電容量変化率

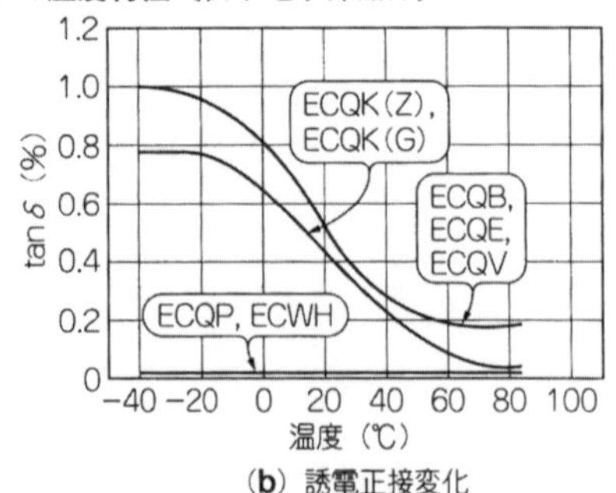

(b) 誘電正接変化

〈図 6-16〉フィルム・コンデンサの周波数特性〔松下電子部品㈱〕

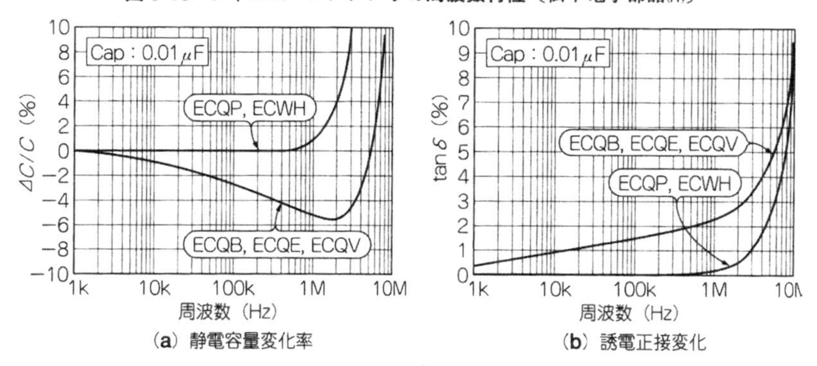

の生産を引き受けてくれるメーカもあります．しかし，いくら容量誤差が少なくても温度・電圧・周波数・経年などで容量が変化しては何にもなりません．データ・シートを見る以外に，いろいろな環境試験をして容量が安定であることを確かめる必要があります．

● スチロール・コンデンサ

通称スチコン，正確には**ポリスタイレン・コンデンサ**と呼ばれるものです．**写真 6-4** が外観です．フィルム・コンデンサの一種でもありますが，このコンデンサは誘電正接が小さく安定で，昔から高確度のフィルタや高級オーディオ用(イコライザなど)に使用されてきました．

温度係数が比較的小さく，しかも負の係数となっているので，正の温度係数をもっているフェライト・コア(H6B，H6E，K6A)を使用したコイルと組み合わせると，共振周波数の温度補正を行うことができるという特徴があります．

スチコンには，さらに容量誤差が0.25％以下と優れたものもあり，特注の容量についても生産しています．ただし積層セラミックに比べ外形が大きいのが残念なところです．

代表的なスチロール・コンデンサの定格と特性を**図 6-17** に示します．

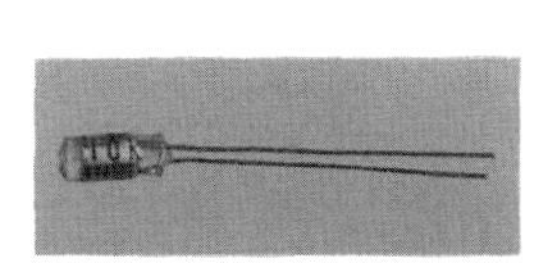

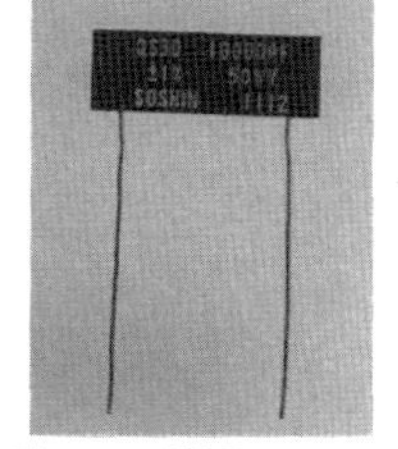

〈写真 6-4〉スチロール・コンデンサの外観

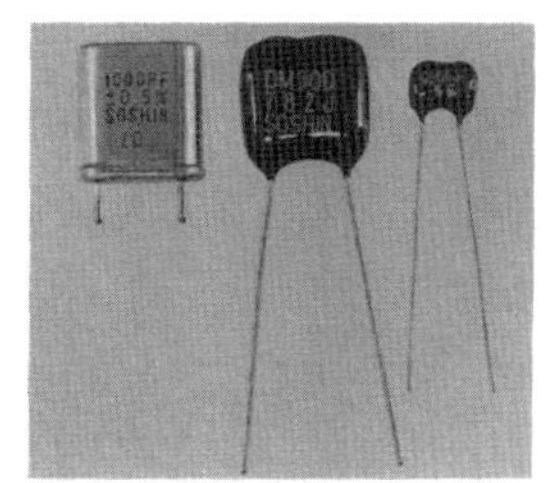

〈写真 6-5〉マイカ・コンデンサの外観

〈図 6-17〉スチロール・コンデンサ(QS/NQS)の定格〔双信電機㈱〕

項目 / 形状	*公称静電容量(pF)	静電容量許容差	外形寸法 W	H	T	F
QS 25	300 ～ 7000		23.5	8.0	2.5	17.5
QS 30	300 ～ 10000		23.5	8.0	3.0	17.5
QS 50	10001 ～ 30000	C(±0.25%)	23.5	8.0	5.0	17.5
QS 04	300 ～ 10000		14.5	12.5	3.8	10.0
QS 06	10001 ～ 25000	D(±0.5%)	20.0	12.0	6.0	15.0
QS 10	25001 ～ 51100		20.0	14.0	10.0	15.0
QS 11	51101 ～ 100000	F(±1%)	20.5	19.5	10.0	15.0
QS 15	100001 ～ 200000		29.5	19.5	14.5	20.0
NQS 5	100 ～ 6000	G(±2%)	10.0	10.0	5.0	7.5
NQS 6	6001 ～ 25000		20.0	12.0	6.0	15.0
NQS 8	25001 ～ 50000		20.0	16.0	8.0	15.0
NQS 10	50001 ～ 100000		20.0	19.0	10.0	15.0

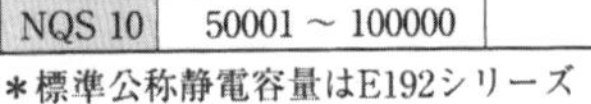

*標準公称静電容量はE192シリーズ
※最小静電容量許容差は，0.25%又は0.5pFのいずれか大きい方の値

(a) 特性(定格電圧：50WVDC)

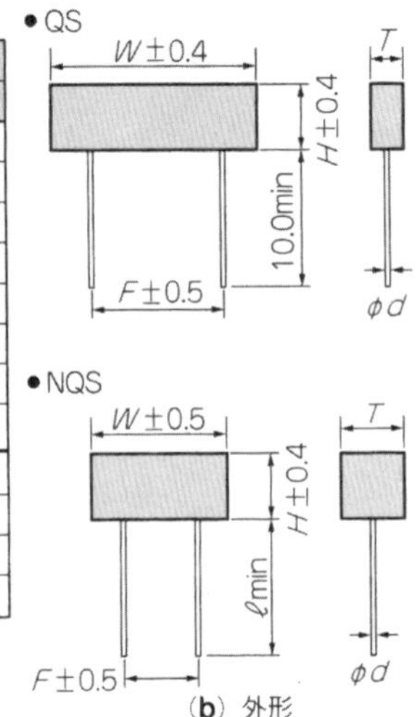

(b) 外形

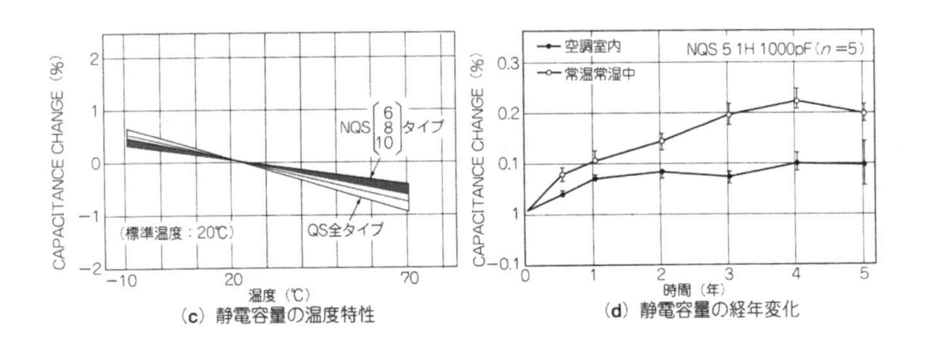

(c) 静電容量の温度特性　(d) 静電容量の経年変化

● マイカ・コンデンサ

経時変化や温度変化が少なく，高確度・高信頼性コンデンサの代名詞にもなっているのがマイカ・コンデンサです．**写真 6-5** が外観です．**標準コンデンサ**としても使用されており，容量誤差が 0.01 %以下のものもあります．

容量範囲も 1 pF ～ 0.5 μF と広く，フィルタに使用する特注容量のコンデンサも生産しています．**図 6-18** に代表的なマイカ・コンデンサの一例を示します．

非常に高価格のものもあるので購入時には注意が必要です．

静電容量 (pF) ＼ 形名	静電容量収容容量特性表					
	MC 1		MC 2		MC 3	
	50WV	250WV	50WV	250WV	50WV	250WV
100～　500	A～J	A～J				
501～ 1000	A～J			ABC DE		FGI HJ
1001～ 2000			A～J			
2001～ 2500				DE		
2501～ 3000						DE
3001～ 4000						
4001～ 5000				ABC		
5001～ 6000			A～J			ABC
6001～ 7000					A～J	
7001～ 8000						
8001～ 9000						
9001～10000						ABC DE FGI HJ
10001～20000					A～J	

※静電容量許容差はG（±2%）F（±1%）D（±0.5%）

(**a**) 電気的特性

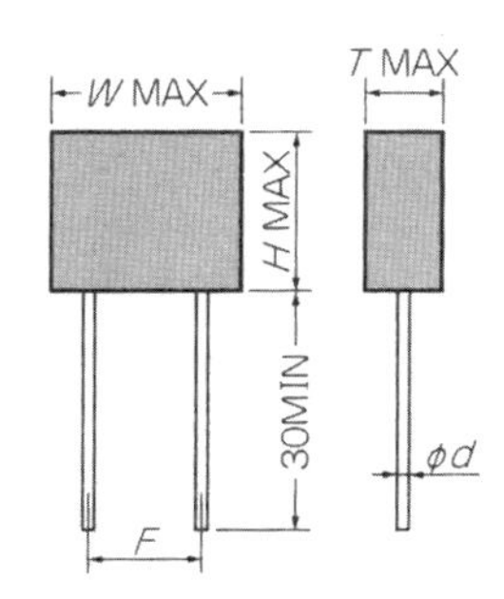

形名	外形寸法 (mm)				
	W	H	T	F	φd
MC1	15.0	15.0	7.0	10.0	0.7
MC2	21.0	15.0	10.5	12.5	0.7
MC3	21.0	19.0	10.5	12.5	0.8
MC4	30.0	20.0	15.0	20.0	0.8

(**b**) 外形

温度係数記号	A	B	C	D	E	F	G	H	I	J	R
温度係数 (ppm/℃)	+20	0	−20	−40	−60	−80	−100	−120	−150	−220	−330
温度係数許容差	±20ppm/℃								±40ppm/℃		

(**c**) 静電容量温度係数記号

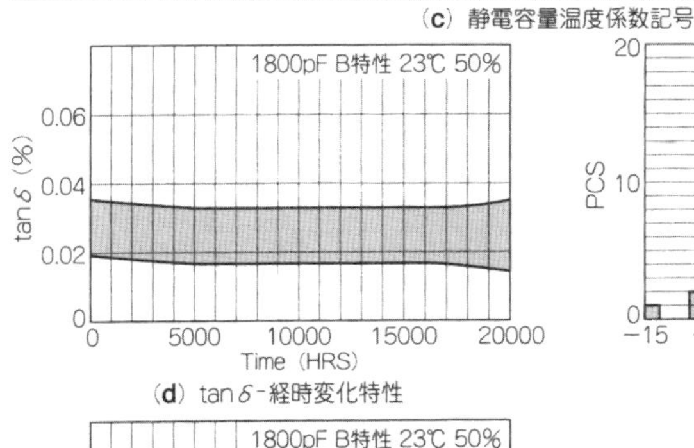

(**d**) tan δ-経時変化特性

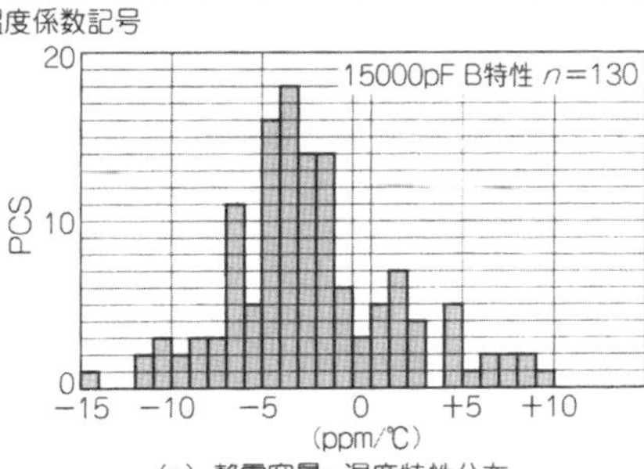

(**e**) 静電容量-温度特性分布

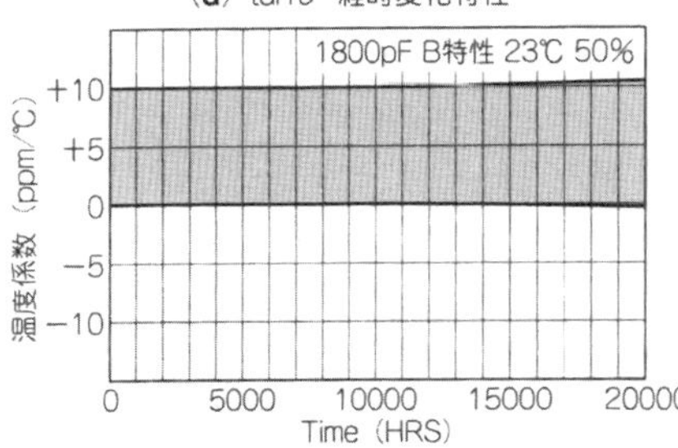

(**f**) 温度係数-経時変化特性

〈図 6-18〉
マイカ・コンデンサ (MC) の定格
〔双信電機㈱〕

6.3 フィルタに使用するコイル

● コイルの種類と等価回路

コイルはコンデンサと同じく，周波数に依存する素子です．インピーダンスはωLで決まります．

LCフィルタを作るときの難関は，所定のインダクタンスをもったコイルをどのようにして入手するかにあります．低次フィルタならば，市販のマイクロ・インダクタを使用することができます．**表6-6**にLCフィルタに使用できるコイルの一部を示します．

コイルの等価回路は**図6-19**のように書き表すことができます．Lに比較してC，R_Sの値の小さいものが優秀なコイルといえますが，RCLの中ではコイルが一番理想に近づけにくい素子で，とくにインダクタンスの大きなものが難しくなります．

〈表6-6〉フィルタに使用できるコイル

型　名	メーカ	容量範囲(H)	容量許容差	使用温度範囲(℃)	標準数	磁気シールド	形　状
TP	TDK	0.1μ−10m	G J K	−55〜105	E12	無	アキシャル
EL	TDK	0.22μ−56m	J K M	−20〜80	E12	無	ラジアル
ELF	TDK	0.22μ−100m	K M	−20〜80	E12	有	ラジアル
ACL	TDK	10n − 1m	K M	−25〜85	E12	有	SMD
MLF	TDK	47n − 220μ	K M		E12	有	SMD
NLF	TDK	1μ − 1m	K M		E12	有	SMD
LEM	TAI	0.12μ−220μ	J K M	−25〜85	E12	無	SMD
LAL	TAI	0.22μ − 1m	K M	−25〜85	E12	無	アキシャル
LHL	TAI	1μ−150m	J K M	−25〜90	E12	無	ラジアル
LHFP	TAI	10μ−10m	K	−25〜90	E12	有	ラジアル
K5−R	MIT		調整可		特	有	5mm 角 SMD
K5−H	MIT	1μ − 1m	調整可		特	有	5mm 角
K7−M	MIT	1μ − 1m	調整可		特	有	7mm 角
K7−T3	MIT	1mH − 20m	調整可		特	有	7mm 角
K10−H	MIT	1μ − 1m	調整可		特	有	10mm 角
K10−F5	MIT	1μ − 50m	調整可		特	有	10mm 角
04T−QJ	MA	1μ−300μ	調整可		特	有	4.8mm 角 SMD
05T−QB	MA	1μ − 1m	調整可		特	有	5.8mm 角
07T−QG	MA	5μ − 20m	調整可		特	有	7.5mm 角
10T−Q100	MA	10μ−100m	調整可		特	有	11.4mm 角

〔TDK:TDK㈱，TAI:太陽誘電㈱，
MIT:ミツミ電機㈱，MA:松下電子部品㈱〕

空心では大きなインダクタンスが得られず周囲の磁束の影響を受けやすいので，ほとんどのコイルにはコアが使用されています．

図 6-19 に示した C の値は主に巻き線による浮遊容量，R_S の値は巻き線の抵抗とコア・ロスにより決定されるので，損失が小さく少しの巻き数で大きなインダクタンスが得られるコアがあれば，コイルの製作は楽になります．しかし，万能なコア材はありません．コアごとに，それぞれ得意な周波数帯と特徴をもっています．

図 6-20 はマイクロ・インダクタ ELF0706SKI-103k の定格からパラメータを算出し，周波数特性をシミュレーションしたものです．この例でわかるように L と C で自己共振が発生し，自己共振周波数より高域ではコイルとしての働きがなくなります．

● マイクロ・インダクタ(ドラム形)

標準部品としてもっとも手に入れやすいのがマイクロ・インダクタです．外観を**写真 6-6** に示します．ドラム形をしたコア〔**図 6-29(c)**，p.168〕…ドラム・コアに巻き線し，熱収縮チューブや樹脂外装のプラスチック・ケースで覆った形状となっています．

インダクタンスは 0.1 μH 程度から数十 mH まで E12 系列で手に入ります．代表的なものの特性を**図 6-21** に示します．等価回路の各パラメータが表示されているので，およそ

〈図 6-19〉 コイルの等価回路

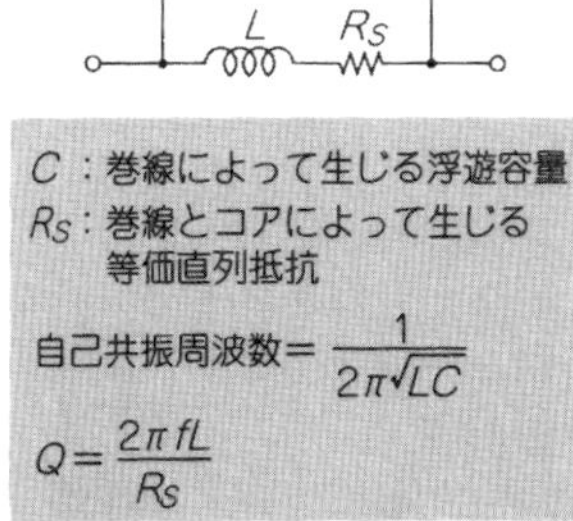

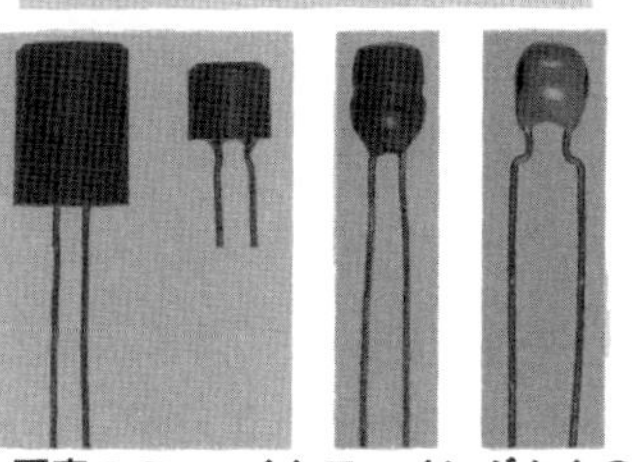

〈写真 6-6〉 マイクロ・インダクタの外観

〈図 6-20〉 図 6-19 の等価回路をシミュレーションした結果（L：10 mH，R_S：80 Ω，C：4 pF）

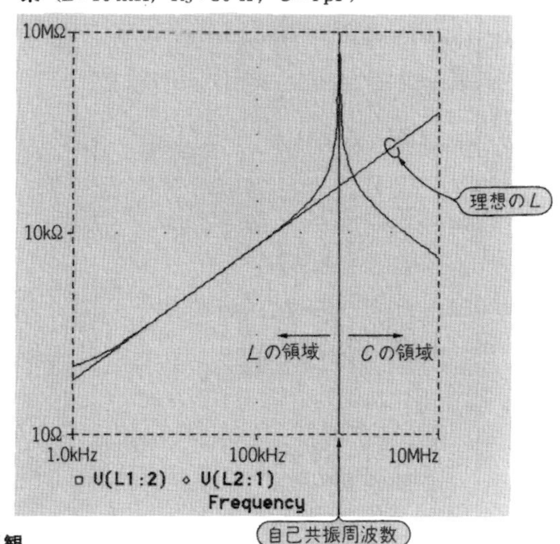

〈図 6-21〉マイクロ・インダクタ(EL0606)の特性〔TDK(株)〕

品　名	インダクタンス (μH)	Q min.	L, Q 測定周波数 (MHz)	自己共振周波数 (MHz) min.	直流抵抗 (Ω) max.	定格電流 (mA) max.
EL0606RA-EL0606SKI-R22□	0.22±20%, ±10%	50	25.2	150	0.15	816
EL0606RA-EL0606SKI-R27□	0.27±20%, ±10%	50	25.2	150	0.15	816
EL0606RA-EL0606SKI-R33□	0.33±20%, ±10%	50	25.2	150	0.15	816
EL0606RA-EL0606SKI-R39□	0.39±20%, ±10%	50	25.2	130	0.15	816
EL0606RA-EL0606SKI-R47□	0.47±20%, ±10%	50	25.2	130	0.15	816
EL0606RA-EL0606SKI-R56□	0.56±20%, ±10%	50	25.2	130	0.20	707
EL0606RA-EL0606SKI-R68□	0.68±20%, ±10%	50	25.2	120	0.20	707
EL0606RA-EL0606SKI-R82□	0.82±20%, ±10%	50	25.2	120	0.20	707
EL0606RA-EL0606SKI-1R0□	1.0 ±10%, ±5%	50	7.96	100	0.20	707
EL0606RA-EL0606SKI-1R2□	1.2 ±10%, ±5%	50	7.96	85	0.20	707
EL0606RA-EL0606SKI-1R5□	1.5 ±10%, ±5%	50	7.96	70	0.22	674
EL0606RA-EL0606SKI-1R8□	1.8 ±10%, ±5%	50	7.96	60	0.22	674
EL0606RA-EL0606SKI-2R2□	2.2 ±10%, ±5%	50	7.96	55	0.25	632
EL0606RA-EL0606SKI-2R7□	2.7 ±10%, ±5%	50	7.96	50	0.27	608
EL0606RA-EL0606SKI-3R3□	3.3 ±10%, ±5%	50	7.96	45	0.30	577
EL0606RA-EL0606SKI-3R9□	3.9 ±10%, ±5%	50	7.96	40	0.32	559
EL0606RA-EL0606SKI-4R7□	4.7 ±10%, ±5%	50	7.96	35	0.35	534
EL0606RA-EL0606SKI-5R6□	5.6 ±10%, ±5%	50	7.96	33	0.37	519

*インダクタンス公差により，カラー・コード第四色は，±20%/M：無色，±10%/K：銀（ただし，10μH未満のみ適用），±5%/J：金.

(a) 電気的特性

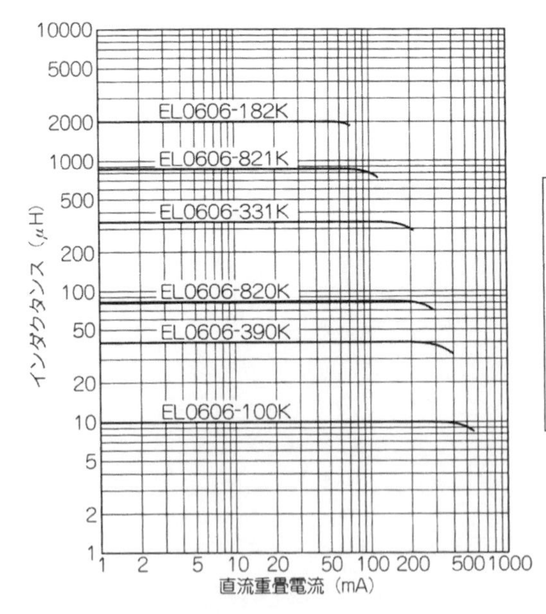

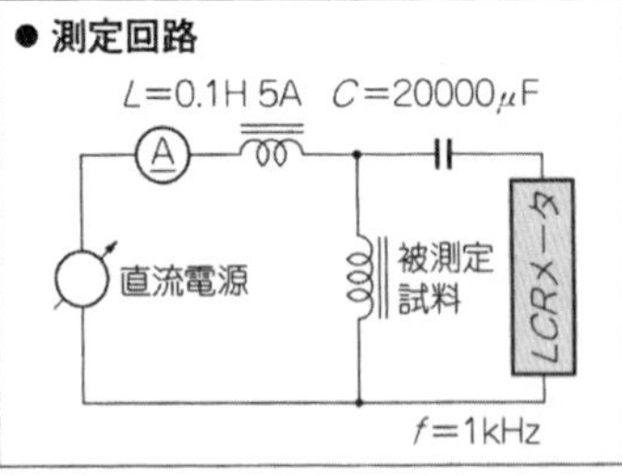

(b) インダクタンス直流重畳特性

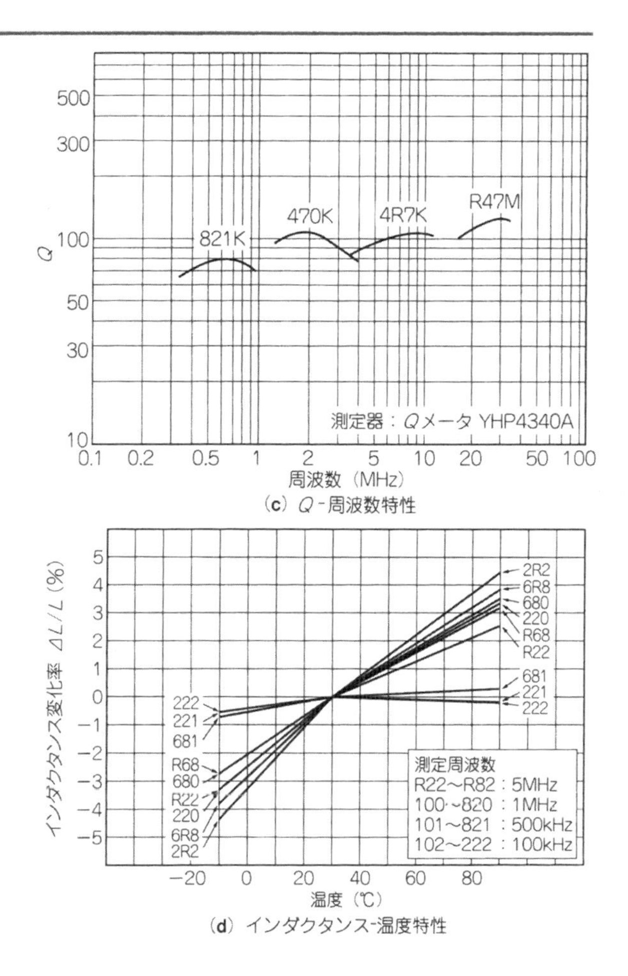

(c) Q-周波数特性

(d) インダクタンス-温度特性

の特性がすぐわかり便利です(コンデンサもこの程度，個別にパラメータが表示されていると助かるのですが).

ただし，一般のマイクロ・インダクタには磁気シールドは施されていません．磁束の影響を受けないように，複数個使用するときは取り付けの角度を変えたり，間隔をとるなどの配慮が必要です．また電源トランスの近くでは磁束の影響でハムが混入することになるので，電源トランスからは離します．

なお黒いプラスチック・ケースに覆われたインダクタもあり，磁気シールドと間違いやすいので注意が必要です．

〈図 6-22〉
マイクロ・インダクタを用いたフィルタの例

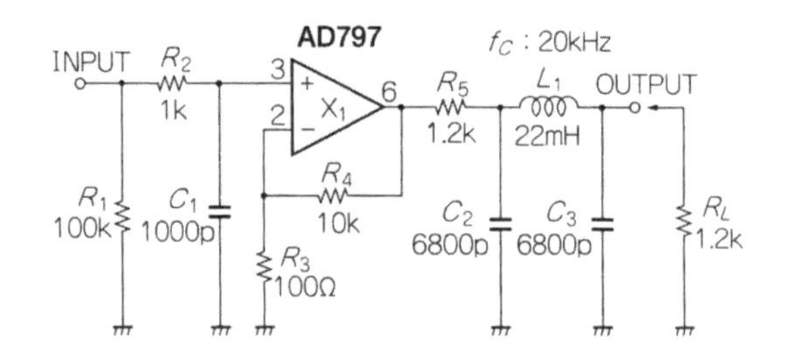

OP アンプなどで増幅した後の不要な高域雑音を除去する場合など，**図 6-22** のようにマイクロ・インダクタを1個使用し，2次～3次の *LC* フィルタを構成すると，低価格で効果的なフィルタとなります．

写真 6-6 で示したようにポット・コアで覆った磁気シールド・タイプのマイクロ・インダクタもあります．このコアは入手性に少し難がありますが，磁気シールドされているためにコアを複数個近づけて配置しても磁気結合がありません．**図 6-23** が磁気シールド・タイプ・インダクタの特性です．

回路定数を工夫してインダクタを E12 系列でフィルタの設計を行えば，安価でしゃ断特性の優れた *LC* フィルタが実現できます．

● ポット・コア

低周波の *LC* フィルタを作る場合，正確で大きなインダクタンスが必要となります．このようなときは**写真 6-7** に示すフェライト材によるポット・コアを使ってコイルを作るのが最適です．磁束が漏れないコア形状となっているので磁気結合の心配がありません．

従来のポット・コアのシリーズには1～5型までありましたが，現在では1，2，5型が製作されています．**図 6-24** にポット・コアの代表例を示します．

- ▶ 1型…上下のコア間にギャップがなく，少ない巻き数で大きなインダクタンスが得られる．巻き線終了後のインダクタンス調整はできない．
- ▶ 2型…上下のコア間にギャップがあるため，直流重畳特性が有利になる．巻き線終了後のインダクタンス調整はできない．
- ▶ 5型…コアの中心に穴があいていて，ここにトリマ・コアを挿入してインダクタンスの調整ができる．正確なインダクタを製作することができる．

1型，2型はトランス・チョークなどに用いられ，5型は正確なインダクタンスが得られるのでフィルタなどのインダクタとして使用されます．

〈図 6-23〉 磁気シールド・タイプ・マイクロ・インダクタ(ELF0708)の特性〔TDK ㈱〕

品 名	インダクタンス (μH)	Q (min.)	L, Q 測定周波数 (MHz)	自己共振周波数 (MHz) ref.	直流抵抗 (Ω) max.	定格直流電流 (mA) (注)
ELF0708SKI-332K	3300±10%	30	0.252	1.4	34	33
ELF0708SKI-392K	3900±10%	30	0.252	1.3	38	30
ELF0708SKI-472K	4700±10%	30	0.252	1.2	44	28
ELF0708SKI-562K	5600±10%	30	0.252	1.1	51	25
ELF0708SKI-682K	6800±10%	30	0.252	0.97	59	23
ELF0708SKI-822K	8200±10%	30	0.252	0.90	68	21
ELF0708SKI-103K	10000±10%	25	L:0.001 Q:0.0796	0.80	80	19
ELF0708SKI-123K	12000±10%	25	L:0.001 Q:0.0796	0.75	92	17
ELF0708SKI-153K	15000±10%	25	L:0.001 Q:0.0796	0.68	110	15
ELF0708SKI-183K	18000±10%	20	L:0.001 Q:0.0796	0.60	120	14
ELF0708SKI-223K	22000±10%	20	L:0.001 Q:0.0796	0.54	130	12
ELF0708SKI-273K	27000±10%	20	L:0.001 Q:0.0796	0.48	160	11
ELF0708SKI-333K	33000±10%	20	L:0.001 Q:0.0796	0.42	180	10

（注）インダクタンス変化率に基づく場合

(**a**) 電気的特性

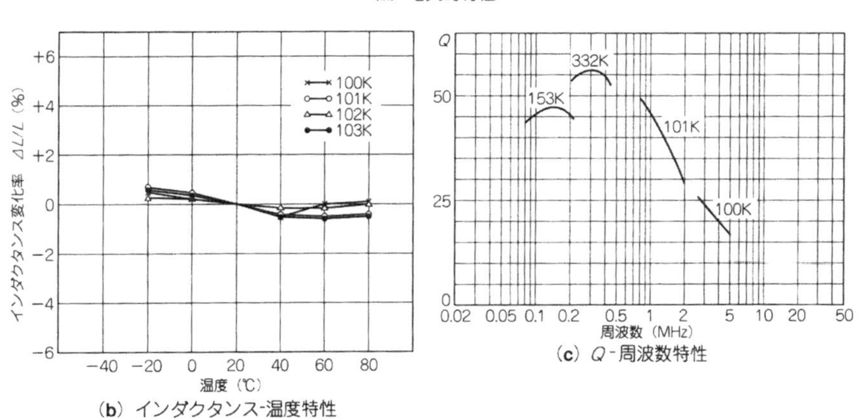

(**b**) インダクタンス-温度特性

(**c**) Q-周波数特性

〈写真 6-7〉 5型ポット・コアの組み立て図

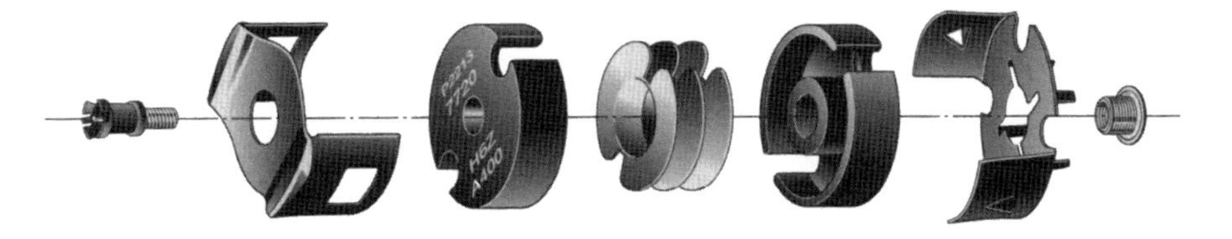

〈図 6-23〉磁気シールド・タイプ・マイクロ・インダクタ(ELF0708)の特性〔TDK㈱〕

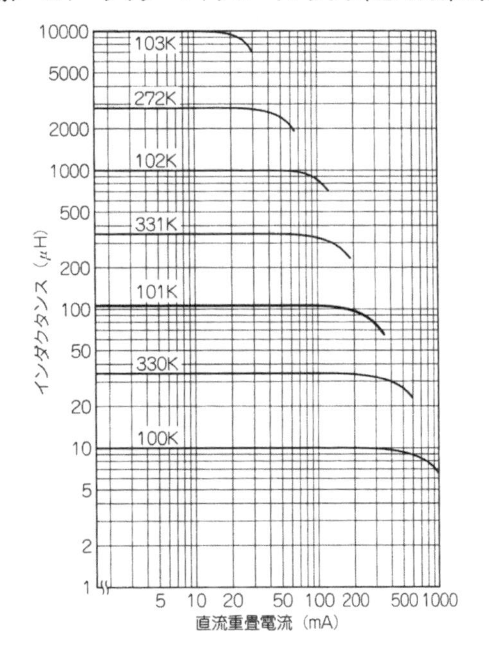

● ポット・コアでインダクタを自作するときのポイント

最近はあまり活躍の場がないポット・コアですが，*LC* フィルタ用として数十 mH 以上の正確なインダクタンスが必要な場合には必ず登場します．

インダクタンスは巻き数の自乗に比例しますが，その係数はコアの材質と構造によってさまざまで，これを示すのが *AL*-value と呼ばれる係数です．

たとえば *AL*-value：250 nH/N^2 のコアに 100 回巻くと，

$$250\text{nH}/N^2 \times 100^2 = 2.5\,\text{mH}$$

で，2.5 mH のインダクタンスが得られます．

この *AL*-value は，同じコアだったらいつも同じ値になるかというとそう単純ではありません．いくつかの条件によって変化します．

はじめに注意しなくてはならないのがコアの接合面です．ポット・コアの場合は上下二つのコアを組み合わせて使用しますが，この二つの接合面の状態によって係数が大幅に変化します．

〈図 6-24〉 ポット・コアの特性(5 型, P22/13)

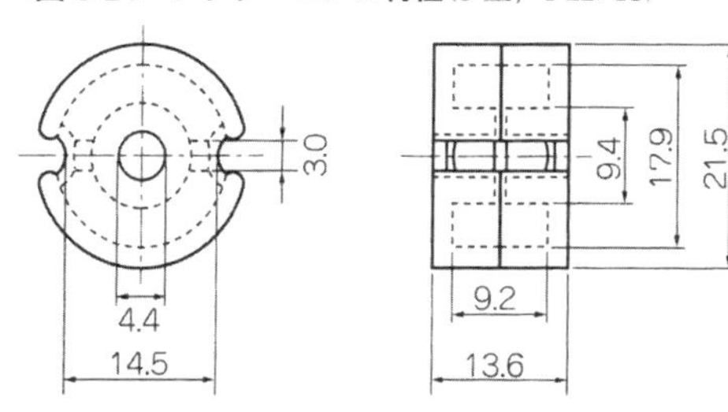

(a) 外形

コア係数	C_1	mm^{-1}	0.497
実効磁路長	ℓ_e	mm	31.5
実効断面積	A_e	mm^2	63.4
実効体積	V_e	mm^3	2000
中足断面積	A_{cp}	mm^2	51.6
最小中足断面積	$A_{cp\ min.}$	mm^2	47.7
巻線断面積	A_{cw}	mm^2	42.1
重量(組)		g	12.7

(b) パラメータ

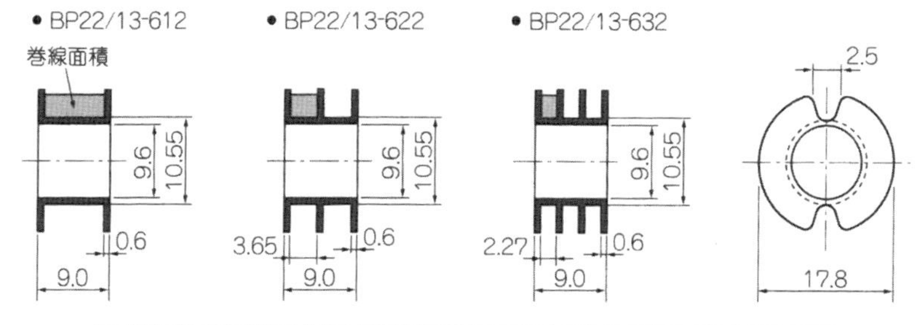

品名	分割数	材質 (max. 温度)	巻線断面積 (mm^2)	平均巻線長 (cm)	重量 (g)
BP22/13-612	1	ポリアセタール (110℃)	25.0	4.4	0.4
BP22/13-622	2		12.0×2		0.5
BP22/13-632	3		7.9×3		0.6

(c) ボビン形状

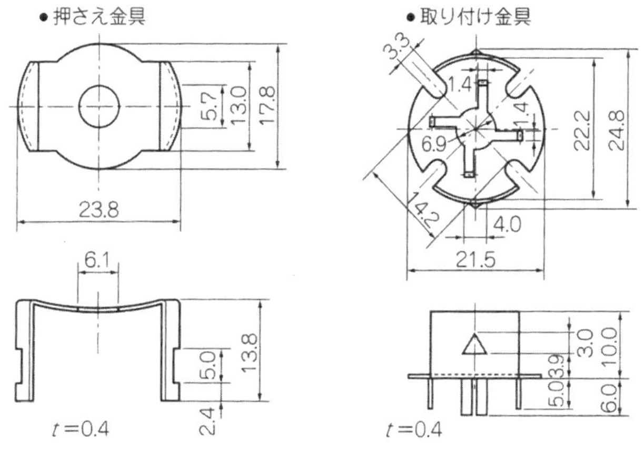

(d) 金具

〈図 6-24〉 ポット・コアの特性(5型，P22/13)

品　名	*AL*-value (nH/N^2) / 公差	実効透磁率 (μe)	温度係数 (ppm/℃)
●ギャップなし			
H6BP22/13Z-52H	3700　±25 %	1450	
H6ZP22/13Z-52H	4200　±25 %	1660	
H5AP22/13Z-52H	5900　±25 %	2333	
H5BP22/13Z-52H	12300±25 %	4865	
H5C2P22/13Z-52H	19500±30 %	7700 (at 217 gauss)	
	16000 $^{+40}_{-30}$%	6318 (at 5 gauss)	
H7BP22/13Z-52H	3750min.	1411min.	
●ギャップ付き			
K6AP22/13A40-52H	40　± 3 %	15.8	55 to 135
K6AP22/13A63-52H	63　± 3 %	24.9	62 to 188
K5P22/13A63-52H	63　± 3 %	25	− 60 to 90
K5P22/13A100-52H	100　± 3 %	39.8	− 105 to 135
K5P22/13A160-52H	160　± 3 %	63.5	− 176 to 205
H6FP22/13A63-52H	63　± 3 %	25	27 to 77
H6FP22/13A100-52H	100　± 3 %	39.8	26 to 122
H6FP22/13A160-52H	160　± 3 %	63.5	47 to 173
H6FP22/13A250-52H	250　± 3 %	99.5	65 to 263
H6H3P22/13A160-52H	160　± 3 %	63.5	46 to 85
H6H3P22/13A250-52H	250　± 3 %	99.5	64 to 125
H6H3P22/13A315-52H	315　± 3 %	125	62 to 138
H6H3P22/13A400-52H	400　± 3 %	154	79 to 175
H6A3P22/13A160-52H	160　± 3 %	63.5	68 to 142
H6A3P22/13A250-52H	250　± 3 %	99.5	94 to 214
H6A3P22/13A315-52H	315　± 3 %	125	100 to 250
H6A3P22/13A400-52H	400　± 3 %	154	127 to 319
H6A3P22/13A630-52H	630　± 5 %	250	200 to 500
H6BP22/13A160-52H	160　± 3 %	63.5	38 to 134
H6BP22/13A250-52H	250　± 3 %	99.5	62 to 214
H6BP22/13A315-52H	315　± 3 %	125	61 to 250
H6BP22/13A400-52H	400　± 3 %	154	80 to 318
H6BP22/13A630-52H	630　± 5 %	250	125 to 501
H6KP22/13A160-52H	160　± 3 %	63.5	40 to 79
H6KP22/13A250-52H	250　± 3 %	99.5	54 to 115
H6KP22/13A315-52H	315　± 3 %	125	50 to 125
H6KP22/13A400-52H	400　± 3 %	154	61 to 154
H6KP22/13A630-52H	630　± 5 %	250	100 to 250
H6ZP22/13A250-52H	250　± 3 %	99.5	− 45 to 75
H6ZP22/13A315-52H	315　± 3 %	125	− 75 to 75
H6ZP22/13A400-52H	400　± 3 %	154	− 93 to 93
H6ZP22/13A630-52H	630　± 5 %	250	− 150 to 150
H5AP22/13A160-52H	160　± 3 %	63.5	− 3 to 143
H5AP22/13A250-52H	250　± 3 %	99.5	− 34 to 214
H5AP22/13A315-52H	315　± 3 %	125	− 47 to 265
H5AP22/13A400-52H	400　± 3 %	154	− 80 to 318
H5AP22/13A630-52H	630　± 5 %	250	− 125 to 501
H5AP22/13A1250-52H	1250　±10 %	497	− 223 to 969

測定条件：コイル：ϕ 0.35，2UEW100Ts，周波数：1kHz，電流：0.5mA

(e) 主な種類

ポット・コアでは安定した接合状態が得られるように接合面が精密に研磨されており，購入時，上下二つのコアがペアになっています．複数購入時にはペアがバラバラにならないように注意する必要があります．

ポット・コアには接合面が中心部と外周部の二つありますが，中心部の接合面にギャップのあるタイプとないタイプがあります．これは接合面に精密な幅のギャップを設けることにより，*AL*-value の値を安定化する作用があるからです．

しかしギャップを設けると *AL*-value の値が低下し，大きなインダクタンスが得られなくなります．正確なインダクタンスが不要なトランスやチョークなどの場合はギャップなしのタイプを使用し，フィルタなどの正確なインダクタンスが必要な場合は，ギャップ付きのタイプを使用します．

〈図 6-25〉ポット・コア用ボビンの最大巻き線数表

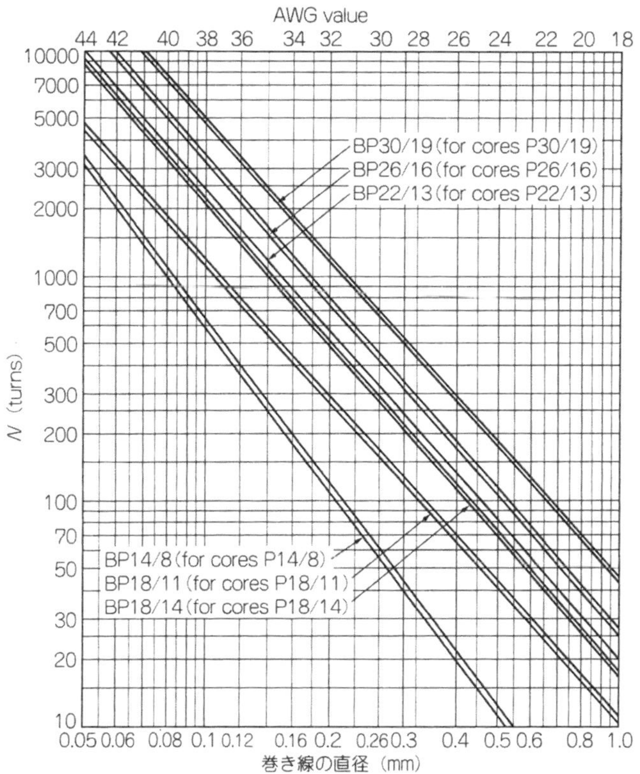

コアのギャップには直流電流が流れたとき，コアが飽和するのを防ぐ別な働きもあります．電源の平滑回路に使用するコアにギャップを設けるのはこのためで，正確なインダクタンスを得るためではありません．

図 6-24 を見ると，ギャップにより *AL*-value の値が異なるようすがよくわかります．ギャップが大きいほど *AL*-value の値は小さくなりますが，誤差が少なくなります．

ポット・コアに使用するボビンは**図 6-24** に示すようにメーカで用意されていますが，このボビンにどのくらいの巻けるかを示すのが**図 6-25** です．当然のことながら線の径によって異なってきます．

また**図 6-26** のように，線材を巻く高さによって *AL*-value の値が変動するので，およその補正が必要です．線の径が細いほどたくさん巻くことができますが，細いほど，抵抗分が増え Q の低下を招きます．

また巻き数が多くなると，線材間の分布容量が増えます．この容量とインダクタンスによる自己共振周波数が低くなります．これは等価回路でシミュレーションした**図 6-20** のように，インピーダンスが上昇して見かけのインダクタンスが増加します．

線間の分布容量を小さく抑えるには，電位差の大きい巻き始めの層と巻き終わりの層が接近しないように，**図 6-24** (**c**)の中の分割ボビンを使用するなどの対策を行います．

〈図 6-26〉 巻き線高さとインダクタンスの関係

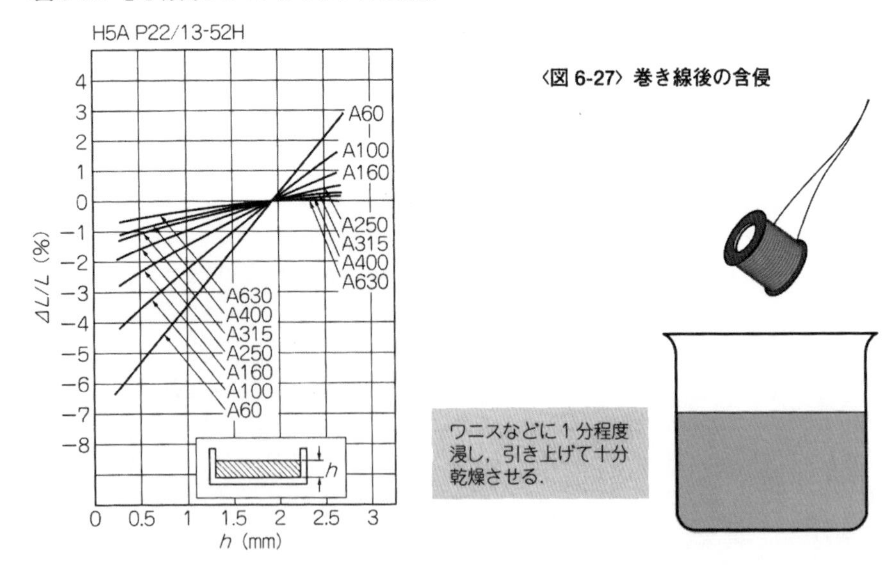

〈図 6-27〉 巻き線後の含侵

● ポット・コアによる 100 mH インダクタの設計

では一般的な H5AP22/13A400-52H のコアを使用して，100 mH のインダクタを設計してみましょう．先ほどの式から巻き数はすぐに求まります．

$$巻き数 = \sqrt{\frac{目的のインダクタンス}{AL\text{-value}}} = 500 回$$

ボビンに 3 分割巻きできる BP22/13-632 を使用すると，**図 6-25** から 0.16 の線材を使用すると 750 回巻けることがわかります．ボビンの高さが約 3.6 mm なので 500 回巻くとコイルの巻き高さは約 2.4 mm となり，**図 6-26** から巻き高さの補正係数は +0.2 %程度となります．このくらいの誤差はコアの調整で十分吸収できます．若干巻き数を少な目に 166 回ずつ三つの溝に巻くことにします．

コイル・メーカでは巻き線機を使用しますが，手で巻けないこともありません．巻いている最中に話しかけられると巻き数を忘れてしまうので，回りの人にはその旨を注意しておきます．

遥かな昔，コンピュータのデータは紙テープに穴をあけて記憶していましたが，このときの紙テープを巻く治具を改良すると簡単な巻き線機を作ることができます．

コアが巻けたらその上から木綿糸などを巻き，解けないように固定します．そして湿気などで Q が低下しないように，高周波特性の良いワニスやワックスの溶かしたものに浸し，含侵します(**図 6-27**)．**図 6-28** にコアの組み立て方を示します．

ワニスが渇いたら**図**(**a**)のようにゴム系の接着剤を 1 点塗り，下部のコアに固定します．調整用のフランジは，コアに強い衝撃を与えないように**図**(**b**)のように圧入しておきます．**図**(**c**)のように組み立てて，ゴム系の接着材で 2 点ほど止めます．

〈図 6-28〉 コアの組み立てかた

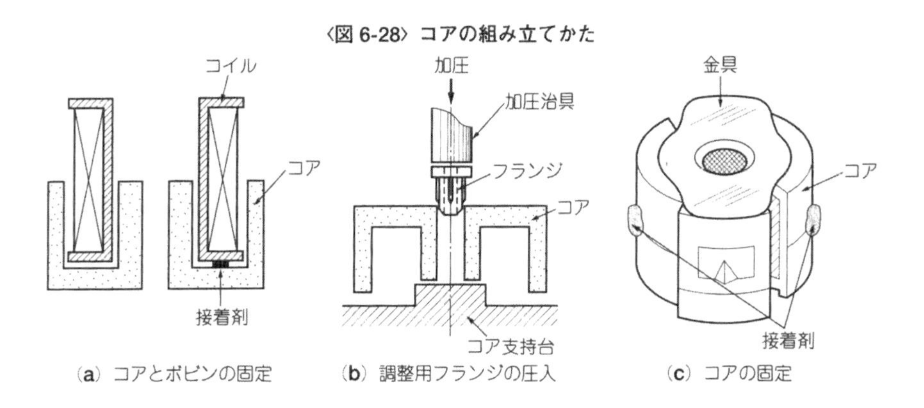

(**a**) コアとボビンの固定　(**b**) 調整用フランジの圧入　(**c**) コアの固定

次に調整用のコアを回し，LCZ メータに接続して計測しながら目的のインダクタになるよう調整します．

さらに信頼性を求める場合は，0～70℃のヒート・サイクルを1回8時間以上で3回程度行い，その後 LCZ メータに接続し，最終調整を行います．

〈写真 6-8〉
角形金属ケース入りインダクタの外観

〈図 6-29〉 角形金属ケース入りインダクタに使用されるコア材

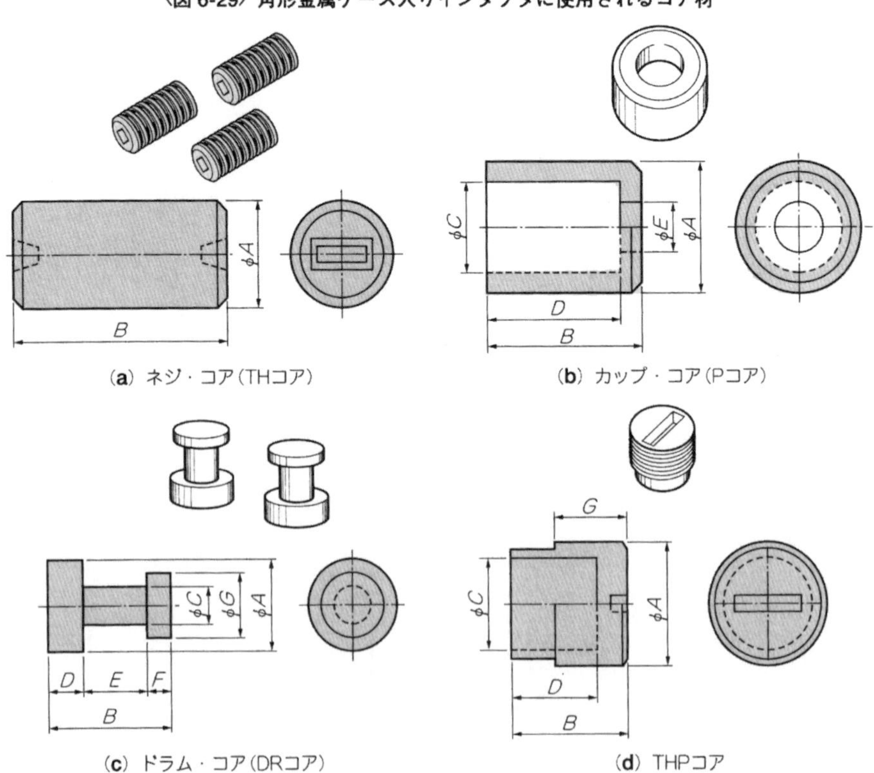

(a) ネジ・コア(THコア)　(b) カップ・コア(Pコア)　(c) ドラム・コア(DRコア)　(d) THPコア

● 角形金属ケース入りインダクタ

これはトランジスタ・ラジオの中間周波トランスとしてよく使用されていたもので，形状は 5 mm/7 mm/10 mm 角が一般的です．内部構造は**写真 6-8** に示すように 2 種類あります．

図 6-29 に角形金属ケース入りインダクタに使用されるコア材を示します．

一つはプラスチックの分割ボビンに巻き線し，カップ・コアで覆って磁気シールドし，中心にネジ・コアを挿入してインダクタンスの調整ができるようになっています．このタイプは分割ボビンなので分布容量を小さくでき，比較的小さいインダクタンスを使う高周波回路に適しています．

もう一つはドラム・コアに直接巻き線し，THP コアで覆い，磁気シールドすると共に THP コアを回転させ，コアの位置を調整することによりインダクタンスの調整をします．10 mm 角のドラム・タイプで数十 mH 程度のインダクタンスまで製作することができ，10 kHz ～ 1 MHz 程度の *LC* フィルタ用インダクタとして使用できます．

分割ボビン・タイプは，アマチュア無線の部品を扱っているお店でボビンとコアがセットになっているものを入手できますが，ドラム・タイプはあまり見かけません．実験や試作の際は設計者が自分で巻いて使用することもできるので，コイル・メーカに少し分けて

〈図 6-30〉 角形金属ケース入りインダクタのインダクタンス-巻き数特性①

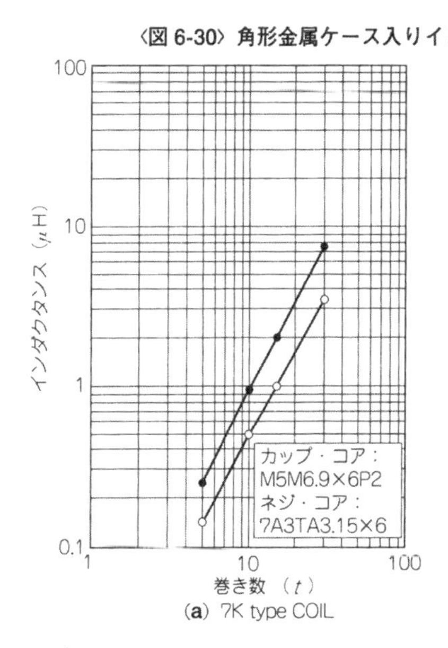

(a) 7K type COIL

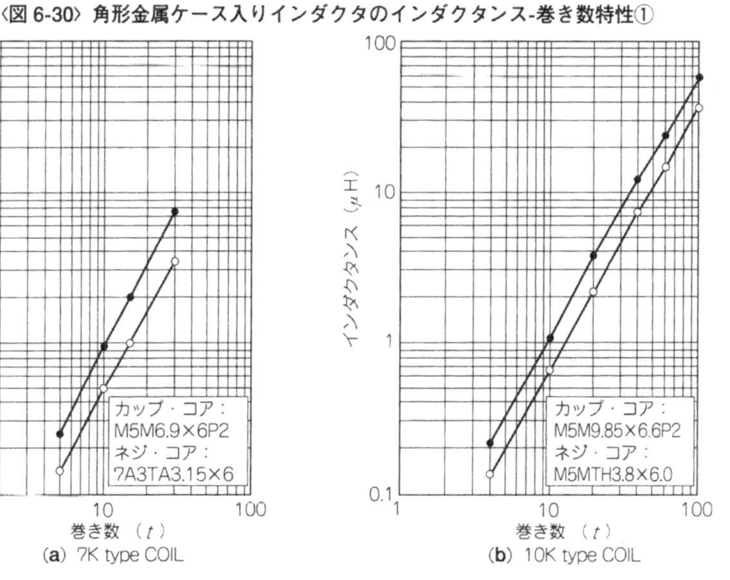

(b) 10K type COIL

〈図 6-30〉 角形金属ケース入りインダクタのインダクタンス-巻き数特性②

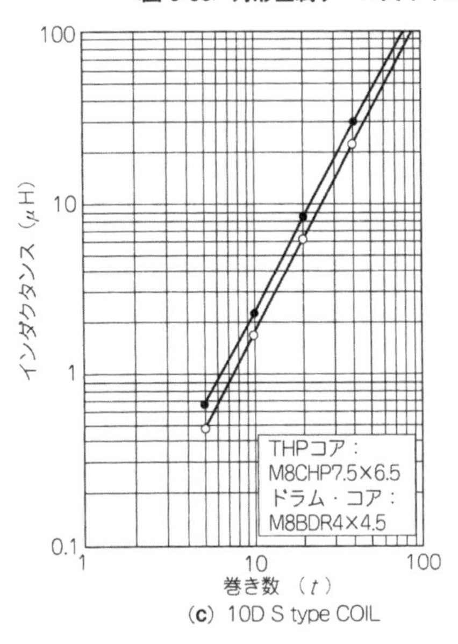

(**c**) 10D S type COIL

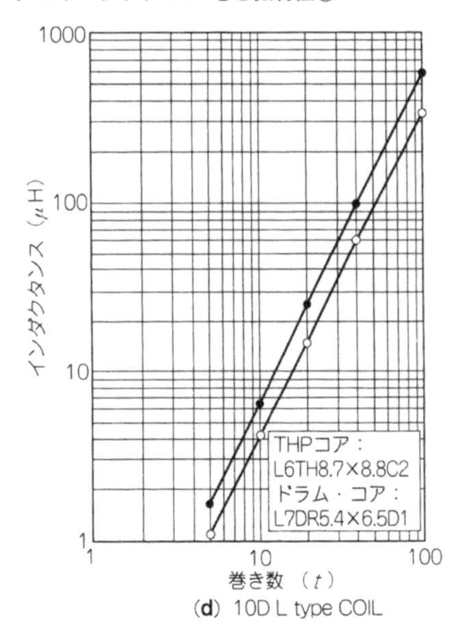

(**d**) 10D L type COIL

〈図 6-31〉 FCZ コイル
（ハム・バンド・コイル）

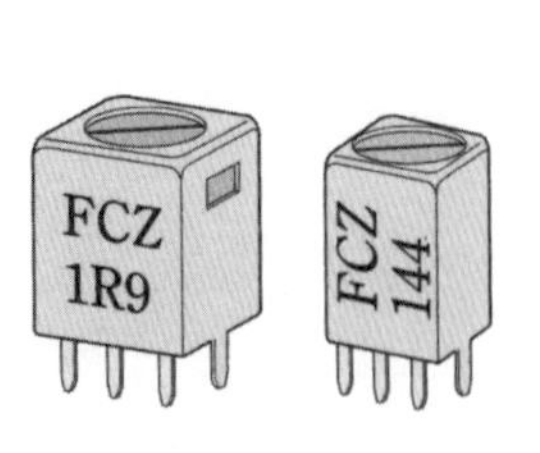

周波数 (MHz)	同調コイル(*L*)/コンデンサ(*C*)						リンク・コイルの巻き数(回)
	巻数 (回)	*L*(μ H)			*C* (pF)	Q_0	
		最小	中央	最大			
1.9	34	16.5	17.99	26.0	390	95	12
3.5	20	7.6	9.40	10.0	220	70	7
5	18	4.0	6.75	9.0	150	80	6
7	14	3.2	4.31	4.5	120	80	5
9	12	2.5	3.13	3.9	100	80	4
14	12	1.0	1.85	3.0	70	75	4
21	10	0.8	1.44	2.3	40	95	3
28	8	0.5	1.08	1.4	30	70	3
50	6	0.25	0.68	0.85	15	100	2
80	6	0.20	0.40	0.60	10	80	2
144	3		0.17		7	50	1

注：同調コイルは中点タップ付きで，144 MHz を除いてバイファイラ巻き

もらって常備しておくと便利です．

図 6-30 に代表的なコアを使った角形インダクタの巻き線数とインダクタンスの表を示します．2本のグラフはコアを調整できる最大値と最小値を示しているので，中間の値を狙って巻き線数を決定します．

アマチュア無線用に FCZ コイルという名前で**図 6-31** に示すインダクタが市販されています．

● トロイダル・コア

写真 6-9 に示すようないわゆるドーナツ状のコアです．このコアを使うと磁束が外部に漏れず，磁気シールドが不要になり，他の同じ大きさのコアに比べ多くの磁束を発生するので，大きなインダクタンスが実現できます．

◀ **〈写真 6-9〉トロイダル・コア**

〈表 6-7〉アミドンのトロイダル・コア

材質名	主成分	透磁率	温度係数	適用周波数(Hz)	カラー・コード
#2	カーボニル E	μ =10	95	400k ～ 10M	赤
#6	カーボニル SF	8	35	10M ～ 30M	黄
#10	カーボニル W	6	150	30M ～ 60M	黒
#12	カーボニル IRN-8	3.5	170	60M ～200M	緑/白

(a) コアの材質特性

名称	寸法 (mm)			100 ターン当たりのインダクタンス (μH)			
	外 径	内 径	高 さ	# 2	# 6	# 10	# 12
T 200	50.8	31.8	14.0	120	105	–	–
T-130	33.0	19.8	11.1	110	96	–	–
T-100	26.9	14.2	11.1	135	116	–	–
T-94	23.9	14.2	7.9	84	70	–	–
T-80	20.2	12.6	6.4	55	45	34	–
T-68	17.5	9.4	4.8	57	47	32	–
T-50	12.7	7.7	4.8	50	40	31	18
T-37	9.4	5.2	3.3	42	30	25	15
T-25	6.5	3.0	2.4	34	27	19	13
T-12	3.2	1.6	1.3	24	19	12	8.5

(b) コアの寸法および 100 ターンあたりのインダクタンス

〈表6-8〉TDKのトロイダル・コア〔3φ～31φ AL-Value(nH/N^2)〕

タイプ (φA×C×φB)	H5A	H5B	H5B2	H5C2	H5D	HP3	HP4	HP5	H6F	H6B	PC30	K5	K6A
T3.05 × 1.27 × 1.27	540 ± 25%		1700 ± 25%	2200 ± 25%	3340 ± 30%	690 ± 20%	890 ± 20%	1100 ± 20%	170 ± 20%	400 ± 20%		$63.8^{+30}_{-20}\%$	$15.5^{+20}_{-30}\%$
T4 × 1 × 2	330 ± 25%	900 ± 25%	1000 ± 25%	1350 ± 25%	2000 ± 30%	400 ± 20%	530 ± 20%	670 ± 20%	100 ± 20%	240 ± 20%	320 ± 25%	$38.8^{+30}_{-20}\%$	$9.3^{+20}_{-30}\%$
T3.94 × 1.27 × 2.23	340 ± 25%	940 ± 25%	1080 ± 25%	1440 ± 25%	2170 ± 30%	430 ± 20%	580 ± 20%	720 ± 20%	110 ± 20%	260 ± 20%		$41.8^{+30}_{-20}\%$	$10^{+20}_{-30}\%$
T4.83 × 1.27 × 2.29	460 ± 25%	1230 ± 25%	1400 ± 25%	1900 ± 25%	2840 ± 30%	570 ± 20%	760 ± 20%	950 ± 20%	140 ± 20%	340 ± 20%		$55.0^{+30}_{-20}\%$	$13.3^{+20}_{-30}\%$
T6 × 1.5 × 3	500 ± 25%	1350 ± 25%	1500 ± 25%	2050 ± 25%	3000 ± 30%	600 ± 20%	800 ± 20%	1000 ± 20%	150 ± 20%	360 ± 20%	480 ± 25%	$57.5^{+30}_{-20}\%$	$14^{+20}_{-30}\%$
T5.84 × 1.52 × 3.05	480 ± 25%		1480 ± 25%	1970 ± 25%	2960 ± 30%	590 ± 20%	790 ± 20%	990 ± 20%	150 ± 20%	360 ± 20%		$57.5^{+30}_{-20}\%$	$13.8^{+20}_{-30}\%$
T8 × 2 × 4	800 ± 25%	1750 ± 25%	2000 ± 25%	2650 ± 25%	4000 ± 30%	800 ± 20%	1070 ± 20%	1330 ± 20%	210 ± 20%	550 ± 20%	680 ± 25%	$77.5^{+30}_{-20}\%$	$18.8^{+20}_{-30}\%$
T9.52 × 3.18 × 4.75								2120 ± 20%					
T10 × 2.5 × 5	1000 ± 25%	2200 ± 25%	2500 ± 25%	3360 ± 25%	5000 ± 30%	1000 ± 20%	1340 ± 20%	1670 ± 20%	260 ± 20%	650 ± 20%	850 ± 25%	$97.5^{+30}_{-20}\%$	$23.3^{+20}_{-30}\%$
T12 × 3 × 6	1400 ± 25%	1800 ± 25%	3000 ± 25%	3600 ± 25%	6000 ± 30%		1600 ± 20%		320 ± 20%	800 ± 20%	1020 ± 25%	$115^{+30}_{-20}\%$	$27.5^{+20}_{-30}\%$
T14 × 3.5 × 7	1650 ± 25%	2100 ± 25%	3500 ± 25%	4200 ± 25%	7000 ± 30%				370 ± 20%	950 ± 20%	1200 ± 25%	$135^{+30}_{-20}\%$	$32.5^{+20}_{-30}\%$
T16 × 4 × 8	1850 ± 25%	2650 ± 25%		4800 ± 30%					420 ± 20%	1100 ± 20%	1350 ± 25%	$155^{+30}_{-20}\%$	$37.5^{+20}_{-30}\%$
T18 × 4.5 × 9	2100 ± 25%	3000 ± 25%		5400 ± 30%					470 ± 20%	1200 ± 20%	1550 ± 25%	$175^{+30}_{-20}\%$	$42.5^{+20}_{-30}\%$
T20 × 5 × 10	2350 ± 25%	3350 ± 25%		6000 ± 30%					520 ± 20%	1350 ± 20%	1750 ± 25%	$193^{+30}_{-20}\%$	$47.5^{+20}_{-30}\%$
T20 × 7.5 × 14.5	1800 ± 25%	2700 ± 25%		4100 ± 30%					380 ± 20%	950 ± 20%	1050 ± 25%	$135^{+30}_{-20}\%$	$33.7^{+20}_{-30}\%$
T28 × 13 × 16	5300 ± 25%	7900 ± 25%		14000 ± 30%					1150 ± 20%	2850 ± 20%	3180 ± 25%	$412^{+30}_{-20}\%$	$100^{+20}_{-30}\%$
T31 × 8 × 19	2900 ± 25%	4300 ± 25%		7700 ± 30%					620 ± 20%	1500 ± 20%	1720 ± 25%	$220^{+30}_{-20}\%$	$55^{+20}_{-30}\%$

しかしコアの形状から推測できるように，巻き数が多いと，手巻きではなかなかうまく巻き線できません．専用の巻き線機が必要です．

また巻き線終了後にインダクタンスの調整ができないため，正確なインダクタンスを必要とするフィルタなどには，フェライト・コアの管理が必要となり，安定して製作するのが難しくなります．

最近はライン・フィルタやコモン・モード・チョークのインダクタとして，ノイズ除去に大量に使用されています．

● トロイダル・コアによるインダクタの設計例

高周波用のトロイダル・コアは"アミドン"という商標で，マイクロメタル社製のものがポピュラです．

表 6-7 に示すコアは秋葉原で高周波関係の部品を扱っているお店で手に入れることができます．また，**表 6-8** に示すように TDK でも多種類扱っていますが，H5A コアのポピュラなものを除き，少量では手に入れるのが難しいようです．

トロイダル・コアに巻き線する場合は，手で巻けるのは数十回程度までが限界です．線を予め必要な長さに切ってから巻きますが，長すぎるとトロイダルの穴に通すのが大変になり，短いともう一度やり直しとなります．巻き線は線材に傷がつかないように注意し，均一に巻きます．

表 6-7 のトロイダル・コアは 100 回巻いたときの値が表記されているので，10000 で割った値が *AL*-value となります．

たとえば[T-50，#2]のトロイダル・コアを使用して 10 μH のインダクタンスを製作するときは，

$$AL\text{-value} = 50\,\mu\text{H} \div 10000 = 5\,\text{nH}/N^2$$

$$\text{巻き数} = \sqrt{\frac{\text{目的のインダクタンス}}{AL\text{-value}}} = 45\,\text{回}$$

となります．

● コラムC ●　E系列標準数とは

抵抗やコンデンサの値は等比数列で標準の数値がJISで決められており，これをE系列標準数と呼びます．これを**表6-A**に示します．たとえばE6系列は1から10までの数を対数で6等分するもので，

$10^{(0/6)} \fallingdotseq 1$，$10^{(1/6)} \fallingdotseq 1.5$，$10^{(2/6)} \fallingdotseq 2.2$，……$10^{(5/6)} \fallingdotseq 6.8$　の数値となります．

E96系列ではほぼ2％の間隔で数値が並ぶので，E96系列で±1%誤差の抵抗を揃えるとすべての抵抗値をカバーできることになります．ただし1Ωから1MΩまでE96系列ですべて揃えると577種という膨大な数となり，保守が非常に大変になります．

〈表6-A〉E系列標準数

E3数列	E6数列	E12数列	E24数列	E48数列						E96数列						E192数列					
1.0	1.0	1.0	1.0	1.00	1.47	2.15	3.16	4.64	6.81	1.00	1.47	2.15	3.16	4.64	6.81	1.00	1.47	2.15	3.16	4.64	6.81
			1.1													1.01	1.49	2.18	3.20	4.70	6.90
		1.2	1.2							1.02	1.50	2.21	3.24	4.75	6.98	1.02	1.50	2.21	3.24	4.75	6.98
			1.3													1.04	1.52	2.23	3.28	4.81	7.06
	1.5	1.5	1.5	1.05	1.54	2.26	3.32	4.87	7.15	1.05	1.54	2.26	3.32	4.87	7.15	1.05	1.54	2.26	3.32	4.87	7.15
			1.6													1.06	1.56	2.29	3.36	4.93	7.23
		1.8	1.8							1.07	1.58	3.32	3.40	4.99	7.32	1.07	1.58	3.32	3.40	4.99	7.32
			2.0													1.09	1.60	2.34	3.44	5.05	7.41
2.2	2.2	2.2	2.2	1.10	1.62	2.37	3.48	5.11	7.50	1.10	1.62	2.37	3.48	5.11	7.50	1.10	1.62	2.37	3.48	5.11	7.50
			2.4													1.11	1.64	2.40	3.52	5.17	7.59
		2.7	2.7							1.13	1.65	2.43	3.57	5.23	7.68	1.13	1.65	2.43	3.57	5.23	7.68
			3.0													1.14	1.67	2.46	3.61	5.30	7.77
	3.3	3.3	3.3	1.15	1.69	2.49	3.65	5.36	7.87	1.15	1.69	2.49	3.65	5.36	7.87	1.15	1.69	2.49	3.65	5.36	7.87
			3.6													1.17	1.72	2.52	3.70	5.42	7.96
		3.9	3.9							1.18	1.74	2.55	3.74	5.49	8.06	1.18	1.74	2.55	3.74	5.49	8.06
			4.3													1.20	1.76	2.58	3.79	5.56	8.16
4.7	4.7	4.7	4.7	1.21	1.78	2.61	3.83	5.62	8.25	1.21	1.78	2.61	3.83	5.62	8.25	1.21	1.78	2.61	3.83	5.62	8.25
			5.1													1.23	1.80	2.64	3.88	5.69	8.35
		5.6	5.6							1.24	1.82	2.67	3.92	5.76	8.45	1.24	1.82	2.67	3.92	5.76	8.45
			6.2													1.26	1.84	2.71	3.97	5.83	8.56
	6.8	6.8	6.8	1.27	1.87	2.74	4.02	5.90	8.66	1.27	1.87	2.74	4.02	5.90	8.66	1.27	1.87	2.74	4.02	5.90	8.66
			7.5													1.29	1.89	2.77	4.07	5.97	8.76
		8.2	8.2							1.30	1.91	2.80	4.12	6.04	8.87	1.30	1.91	2.80	4.12	6.04	8.87
			9.1													1.32	1.93	2.84	4.17	6.12	8.98
				1.33	1.96	2.87	4.22	6.19	9.09	1.33	1.96	2.87	4.22	6.19	9.09	1.33	1.96	2.87	4.22	6.19	9.09
																1.35	1.98	2.91	4.27	6.26	9.20
										1.37	2.00	2.94	4.32	6.34	9.31	1.37	2.00	2.94	4.32	6.34	9.31
																1.38	2.03	2.98	4.37	6.42	9.42
				1.40	2.05	3.01	4.72	6.49	9.53	1.40	2.05	3.01	4.72	6.49	9.53	1.40	2.05	3.01	4.42	6.49	9.53
																1.42	2.08	3.05	4.48	6.57	9.65
										1.43	2.10	3.09	4.53	6.65	9.76	1.43	2.10	3.09	4.53	6.65	9.76
																1.45	2.13	3.12	4.59	6.73	9.88

このため抵抗はE24系列で揃え，中途半端な数値がどうしても必要な場合には2本直列や並列接続して使用するというのが一般的です．

また抵抗の相対的な値が正確であればよく，絶対値には正確さが不要な場合も多いので，そのときはE3またはE6系列から選ぶようにしておくと，部品の種類が少なくなり，部品の購入も実装も楽になり効果的です．

表6-BにJISによる許容差と温度係数の記号と色を示します．

〈表6-B〉抵抗の許容差と温度係数の色と記号

色名	数字	10のべき数	抵抗値許容差(%)		抵抗温度係数(ppm/℃)	
				記号		記号
銀色	—	10^{-2}	±10	K	—	
金色		10^{-1}	±5	J		
黒	0	1	—		±250	K
茶色	1	10	±1	F	±100	H
赤	2	10^2	±2	G	±50	G
黄赤	3	10^3	—		±15	D
黄	4	10^4			±25	F
緑	5	10^5	±0.5	D	±20	E
青	6	10^6	±0.25	C	±10	C
紫	7	10^7	±0.1	B	±5	B
灰色	8	10^8	—		±1	A
白	9	10^9			—	
色を付けない	—	—	±20	M		

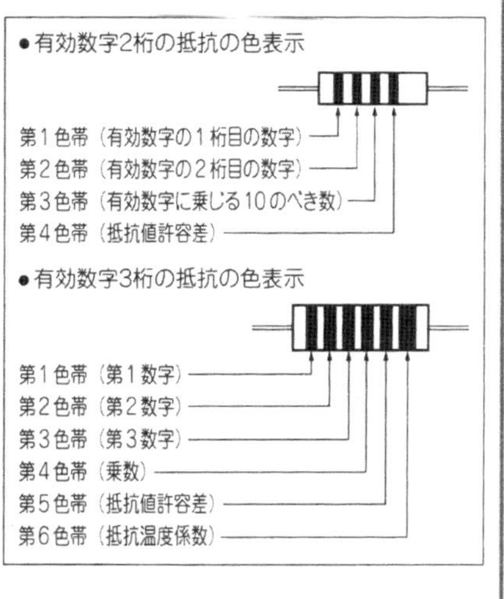

第7章
雑音を本質的に阻止/抑制する
トランスを活用しよう

7.1 トランスのあらまし

● 嫌われもののトランス…だが侮れない

トランスというと軽薄短小の現代では，「重い・大きい・高価格」となって設計者が一番敬遠したい部品です．しかし，次のような特徴をもっており，なかなか侮れなく，装置の雑音特性を大きく左右する部品です．

① 電力を伝送できるただ一つのアイソレータ

最近は圧電トランスや太陽電池を利用したフォト・カプラなどが現れてきていますが，これらはまだ限定された用途にしか使用できません．

② 信頼性が高く，経年変化が少ない

③ 周波数範囲が広い

④ 振幅のダイナミック・レンジが広い

⑤ インピーダンス変換が自由

⑥ 雑音の発生が少ない

トランスは半導体や抵抗・コンデンサと異なり，ほとんどは回路設計者が仕様書を作成して，トランス・メーカに製作を依頼するカスタム品となります．効果的なトランスを購入し使用するためには，トランスの原理と材料や構造についての知識をもって仕様書を作成することが大切です．

● トランスの基本動作

図 7-1 はおなじみのトランスの動作を表したものです．理想的なトランスでは1次/2

〈図 7-1〉 トランスの基本動作

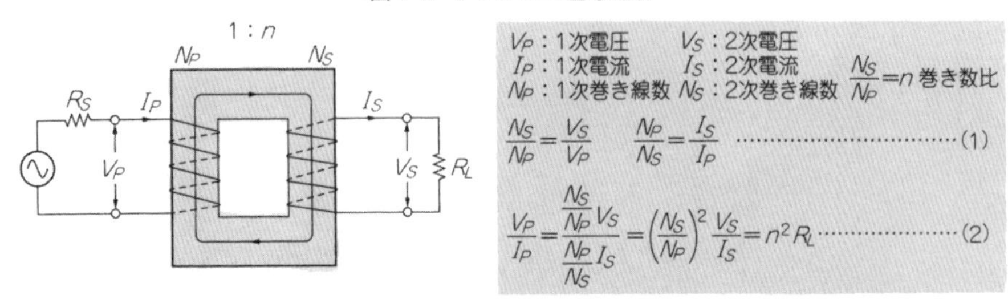

次間の電圧比は巻き数比に比例し，1次/2次間の電流比は巻き数比に反比例します．

したがって1次側に信号を加え，2次側に負荷抵抗 R_L を接続すると，式(2)により1次側から見た負荷インピーダンスは巻き数比の2乗に反比例することになります．

つまり，巻き数比1:10のトランスの2次側に負荷抵抗として1kΩを接続し，これを1次側から見ると10Ωに見えることになります．同様に負荷に100pFを付けると10nFに，1mHを付けると10μHに見えることになります．

トランスは電圧・電流の変換だけでなく，**インピーダンス変換**も自由に行えることが重要な特徴です．

● トランスの等価回路

図 7-1 の式だけで決定される理想的なトランスが製作できれば設計者の悩みも激減するのですが，現実はそう甘くありません．トランスには理想を妨げるさまざまな要素があります．

図 7-2 は，これらの要素を等価回路にして表したものです．トランスの等価回路は用途によってさまざまなものがありますが，**図 7-2** はもっとも基本的なものです．トランスには非線型な要素もありますが，ここでは触れません．

r_1 と r_2 はトランスの巻き線による直流抵抗です．巻き線抵抗は，信号トランスでは低域の周波数特性に影響を与え，熱雑音を発生します．また電源トランスでは電力損失とな

〈図 7-2〉 トランスの等価回路

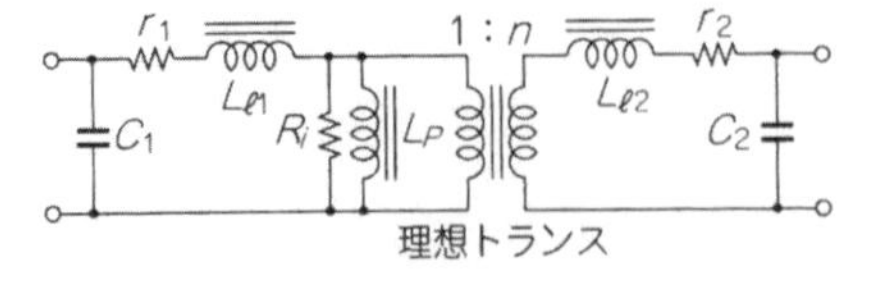

C_1：1次巻き線浮遊容量　C_2：2次巻き線浮遊容量
r_1：1次巻き線抵抗　r_2：2次巻き線抵抗
$L_{\ell 1}$：1次巻き線漏れインダクタンス　$L_{\ell 2}$：2次巻き線漏れインダクタンス
L_P：励磁インダクタンス　R_i：鉄損

〈図 7-3〉 パラメータをすべて1次側に換算した等価回路

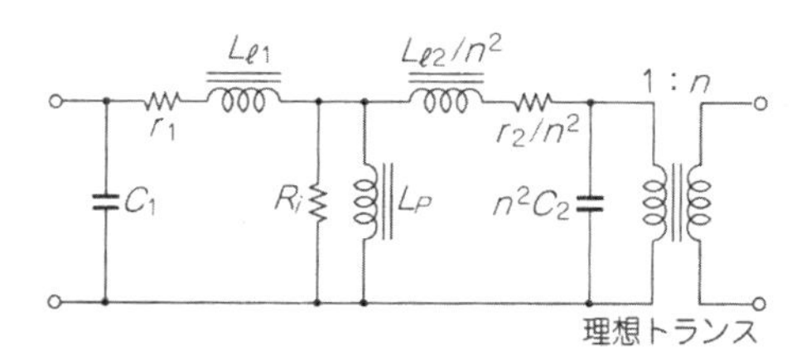

ります．巻き線抵抗はできるだけ小さい値が理想です．

L_Pは1次巻き線によるインダクタンス(励磁インダクタンス)です．このインダクタンスは信号トランスでは低域周波数特性を決定し，電源トランスでは励磁電流を決定します．できるだけ大きい値が理想です．しかし，むやみに大きくすると漏れインダクタンスや巻き線抵抗が大きくなるので，他のパラメータとのバランスで決定されます．

R_iはトランスのコア損失を抵抗に換算した成分です．トランスのコアに用いる磁性材料は直流では損失は生じないのですが，交流磁化力が加わると内部に損失が生じます．この損失は発生要因からヒステリシス損とうず電流損に分けられます．

コア損失はコアの材質や形状によって異なり，周波数が高くなるほど大きく(等価回路の抵抗値としては小さく)なります．損失は小さいほう，つまりR_iの値は大きいほうが理想となります．

$L_{\ell 1}$と$L_{\ell 2}$はトランス特有のパラメータです．漏れ(リーケージ)インダクタンスと呼ばれます．トランスは1次巻き線で発生した磁束の大部分が2次巻き線を通過する構造にしますが，すべてを通過させることは不可能です．発生した磁束のうち，0.01％～0.1％は2次巻き線を通過しない磁束となります．

この漏れ磁束は2次巻き線に拘束されないインダクタンスを生じさせ，漏れインダクタンスとなります．漏れインダクタンスは信号トランスでの高域特性を決定する第一要因となります．できるだけ小さい値が理想です．

C_1とC_2は巻き線による分布容量です．漏れインダクタンスと共にトランスの高域特性を決定するパラメータで，これもできるだけ小さい値が理想となります．

図 7-1 の式(2)により，トランスの2次側パラメータはすべて1次側に換算できます．**図 7-3** がその等価回路です．

● 低域特性を決定する励磁インダクタンスと巻き線抵抗

図 7-3 のままでは若干複雑なので，トランスの動作を理解するために等価回路を低域と高域に分けてみます．

〈図7-4〉低域でのトランスの等価回路

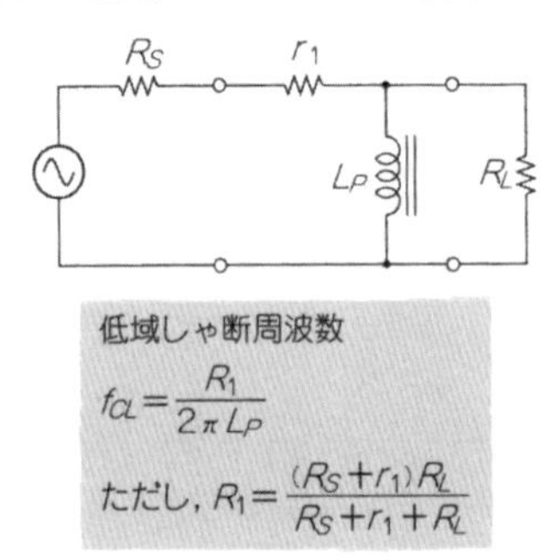

〈図7-5〉高域でのトランスの等価回路

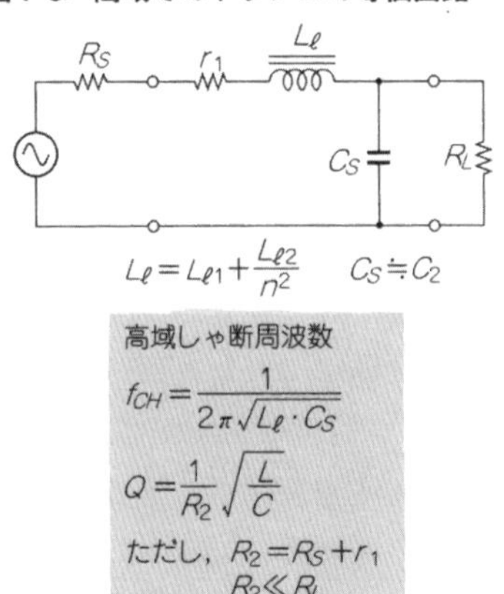

一般的に漏れインダクタンスは，励磁インダクタンスL_Pの1/1000程度なので省略します．また，$r_2 \ll R_L$なのでr_2も省略し，コンデンサは低域では影響しないので取り除くと，**図7-4**が低域での等価回路となります．これは信号源抵抗，巻き線抵抗，負荷抵抗と励磁インダクタンスでR_Lの1次ハイパス・フィルタとなります．

したがって基本的(実際にはL_Pの値は信号レベルにより変化する)には6 dB/octの傾斜となり，信号源抵抗と巻き線抵抗が小さいほど，また励磁インダクタンスが大きいほど低域の周波数特性が拡大します．

低域の周波数特性を伸ばすためには，励磁インダクタンスを大きくする必要があります．これには1次巻き線をたくさん巻くことになりますが，たくさん巻くためには巻き線を細くするか，形状を大きくする必要があります．

ところが，巻き線を細くすると巻き線抵抗は当然大きくなり，形状を大きくすると巻き線が長くなって巻き線抵抗も大きくなってしまいます．

したがって効果的に低域を伸ばすためには，同じ巻き数でも大きなインダクタンスが得られる透磁率の大きなコアを使用することになります．

一番大きな透磁率が得られるコア材としては，ベル研で発明されたスーパマロイ(Supermalloy)が有名ですが，最近は信号トランスの需要が激減しているため入手が困難になっているようです．

表7-1にコア材料の一覧表を示します．特殊なトランスでは銅線ではなく銀線を使用して巻き線抵抗を少なくする例もありますが，当然高価なトランスとなります．

〈表 7-1〉 各種コア材の特性

種　類		組成・備考	初透磁率 μ_0	最大透磁率 μ_m	飽和磁束密度 G	固有抵抗 (μΩ・cm)
けい素鋼板		H-14(新日鉄) t = 0.5 mm	2000 (100 ガウス)	8000	16100	45
方向性けい素鋼板		Z-9H(新日鉄) t = 0.35 mm	16000 (100 ガウス)	90000	20300	46
45 % パーマロイ	PB-1	Ni40 ～ 50 %	2500 以上	20000 以上	14000 以上	45
	PB-2		2000 以上	14000 以上	13000 以上	
78 % パーマロイ (三元)	PC-1	Ni70 ～ 80 % 特殊成分を含む	25000 以上	80000 以上	6500 以上	55
	PC-2		15000 以上	50000 以上	6500 以上	
スーパーマロイ		Ni79 %,Mo5 %	100000 以上	1×10^6 以上	7900 以上	60
Mn-Znフェライト		H6A(TDK)	2000	——	3500	4×10^9
Ni-Znフェライト		K6A(TDK)	70	——	3500	2.5×10^{13}
Cu-Znフェライト		オキサイドコア	580	1200	1700	1×10^{12}

● 高域特性を決定する漏れインダクタンスと巻き線容量

高域では励磁インダクタンスは大きなインピーダンスになるので省略できます．すると**図 7-5** に示すような高域等価回路になります．これは RCL による 2 次ローパス・フィルタ(LPF)となります．したがって高域での傾斜は 12 dB/oct となり，信号源抵抗が小さく，負荷抵抗が大きい場合には，LPF の Q が大きくなって高域にピークが生じることになります．

高域の周波数特性を拡大するためには，漏れインダクタンスと分布容量をできる限り小さくすることです．漏れインダクタンスは励磁インダクタンスに比例するので，1 次巻き線の数を少なくすれば漏れインダクタンスも少なくすることができますが，低域特性を犠牲にすることになります．

〈図 7-6〉
トランスのサンドイッチ巻きの構造

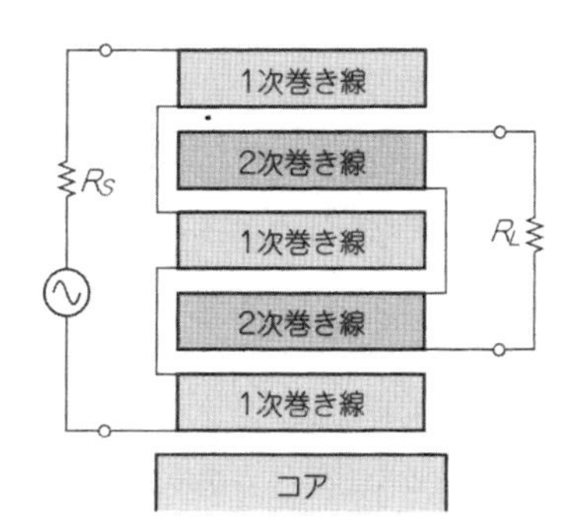

〈図 7-7〉
トランスの分布容量と分割巻き

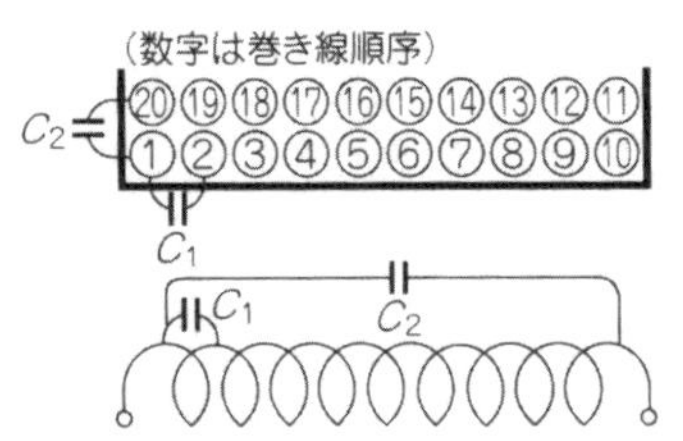

・分割巻き

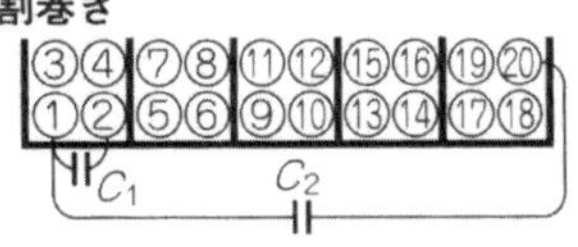

したがって低域，高域ともに伸ばすためには，1次-2次間の結合度をできる限り密にして，漏れインダクタンスを小さくします．このため低周波用トランスでは**図 7-6** のように1次巻き線と2次巻き線を多重のサンドイッチ構造にし，高周波用トランスでは1次巻き線と2次巻き線を撚ってから巻くなどの構造的な工夫をします．ただ，これらの工夫は1次-2次間の浮遊容量を増加させる原因ともなり，トランスの *CMRR* 特性が犠牲になります．

巻き線容量を減らすためには，**図 7-7** のようにコイルを分割巻きにして電位差の大きい巻き線間を近づけないようにし，等価的に分布容量を減らす工夫をします．しかし，分割巻きには専用ボビンが必要となり，自由な構造を選ぶことは難しいのです．巻き線構造と特性の関係は，トランス・メーカのノウハウとなっているようです．

7.2　入力トランスで計測アンプの雑音特性を改善する

● 入力トランスによる信号昇圧

真空管時代には，ノイズ・フィギュア *NF* の改善とコモン・モード雑音防止のために，マイク信号の入力部には必ず600 Ω：10 kΩの入力トランスが使用されていました．しかし，最近では半導体の雑音特性は飛躍的に改善され，マイクについては形状と価格メリットが大きいエレクトレット・コンデンサ・マイクが使用されるようになり，入力トランスを使用する例はほとんど姿を消しています．

しかし一部の計測回路など特殊な部分には，まだ入力トランスの活躍の場が残っています．

半導体の雑音特性の向上によって，計測回路における信号源抵抗が100 Ω以上の領域では，信号源抵抗から発生する**熱雑音**が支配的です．熱雑音は自然現象ですから，雑音特性改善の余地はほとんど残っていません．

しかし，物理計測分野では信号源抵抗が1Ω以下の微小信号源があり，ほとんどの低雑音プリアンプの**ノイズ・フィギュア**が20dBを超え，まだS/N改善の余地が残っています．

トランスは雑音を付加することなく信号電圧を昇圧することができますが，信号源抵抗も巻き数の自乗に比例して増加し，信号源のS/Nは変化しません．

たとえば1μV/1Ωの信号源は，1Hzの帯域幅では1μV:0.129nVのS/N比ですが，1:100の理想トランスを使用すると，インピーダンスが10kΩとなって熱雑音の値が12.9nVになり，100μV:12.9nVとS/N比は同じ値になります．

このように，トランスにはノイズ・フィギュアNFの値を変えることなく自由に信号源のインピーダンスを変換する機能があります．

したがって**図7-8**に示すように増幅器の前に昇圧トランスを挿入すると増幅器の入力換算雑音が信号源雑音よりも相対的に小さくなり，増幅器出力のS/Nが改善されます．

〈図7-8〉
入力トランスの効果

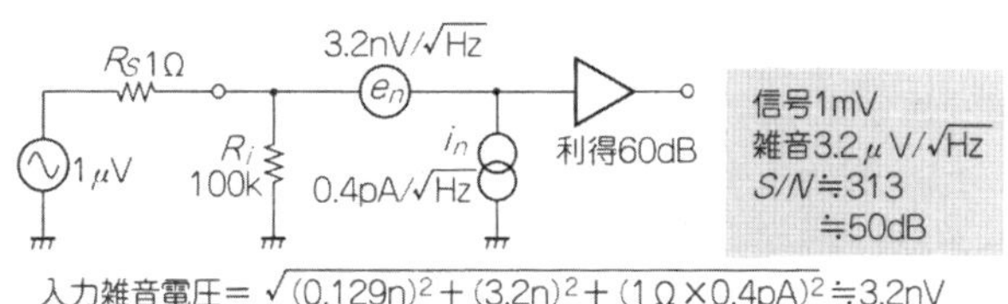

(a) トランスを使用しないときのS/N比

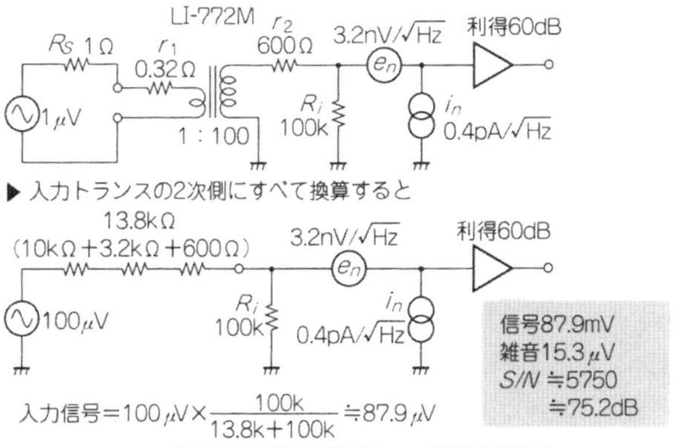

(b) 1：100のトランスを使用したときのS/Nの改善

〈図 7-9〉
理想トランスによるノイズ・フィギュアの改善

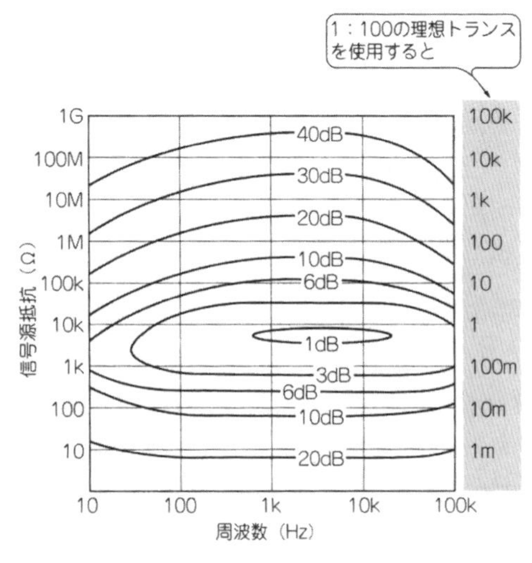

● 低雑音 OP アンプ回路の雑音特性をさらに改善する

図 7-9 は，低雑音 OP アンプを用いたプリアンプのノイズ・フィギュア・チャートです．信号源インピーダンスが 10 kΩ付近では *NF* が 1 dB 近くとロー・ノイズですが，1 Ωの信号源では *NF* が 20 dB 以上あり，雑音改善の余地が残っています．

このプリアンプに 1:100 の昇圧比をもつ理想的なトランスを接続すると，*Y* 軸の 10 kΩの点が 1 Ωのインピーダンスに変換されることになります．1 Ωの信号源を接続したとき，トランスが無い場合(チャートの線がないので概略ですが)はノイズ・フィギュアは 26 dB ですが，トランスを接続すると 1 dB となり，26－1=25 dB(17.8 倍)の *S/N* が改善されることになります．

このようにノイズ・フィギュア・チャートが明示されていると，概略ですが任意の昇圧比をもったトランスを接続したときの雑音特性が簡単に求められます．

ただし，実際にはトランスの巻き線抵抗などによる *S/N* の悪化と，低域と高域ではトランスの周波数特性にしたがって利得が低下するので，*S/N* は悪化します．

また実際に使用する場合は，外来雑音が大きな影響を与えるので，磁束の混入には十分な注意が必要です．場合によっては，銅とパーマロイなどを使用した**多重磁気シールド**で微小信号部分を隙間なく囲む必要があります．

また，配線による 1 次側の抵抗やインダクタンス，2 次側の浮遊容量などが少なくなるように，できるだけセンサの近くに入力トランスとプリアンプを配置するなどの工夫が必要です．

〈表 7-2〉
微小信号用入力トランス
〔㈱エヌエフ回路設計ブロック〕

品名		ロックイン・アンプ用入力トランス LI-771/772 INPUT TRANSFORMER	
型名		LI-771	LI-772
巻き線比		1：10	1：100
周波数帯域	L 型	2 Hz ～ 2 kHz	
	M 型	20 Hz ～ 20 kHz	
	N 型	200 Hz ～ 200 kHz	
1 次インダクタンス	L 型	90 H	0.8 H
	M 型	6 H	50 mH
	N 型	0.3 H	2 mH
1 次直流抵抗	L 型	360 Ω	2.9 Ω
	M 型	22 Ω	0.32 Ω
	N 型	0.97 Ω	0.05 Ω
2 次直流抵抗	L 型	14 kΩ	14 kΩ
	M 型	590 Ω	600 Ω
	N 型	31 Ω	37 Ω
最大入力レベル		300 mV_{rms}	30 mV_{rms}
耐電圧		500 V_{peak} 巻き線間および巻き線対ケース間	
外形寸法（mm）		97(H) × 65(ϕ)	
質量（NET）		各 0.75 kg	

〈入力トランスの外観〉

表 7-2 にこのような目的で使用するメーカ製トランスの例を示します．

● 入力トランスはコモン・モード雑音除去にも役立つ

入力トランスの役割に忘れてならないのが，コモン・モード雑音の除去です．

何の対策もない回路では**図 7-10** に示すようにコモン・モード雑音電流によって雑音が混入してしまいますが，入力トランスを挿入すると**図 7-11** のように 1 次-2 次間が電気的に絶縁されているため，コモン・モード電流は阻止され，雑音の混入を避けることができます．

〈図 7-10〉
コモン・モード雑音の混入

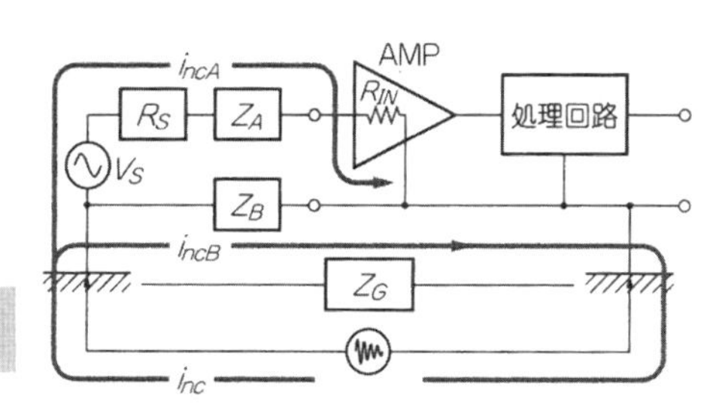

$R_S+Z_A+R_{in} \gg Z_B$ なので $i_{ncB} \gg i_{ncA}$ となり，$i_{ncB} \cdot Z_B$ の雑音電圧が V_S に加算されてしまう．

〈図 7-11〉
入力トランスによるコモン・モード雑音電流のしゃ断

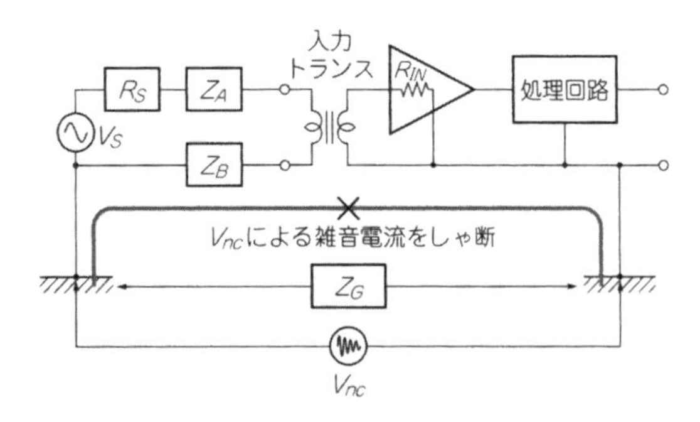

〈図 7-12〉 入力トランス(TBS-11)の静電シールドによる同相利得の変化

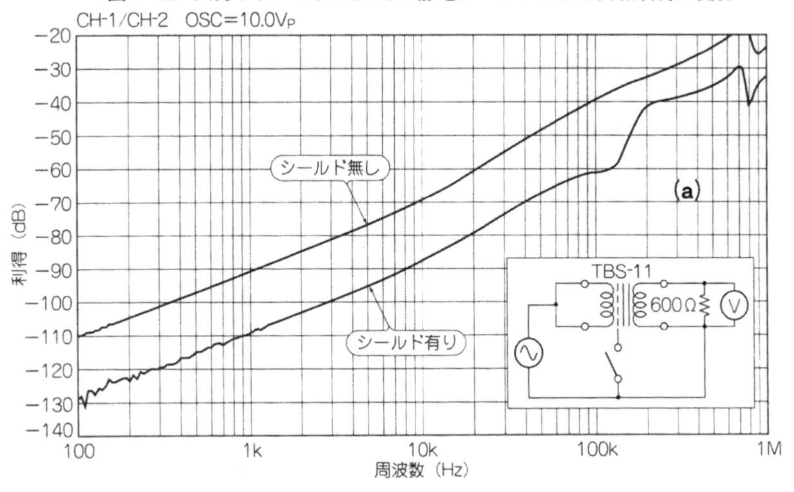

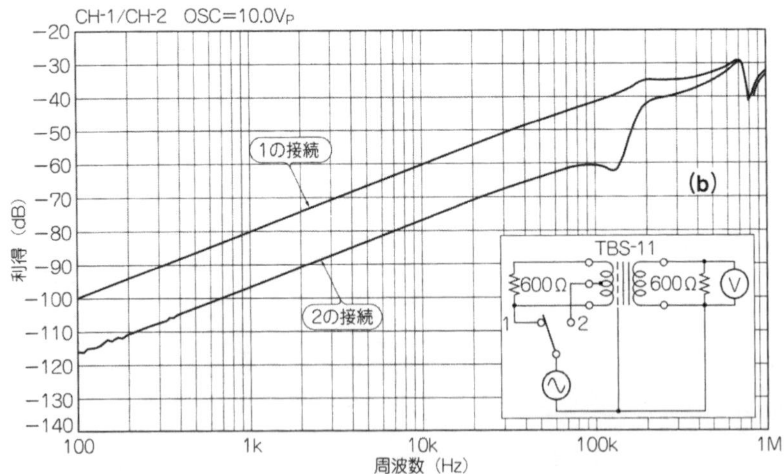

しかし，トランスを使用すればコモン・モード雑音が完全に阻止できる訳ではありません．トランスにも ***CMRR*** があり，差動アンプと同様にその値は高域になるほど悪化します(拙著「計測のためのアナログ回路設計」第5章参照)．

トランスの *CMRR* は巻き線構造によって左右され，1次-2次間に**静電シールド**を施すことによってその値は向上します．また同じトランスでも，信号源インピーダンスやトランスの結線方法によって *CMRR* は変化します．**図7-12** に市販の入力トランス(TBS-11…タムラ製作所)を実測したときの *CMRR* の違いを示します．

図(a)が静電シールドの有無，**図(b)**が結線方法を変えたときのコモン・モード利得-周波数特性の変化です．同相利得が低いほど良好な *CMRR* 特性となります．

このように，トランスの *CMRR* はトランスの1次-2次間静電シールドが重要な働きをします．できるだけ1次側の信号をグラウンドに対してバランスのとれた結線にすることが大切です．

● 入力トランスのパラメータを計測するには

入力トランスは少なくなったとはいえ，まだまだメーカ製の標準品が揃っています．ある程度自由に選択することができます．

入力トランスのデータ・シートには必ず入出力インピーダンスが規定されていますが，これは標準状態での使用したときの目安です．規定外のインピーダンスでも使用することができます．しかし，トランスはOPアンプ回路などと異なり，入出力インピーダンスによって周波数特性が大きく変化します．

トランスの周波数特性の変化は，**図7-2** に示した等価回路でのパラメータが明確であれば，使用したい入出力インピーダンスでの特性を簡単にシミュレーションすることができます．ただトランスのデータ・シートには，等価回路パラメータのすべてを規定するだけのデータが記載されていないので，不明な部分は実際に計測して求めなくてはなりません．

● トランスの出力を開放して励磁インダクタンスを求める

トランスの励磁インダクタンスは，2次巻き線をオープンにして1次側から見たインピーダンスを計測することによって求めることができます．

図7-3 に示した等価回路で2次側をオープンにすると，低域では1次側から見たインピーダンスは L_P と r_1 が支配的になり，高域では C_{S1} と C_{S2} が支配的になります．

では実際に入力トランスのインピーダンス特性を，周波数応答を解析する測定器FRA

〈図7-13〉FRAによるインピーダンスの計測

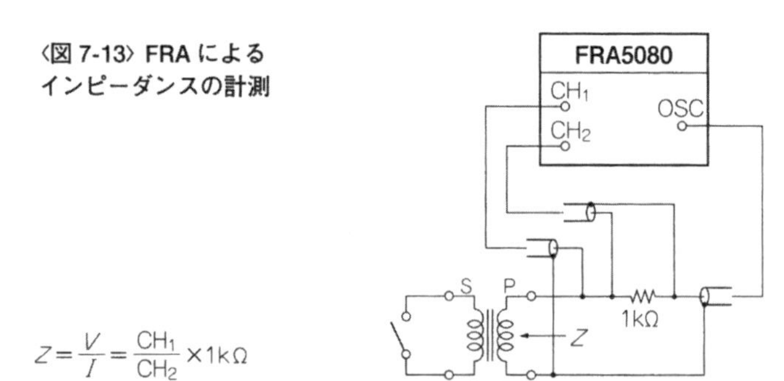

〈図7-14〉 TBS-11 2次側をオープン/ショートしたときのインピーダンス特性

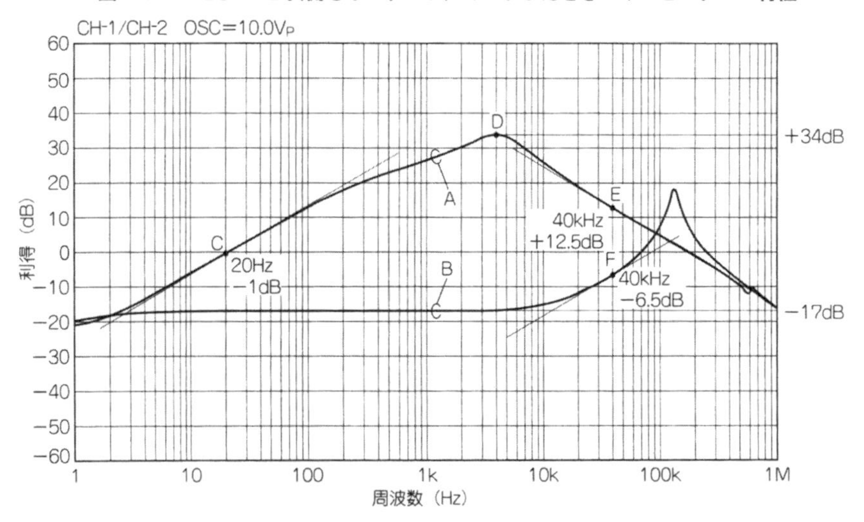

を使用して測ってみましょう．FRAを**図7-13**のように結線すると，1kΩを0dBとしたインピーダンスの周波数特性を計測することができます．

図7-14のA曲線が入力トランスTBS-11の2次側をオープンにしたときの特性です．励磁インダクタンスのために周波数が上昇するにつれ，6dB/octの傾斜でインピーダンスが上昇していきます．そして，さらに周波数が上昇すると巻き線間の分布容量のために共振して，6dB/octの傾斜でインピーダンスが下降していきます．このときの共振点でのインピーダンスはR_i鉄損で決定されることになります．

したがってC点でのインピーダンスから励磁インダクタンスを求めると，

1kΩ×－1dB=891Ω

$L = \dfrac{R}{2\pi f}$

より，

L_P=7.1 H

D 点のインピーダンスから鉄損を求めると，

1kΩ × +34 dB=50 kΩ

E 点から一次側と 2 次側の分布容量が加算された値を求めると，

1kΩ × +12.5 dB=4.22 kΩ

C =1/(2πfR) より，

$C_{S1}+n_2C_{S2}$=943 pF

1 ： 1 のトランスのため $C_{S1}=C_{S2}$ と仮定すると，

$C_{S1}=C_{S2}$=470 pF

こうして巻き線の浮遊容量を求めることができます．

● トランスの出力を短絡して漏れインダクタンスを求める

トランスの 2 次側をショートすると，1 次側から見たインピーダンスは r_1，r_2，$L_{\ell 1}$，$L_{\ell 2}$ が支配的になります．r_1 と r_2 は巻き線抵抗なので，直流での抵抗値をディジタル・マルチメータなどで直接計測すれば簡単に求められます．

図 7-14 の B の曲線が 2 次側をショートしたときの特性です．低域は巻き線抵抗…(r_1+r_2/n^2) のために一定な値がつづき，高域になると漏れインダクタンス… ($L_{\ell 1}+L_{\ell 2}/n_2$) のために周波数が上昇するにつれ，6 dB/oct の傾斜でインピーダンスが上昇していきます．そして巻き線間の分布容量のために共振しています．

したがって F 点でのインピーダンスから漏れインダクタンスを求めると，

1 kΩ × − 6.5 dB=473 Ω

$L = R/(2\pi f)$ より

$L_{\ell 1}+L_{\ell 2}/n^2$=1.88 mH

1 ： 1 のトランスのため $L_{\ell 1}=L_{\ell 2}$ と仮定すると，

$L_{\ell 1}=L_{\ell 2}$=0.94 mH

と漏れインダクタンス求めることができます．

● 代表的な入力トランスのパラメータは

同様にして，各メーカの入力トランスのパラメータを求めた結果が**表 7-3** です．

〈表7-3〉 信号トランスの各パラメータ

型　名	メーカ	インピーダンス	巻き数比	C_1 (pF)	r_1 (Ω)	L_{g1} (H)	R_i (Ω)	L_p (H)	R_2 (Ω)	C_2 (pF)
TBS-11	タムラ	600 ： 600	1：1	470	70	0.94m	50k	7.1	75	470
A503	タムラ	600 ： 60k	1：10	30	79	1.6m	36k	3.6	8.4k	30
ST-72	山　水	600 ： 1k	1：1.29	630	54	1.1m	22k	2.5	90	630
ST-12	山　水	1k ： 100k	1：10	25	46	0.27m	8.9k	0.45	1.4k	25
OY15-3.5k	ラックス	4 ： 3.5k	1：29.6	610	0.53	2.5μ	631	25m	230	610

〈リスト7-1〉 OY15-3.5kのシミュレーションのためのリスト

```
O15A
*       OY15-3.5  Transformer  Simulation
*
.AC   DEC   50   1   1MEG
*
VIN   1    0      AC      1
*
RS    1    2     RMOD     1
C1    2    0               610P
R1    2    3               0.53
RI    3    0               630
LP    3    0               25M
LS    4    0               21.9
K1    LP   LS              0.9999
R2    4    5               230
C2    5    0               610P
RL    5    0               1MEG
CL    5    0               50P
*
.MODEL RMOD RES()
.STEP RES RMOD(R) LIST 0.3 1 3 10 30
*
.PROBE V(5)
*
.END
```

$$2\text{次インダクタンス}\ L_S = L_P \times (\text{巻数比})^2$$

$$\fallingdotseq 25\,\mathrm{mH} \times 29.6^2 \fallingdotseq 21.9\,\mathrm{H}$$

$$\text{結合係数 K1} = \frac{1\text{次インダクタンス} - \text{漏れインダクタンス}}{1\text{次インダクタンス}}$$

$$\fallingdotseq \frac{25\,\mathrm{mH} - 2.5\,\mu\mathrm{H}}{25\,\mathrm{mH}} \fallingdotseq 0.9999$$

タムラ製作所の二つのトランスは1次-2次間に静電シールドが施され，金属ケースに封入されているので，外来磁束の影響を受けにくく，高*CMRR*になっています．

山水電気の二つのトランスには静電シールドがありませんが，他のトランスに比べると非常に安価なため手軽に使用できます．

ラックスのOY15-3.5k(これは出力トランスですが)は製造中止になっていますが，HiFi真空管アンプの出力トランスだったものです．形状が大きいのですが，1次-2次間を逆にして使用すると，巻き線抵抗が少なく昇圧比も大きいため，ノイズ・フィギュア改善のための入力トランスとしては最適なものとなります．

● 入力トランスのシミュレーション

トランスの各パラメータが求まると，次はシミュレーションと実測値との比較です．

SPICE でのトランスのモデリングは巻き線比を 1 次と 2 次のインダクタンス比で表し，漏れインダクタンスは結合係数で表します．

ラックスの OY15-3.5k のシミュレーションは**リスト 7-1** のようになります．L_Pが 1 次コイルの励磁インダクタンス，L_Sが 2 次コイルなので，1 次コイルのインダクタンスに巻き線比の 2 乗を掛けたものとなります．

結合係数は励磁インダクタンス L_Pと漏れインダクタンス L_ℓから，

$$結合係数 = \frac{L_P - L_\ell}{L_P}$$

となります．R_Lと C_Lは計測器の入力インピーダンスです．

信号源抵抗を，0.3 Ω/1 Ω/3 Ω/10 Ω/30 Ω と変化させてシミュレーションした結果が**図 7-15** で，実際に計測した結果が**図 7-16** です．

〈図 7-15〉
OY15-3.5k のシミュレーション結果(R_S:0.3，1，3，10，30 Ω，R_L:1 MΩ//50 pF)

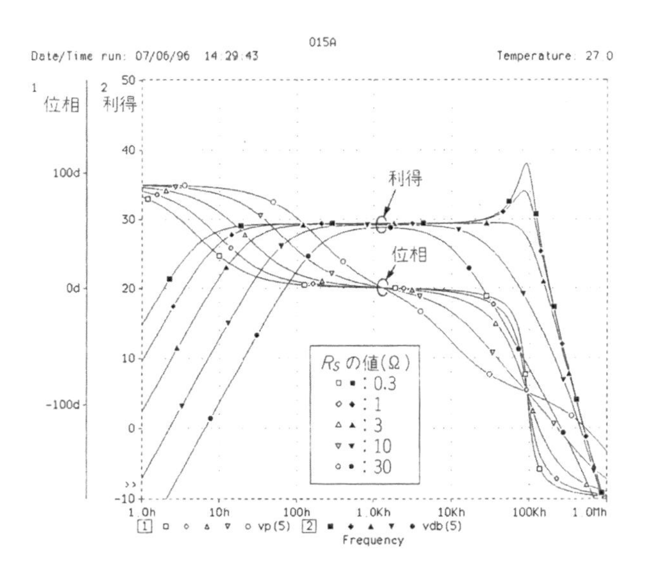

〈図 7-16〉　OY15-3.5k の特性実測値

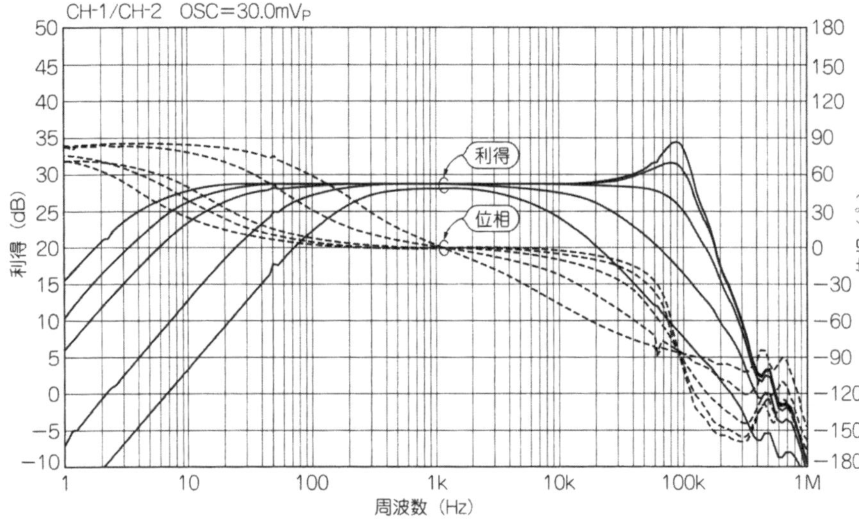

〈図 7-17〉
信号トランスの高域ピークの補正

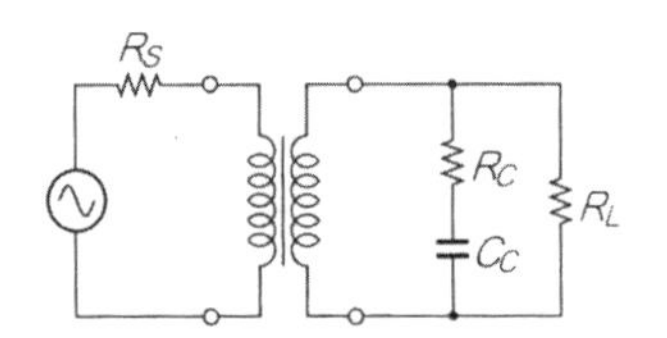

信号源抵抗が 0.3 Ωのときの高域のピークが若干異なっていますが，他はほとんど一致した結果となっており，実用には問題ない結果となっています．

● 高域ピークの補正

OY15-3.5k を 1 Ωの信号源に接続してノイズ・フィギュア改善のために使用すると，高域のピークが問題になります．

図 7-17 に示すように，2 次側に *CR* を付加し，高域での *Q* をダンプすれば，中域での昇圧比を犠牲せずに高域のピークを抑えることができます．このときの *CR* の値をシミュレーションで求めてみましょう．

はじめにトランス 2 次側に負荷抵抗を接続します．負荷抵抗値を 1 kΩ/3 kΩ/10 kΩ/30 kΩ/100 kΩと変化させてシミュレーションした結果が**図 7-18** です．3 kΩのとき高域の

〈図 7-18〉
OY15-3.5kの負荷抵抗を変化させてシミュレーション

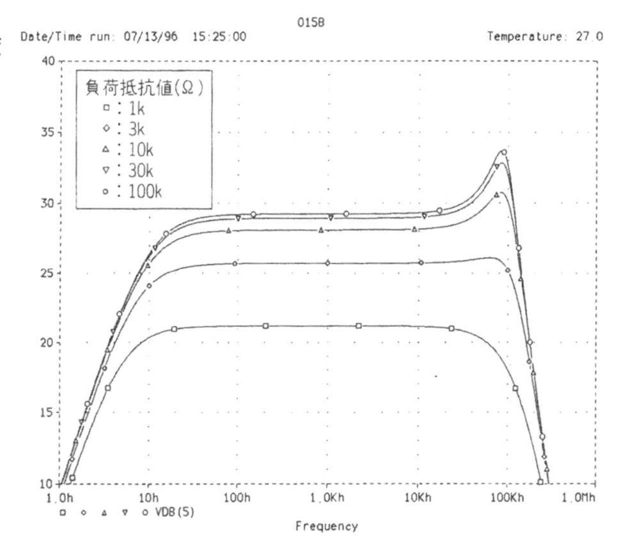

〈図 7-19〉
OY15-3.5kでR_C:3kΩとしC_Cを変化させてシミュレーション

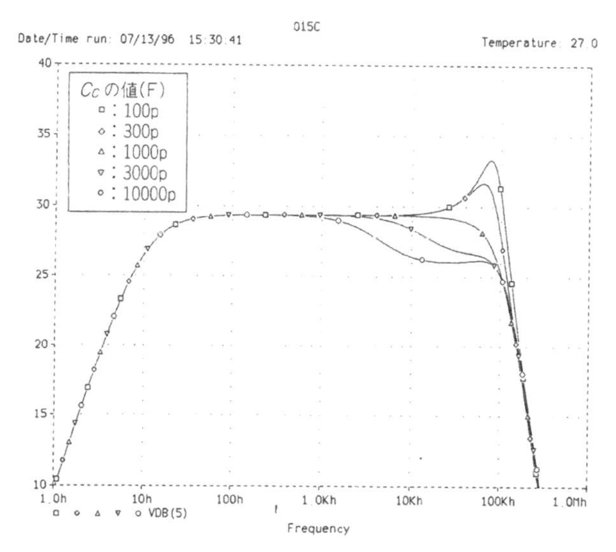

ピークがなくなっていますが，中域での利得が3.5 dB程低下しています．

次に3 kΩに直列にコンデンサを接続し，その値を100 pF/300 pF/1 nF/3 nF/10 nFと変化させてシミュレーションした結果が**図 7-19**です．1 nFの値のとき一番周波数特性がフラットになり，このときの中域での昇圧比は無負荷のときと同じ値です．

〈図 7-20〉 OY15-3.5k に R_C:3kΩ，C_C:1000 pF を付加したときの実測値

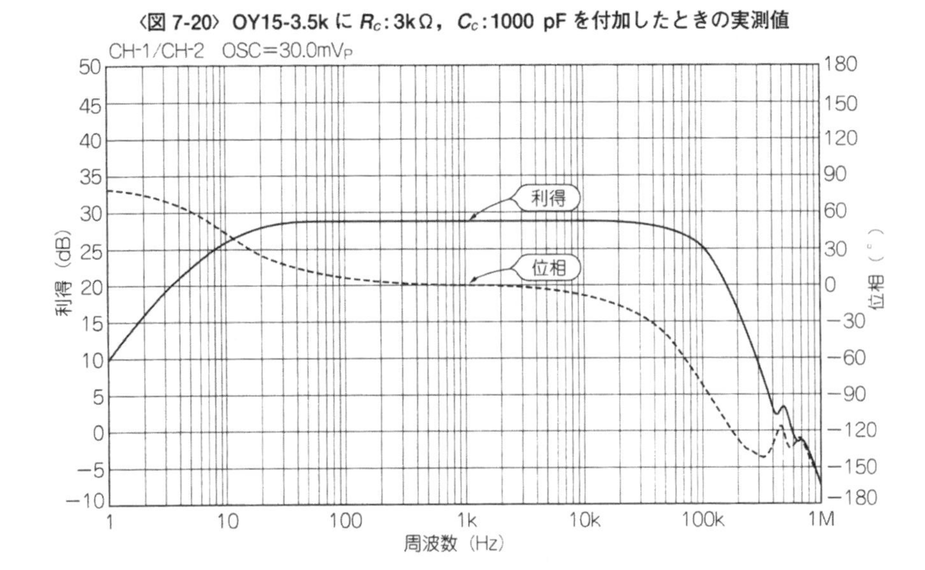

このシミュレーション結果を基に，実際に3kΩの抵抗と1nFのコンデンサを直列にし，負荷として実測したのが**図 7-20**です．シミレーションとほぼ同じ結果が得られ，トランスのモデリングが正しく，シミュレーションが十分実践に役立つことを示しています．

7.3　電源からの雑音をカットする

● 電源からの雑音混入はトランスの仕様書で決まる

最近は形状が小さく，軽く，効率の良いことからほとんどの機器の電源がスイッチング方式になってきています．しかし微小信号を扱う機器の電源には，商用電源からの雑音混入に強く，電源自体から発生する雑音の少ない，商用周波数の電源トランス＋**ドロッパ型**電源が多く使用されています．

電源トランスの基本性能は，何よりも安全のための耐電圧，そして絶縁抵抗，温度上昇，電圧変動率などが重要項目となりますが，ここでは微小信号処理にもっとも重要な雑音に関する事項のみ説明します．

電源トランスは要求される容量や電圧，巻き線回路数がさまざまなために，標準品になりにくく，また市販の電源トランスには静電シールドや電磁シールドの施されているものがほとんどありません．

したがって電源トランスを使用する場合は，設計者が自分で仕様書を作成して，電源トランスの専門メーカに製作依頼することになります．電源トランスの雑音特性はこのときの仕様書の内容によって決定してしまいます．

なお，ここでは触れませんが，一口に**スイッチング電源**といっても，方式はさまざまです．ノイズ発生の少ない方式も考えられています．スイッチング電源は一般に高調波は発生しやすいものですが，低調波が発生することはほとんどありません．したがって，スイッチング電源で使用している数十kHz～数百kHzの周波数よりも低い周波数の微小信号を扱う場合には，スイッチング電源を使用しても，設計しだいでは高 *S/N* が実現できます．

● 電源トランスの形状

電源トランスの価格と性能は形状によって大きく影響されます．現在入手可能な電源トランスの形状には**図 7-21** に示すものがあります．

図(a)はもっとも一般的なEIコアを使用した電源トランスです．EIコアはE形I形に打ち抜いた鉄心を交互に積み重ねて構成されています．

〈図 7-21〉 トランスの形状

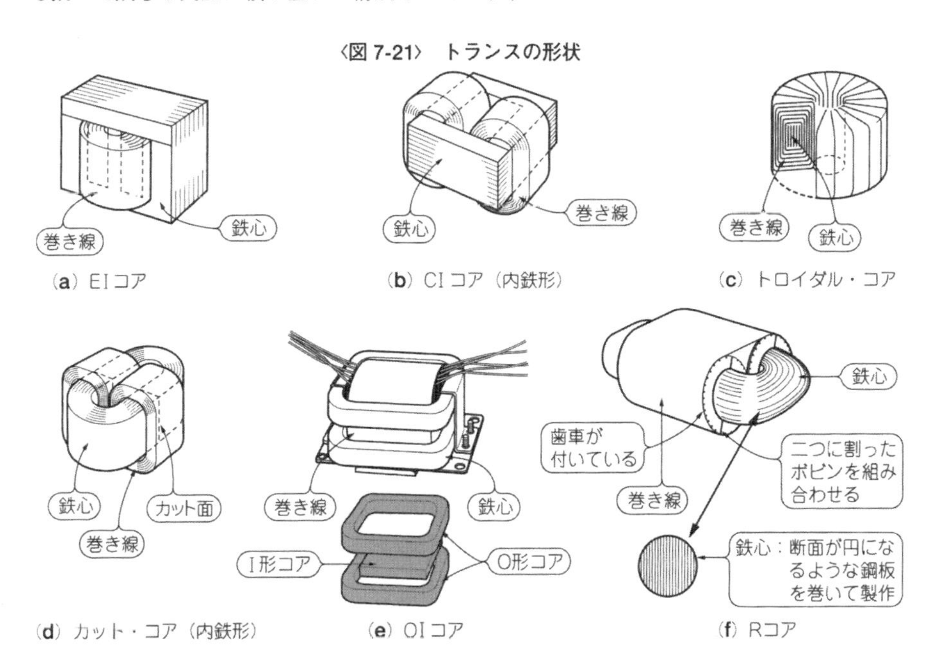

図(b)はCIコアを使用した電源トランスです．巻き線部分が二つに別れ，コアが内側に配置されているため内鉄形と呼ばれています．二つの巻き線部分にそれぞれ1次巻き線と2次巻き線が巻かれ，バランスした巻き数に構成します．したがって，**図7-22**のように発生する漏れ磁束の量が同じで，方向が逆になり，互いに磁束を打ち消すため，**図(a)**にくらべて漏れ磁束が少なくなります．また，この形式の入力トランスでは外部磁束による雑音電圧が二つの巻き線間で等しく，極性が逆なために打ち消しあって，外部磁束の影響を受けにくくなります．

図(c)は帯状のコアを巻いてドーナッツ状にし，その上に巻き線を行うトロイダル・トランスです．構造状もっとも漏れ磁束が少なく，外部磁界の影響も受けにくくなります．ただしトロイダル・トランスは巻き線が難しく，高価になりがちです．また構造上から静電シールドが難しいので，産業用機器にはあまり使用されていません．

図(d)はトロイダルと同様に帯状のコアを長円状に巻き，C形にカットしたコアを使用した**カットコア・トランス**です．この形はコイルをボビンに巻いた後，コアと組み合わせることができるので，製作が楽になります．また，二つのコイルで構成すると**図(b)**と同様に漏れ磁束を少なくすることができます．産業用として一番多く使用されているトランスです．

図(e)はO形とI形のコアを使用した**OIトランス**です．この形は高さの低いトランスを実現できることと組み立てが容易なことから,最近よく使われるようになってきました．

図(f)は，巻いた後の断面が円になるように特殊な形状のコアを長方形に巻いたRコアを使用したトランスです．コアの断面が円になっているので，半分に割った形状のボビンをコアに取り付け，組み合わせた後，ボビンの歯車でボビンを回転させ，巻き線を行うものです．コアをカットしない分，カット･コアよりも漏れ磁束が少なく，効率が上がります．

〈図7-22〉
漏れ磁束の発生する方向

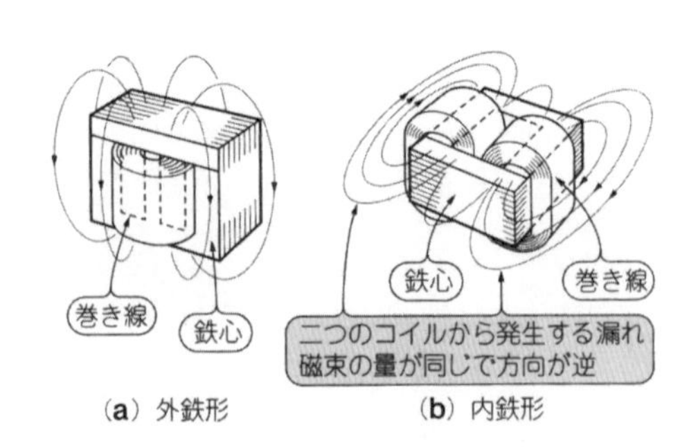

(a) 外鉄形　(b) 内鉄形

● コモン・モード雑音を阻止する静電シールド

電源トランスの役割で意外に見落としがちなのが，外来雑音防止の機能です．

電源トランスもトランスの一種ですから，当然1次-2次間の絶縁機能があり，コモン・モード雑音を阻止する働きがあります．この働きを効果的にするのが静電シールドです．

静電シールドは，**図7-23**に示すように商用電源から混入するコモン・モード雑音を2次側に伝達せず，1次側のグラウンドに戻す働きをします．したがって静電シールドの接続を誤ると，**図7-24**のように逆に信号源に雑音電流が流れ込みます．するとケーブルのインピーダンスでノーマル・モード雑音電圧に変換されてしまい，逆効果となってしまいます．

電源トランスの静電シールドは，回路を流れず，直接雑音源に戻るグラウンドを探して，そこに接続することが大切です．

静電シールドは1次-2次間の**浮遊容量**を断つために挿入するので，**図7-25**に示すように1次側の巻き線部分を囲むように挿入し，1次巻き線と2次巻き線の間に直接浮遊容量が生じることのないようにします．

完成したトランスでは，静電シールドの部分を見ることができません．静電シールドの

〈図7-23〉
電源トランスにおける静電シールドの働き

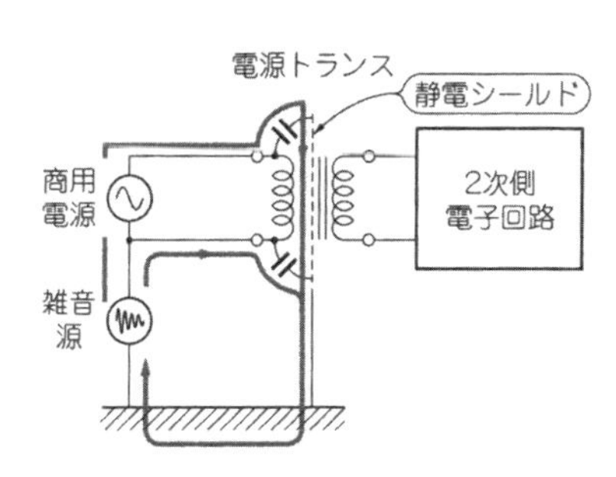

〈図7-24〉
静電シールドのグラウンド点を誤ると逆効果

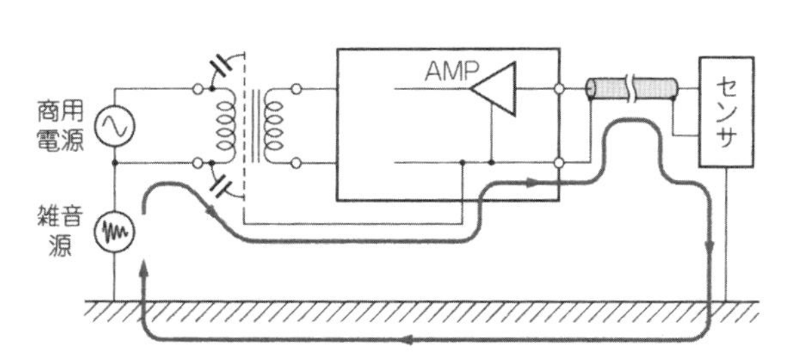

効果を見るには，**図 7-26** に示すように *LCR* メータを用いて容量を計測することによって，効果的な静電シールドが施されているか判断することができます．

一般の電源トランスでは，シールドを接続しない状態では 100 pF ～ 300 pF の容量を示しますが，シールドを接続すると 1 pF 程度まで容量が激減します．この容量が小さくなるほど良好な静電シールドで，容量が 1 割程度にしか減らない場合は，シールドの挿入方法を再検討する必要があります．

なお，完全に静電シールドされた電源トランスを使用しても，**図 7-27** のように 1 次側と 2 次側の配線が接近していては効果が半減します．とくに電源スイッチまでの配線が 2 次側と接近しやすいので注意します．

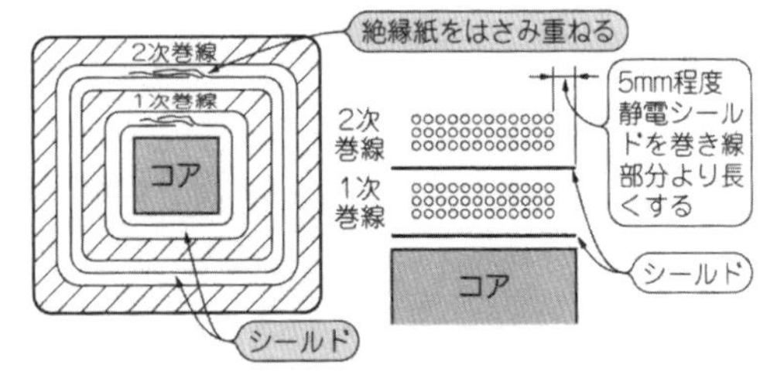

〈図 7-25〉
電源トランスの静電シールド

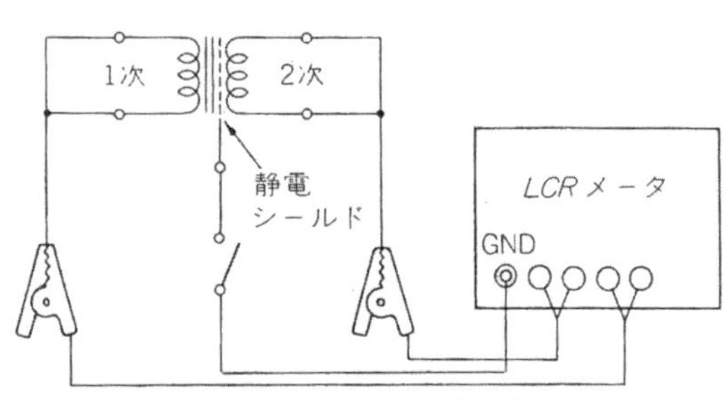

〈図 7-26〉
電源トランスの 1 次-2 次間容量を計測する

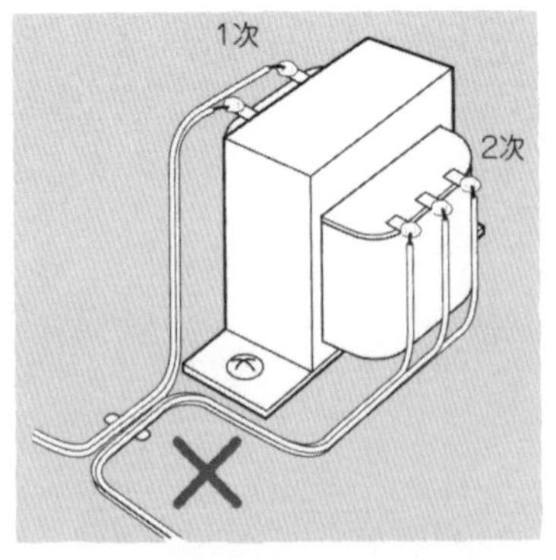

〈図 7-27〉
1 次側の配線と 2 次側の配線は離す

静電シールドはコモン・モード雑音のみに効果があり，ノーマル・モード雑音にはまったく効果がありません．

ノーマル・モード雑音に対しては，**図 7-28** のように，数 μF のコンデンサを付加すると，トランスの漏れインダクタンスと 3 次の π 型 LC フィルタを形成し，ノーマル・モード雑音を減衰させることができます．ただし，この方法で効果があるのは 10 kHz ～ 1 MHz 程度の帯域です．

また負荷が軽い場合は，トランスの高域等価回路(**図 7-5**)で説明したように，漏れインダクタンスと挿入したコンデンサで，しゃ断周波数付近でピークをもつ危険があります．コンデンサは負荷やトランスの漏れインダクタンスを考慮して値を決定し，高周波特性の良いものを選ぶことが大切です．

● 漏れ磁束を抑えるには電磁シールド

トランスは磁束を使用したアイソレーション・デバイスです．そのため大小はあります

〈図 7-28〉 電源トランスでノーマル・モード雑音をしゃ断する

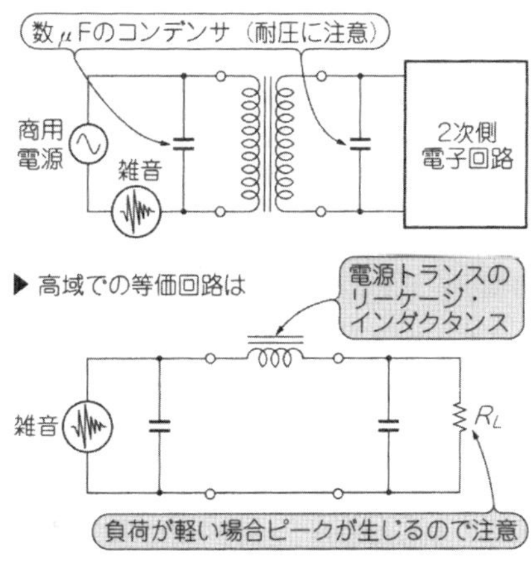

〈図 7-29〉 トランスの磁気シールド

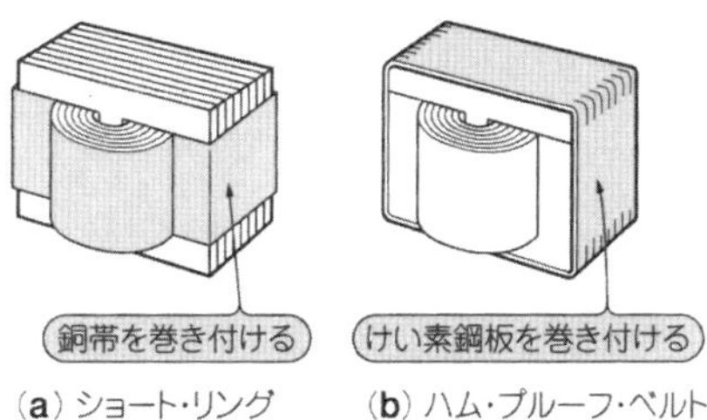

(a) ショート・リング　(b) ハム・プルーフ・ベルト

が必ず漏れ磁束が発生します．その漏れ磁束が信号回路のループをよぎると雑音電圧(ハム)となって，回路に混入してしまうことになります．

交流磁束に対してシールドを施すには，

① 高透磁率の合金であるパーマロイやけい素鋼鈑，またはフェライトなどで覆う

② 磁束がよぎる際に生じる渦電流で磁束を弱める

③ 銅のような良電導体で覆う

などの方法があります．このため高級な入力トランスでは，銅とパーマロイをプレス加工した多重シールド・ケースが使用されています．ただし，これらの電磁シールドは高価なため電源トランスにはあまり現実的とはいえません．

電源トランスの磁気シールドとしてよく用いられているのが**図7-29**に示すショート・リングとハム・プルーフ・ベルトと呼ばれるものです．

ショート・リングは図(a)に示すように，トランスの外側に発生する磁束と直角に(巻き線と同方向に)銅帯を巻き，銅帯中に生じたうず電流により漏れ磁束と位相が180°異なる磁束を発生させ，打ち消すものです．銅帯は厚いほど効果があります．

図(b)のようにコアの外側に，磁束をさえぎるようにけい素鋼鈑を巻き，磁気シールドを行うものを**ハム・プルーフ・ベルト**と呼んでいます．巻き幅が広くて巻き数が多いほど効果的になります．

電源トランスに使用する二つの磁気シールドの方法を説明しましたが，漏れ磁束はトランスの構造による影響が大きく，トランスの漏れ磁束が問題になる場合は，トロイダルか内鉄形のトランスが有利になります．

電源トランスで磁気シールドを完全にするにはコスト高になります．実際には微小信号部分はトランスからもっとも遠くし，トランスの取り付け方向を漏れ磁束の影響が一番少ない位置にして，微小信号部分の面積をできる限り小さくすることが大切です．

Appendix
電源雑音を積極対策したノイズ・フィルタ・トランス

● ノイズ・フィルタ・トランスとは

商用電源から混入するノイズに対して，システム全体への雑音混入をしゃ断するために用いられるトランスにノイズ・フィルタ・トランス(NFT)と呼ばれるものがあります(**写真7-1**).

ノイズ・フィルタ・トランスも原理は絶縁トランスと同じものですが，下記の点がより徹底され，コモン・モードだけでなくノーマル・モード雑音に対してもフィルタ効果を発揮するようになっています(**図7-30**).

① 1次側，2次側の巻き線を独立した静電シールドで覆い，コモン・モードのしゃ断特性をより完璧にしている．
② 適度に漏れインダクタンスをもたせ，高域の周波数特性を減衰させることにより，ノーマル・モード雑音も減衰させている．
③ 高周波で損失が大きくなるコア材を使用し，ノーマル・モードの高周波ノイズを熱に変換し，減衰させる．

最近は電子機器の電源から発生する伝導ノイズや，電子機器から発生する放射ノイズの規制が厳しくなり，装置の雑音特性を計測する必要が増加しています．こうした雑音特性

〈写真7-1〉
ノイズ・フィルタ・トランスの一例

を測定するには，シールド・ルームや電波暗室が必要になりますが，電源からの雑音混入がまず第一に問題になるため，ノイズ・フィルタ・トランスが使用される機会が多くなっています．

なお，ノイズ・フィルタ・トランスには電源電圧を安定にする機能はありませんから，ノイズ・フィルタ・トランスの出力に**交流安定化電源**を接続し，より完璧な電源環境を実現し，計測している例も多くなっています．

〈図 7-30〉
ノイズ・フィルタ・トランスの効果（NT-500）

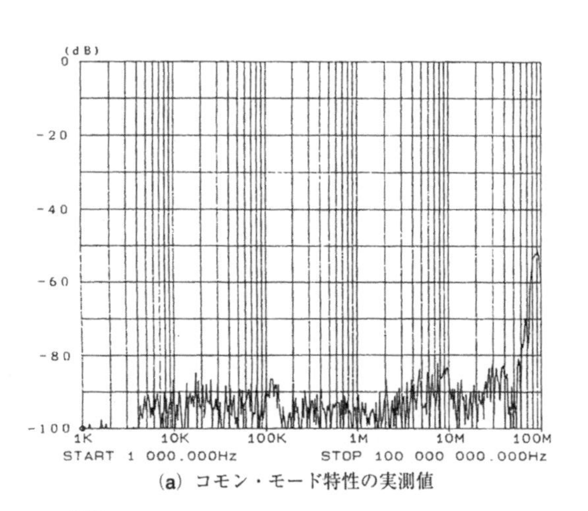

(a) コモン・モード特性の実測値

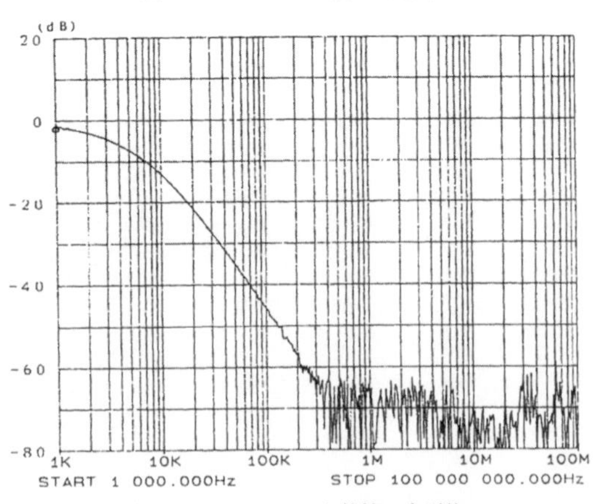

(b) ノーマル・モード特性の実測値

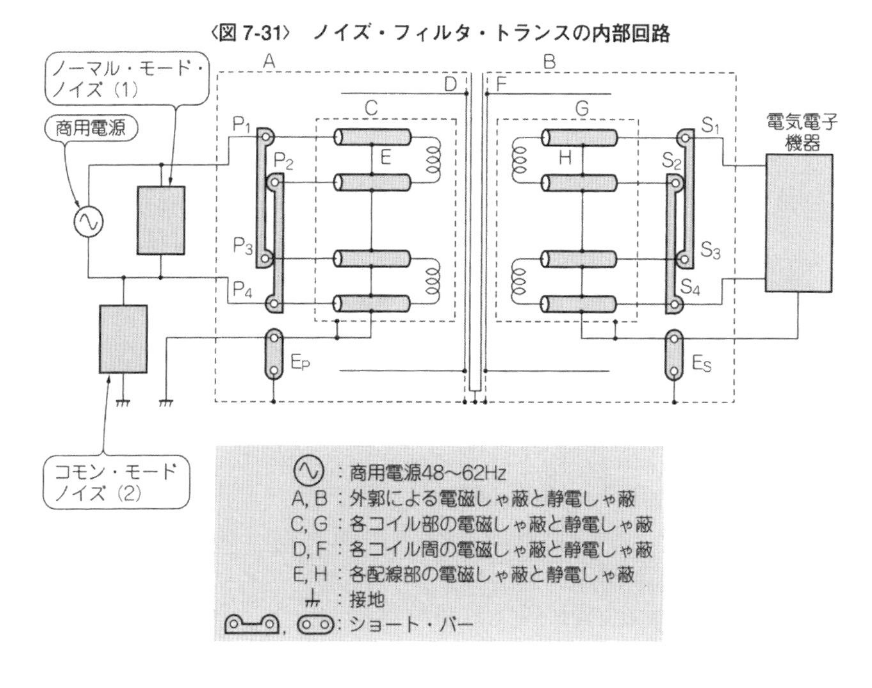

〈図7-31〉 ノイズ・フィルタ・トランスの内部回路

● ノイズ・フィルタ・トランスの使い方

図7-31がノイズ・フィルタの内部回路です．1次と2次の静電シールドが独立になっています．そのため**図7-23**や**図7-24**で説明したように，コモン・モード雑音が1次側の静電シールドから直接雑音源に戻るようなグラウンド点を探して接続します．

2次側静電シールドは，負荷と1点で接続します．2次側静電シールドに雑音電流が流れないように接続点を探します．

実際には**図7-32**のように，設置してから装置を稼働させ，もっとも雑音の影響が少なくなる接続方法としますが，その際に雑音源と雑音電流の経路を明確に認識しておくことが肝心です．

ノイズ・フィルタ・トランスは対称構造なので，雑音源となる装置に取り付けると商用電源に雑音を放出して，他の装置に誤動作を与えるといった危険を避けることができます．とくに**インパルス・ノイズ試験**などは，被試験機器だけでなく，同じ商用電源に接続された機器すべてに雑音を混入させます．インパルス・ノイズ試験システムでは商用電源をノイズ・フィルタ・トランスから供給して，ほかの機器の商用電源から分離するような注意が必要です．

〈図 7-32〉
ノイズ・フィルタ・トランスの取り付け方法

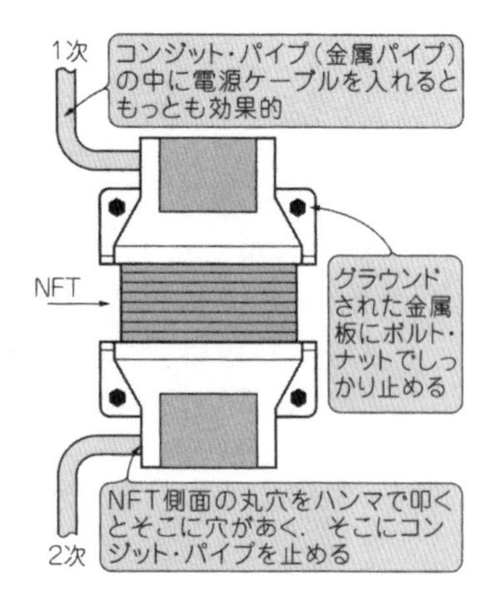

● ノイズ・フィルタ・トランス使用上の注意

ノイズ・フィルタ・トランスを使用すると電源の問題がすべて解決するというわけではありません．下記の注意も必要です．

① ノーマル・モード雑音を減衰させるために，一般の電源トランスよりも漏れインダクタンスが大きい．また，レギュレーションを考慮して2次側が昇圧ぎみなので，1次/2次の方向を正しく結線し，適切な容量のものを使用する．

② 1kHz 以下の周波数成分についてはフィルタ効果がない．逆に負荷が非線形の場合にはひずみが発生することがある．1kHz 以下の低い周波数成分のひずみでは装置が誤動作する危険は少ないが，商用電源の波形ひずみが問題になる場合には交流安定化電源を併用する．

③ 極端に負荷が軽い場合，漏れインダクタンスによりしゃ断周波数付近でピークをもつことがある(トランスの高域等価回路の項で説明した)．そのような場合には電球を接続するなどして負荷を調整する．

第8章

スイッチング雑音によく効くフィルタ
コモン・モード・チョークと雑音対策

8.1 復習…電子機器への外来雑音

● 外来雑音にはノーマル・モードとコモン・モードがある

最近は高速ディジタル回路やスイッチング電源など，高周波の輻射ノイズを発生する機器が多用されています．そのためノイズ対策は従来以上に重要な仕事となってきました．ここでは *LC* フィルタとトランスの中間的存在であり，最近とくに多く使われるようになってきたコモン・モード・チョークのために章を設けることにしました．

雑音には OP アンプなどの半導体や抵抗から発生する原理的な雑音(真性雑音とも呼ばれる)と，モータや蛍光灯，スイッチング電源などから発生する人工的な外来雑音があります．ここでは後者の外来雑音の対策について説明します．

外来雑音対策の第一歩は，雑音源の特定とその混入経路をつきとめることです．雑音源と混入経路がすべて判明してしまえば，雑音対策は 90 %成功したようなものです．しかし雑音の混入経路は一つだけとは限らず，複数の経路があります．雑音の経路を一つ一つ突きとめながら雑音対策を施し，目標の雑音レベル以内になるまで繰り返すことになります．

外来雑音の混入には二つの経路があります．ノーマル・モードとコモン・モードです．はじめに外来雑音の基本であるこの二つについてしっかり理解しましょう．

● ノーマル・モード雑音とその対策

第7章の入力トランスの項でも触れましたが，外来雑音の混入には二つのモードがあります．

一つは**図8-1**に示すように，雑音によって発生した磁束が信号線をよぎり，**フレミングの法則**で信号線に起電力を生じて電磁結合で雑音が混入したり，信号線間の浮遊容量で静電結合し雑音が混入する場合です．これを等価回路で表すと**図8-1**(**b**)のようになります．信号に直列に雑音が加算されることになります．これをノーマル・モード雑音といいます．

信号と加算されてしまった雑音を除くのは非常にやっかいなことになります．

電磁結合の雑音に対しては，信号線を撚って雑音対策とします(**図8-2**)．信号線を撚ると雑音の磁束がよぎる面積が減るため，それに比例して雑音量も減少します．さらに信号線を撚ることにより，それぞれのループで電磁結合により発生した雑音の極性が反対になるため，雑音電圧が打ち消されます．

もちろんフェライトやパーマロイで囲んで電磁シールドを施すという手段もありますが，多大なコストが必要となります．

静電結合の雑音に対しては，シールド線などで信号部分を覆い，静電結合する箇所をグラウンド電位の部分だけにして，雑音が信号に混入するのを防ぎます(**図8-3**)．

● コモン・モード雑音は共通グラウンドで発生

信号経路は**図8-1**に示すものだけに思いがちですが，じつはもう1本，**図8-4**(**a**)に示す**共通グラウンド**という厄介な経路が存在します．等価回路で描くと**図8-4**(**b**)のようになります．

共通グラウンドはアース(大地)だけではなく，シャーシであったり，機器を組み込むためのラックであったり，さまざまな導電体が共通グラウンド(信号線2本の他のもう1本

〈図8-1〉　ノーマル・モード雑音の混入と等価回路

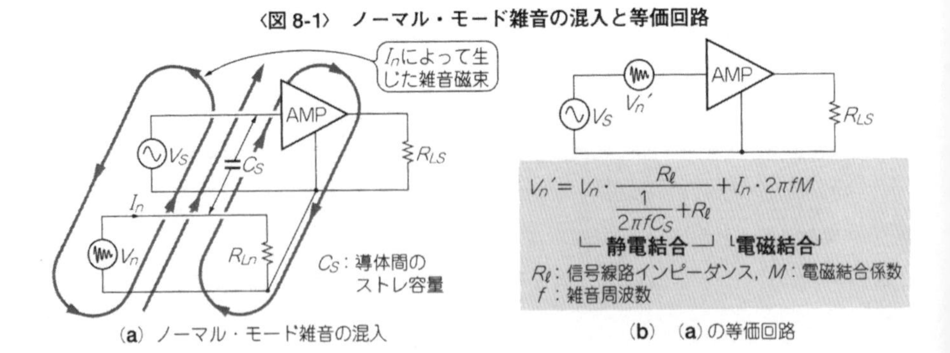

(**a**) ノーマル・モード雑音の混入　　(**b**) (**a**)の等価回路

〈図 8-2〉 電磁結合への対策

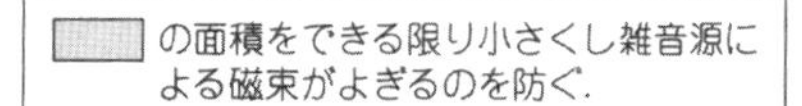

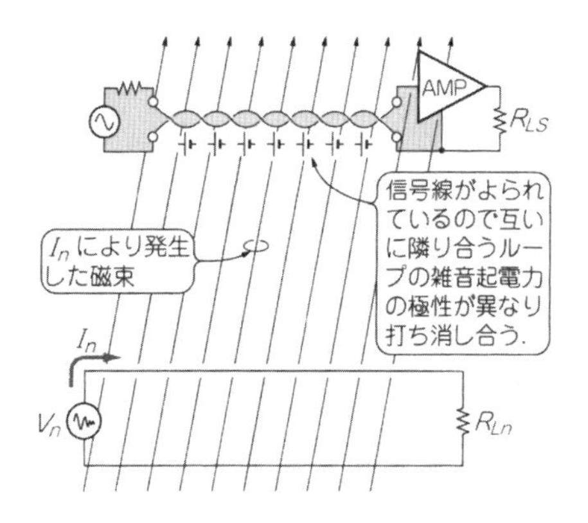

〈図 8-3〉 静電結合への対策

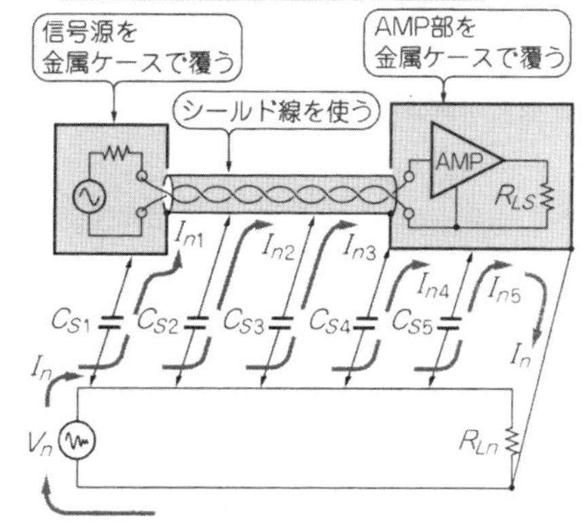

の信号経路)になります．しかも，共通グラウンドはすべてが同電位ではなく，雑音電流と共通グラウンドのインピーダンスによって雑音電位が発生し，共通グラウンドの位置によって電位(雑音電圧)が異なります．

そして装置のグラウンドの2点以上が異なった電位の共通グラウンドに接続されると，この電位(雑音)が回路内のグラウンドに雑音電流を流し込むことになります．これがコモン・モード雑音による電流です．

つまり**図 8-2(b)**の等価回路に示すように，コモン・モード雑音は信号線2本の他のも

〈図 8-4〉 コモン・モード雑音の混入方法と等価回路

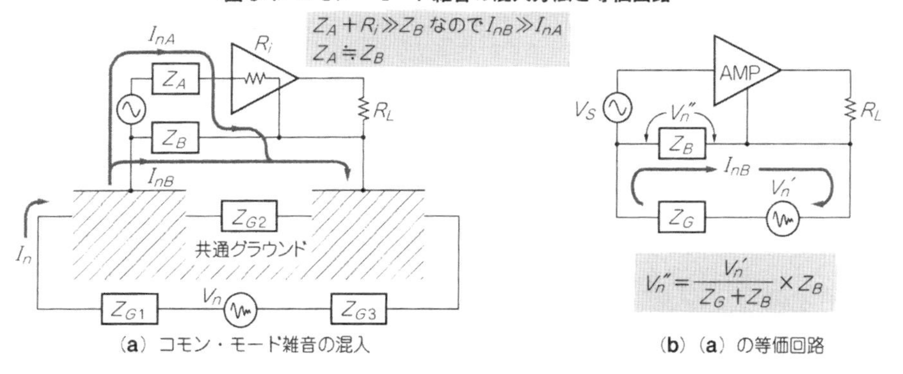

(**a**) コモン・モード雑音の混入　　(**b**) (**a**) の等価回路

う1本の経路(共通グラウンド)を通じて信号線のグラウンド側に雑音電流が流れ，ケーブルのインピーダンスによって雑音電圧が発生し，ノーマル・モード雑音に変換され，信号に混入するものです．

● 自分の装置内で発生するコモン・モード雑音

コモン・モード雑音は一般的には，外部とのグラウンド間に雑音電位が存在するとして説明されるのですが，現実は自分の装置内で発生することのほうが多いのです．

図8-5に示すように，信号を増幅するアンプ内で発生することはまずないのですが，後続するA-DコンバータやCPU回路，スイッチング電源などによって，自分の回路内のグラウンド間に雑音電圧が発生します．そして入力部分と電源部分など2点が共通グラウンドに接続されると，信号線のグラウンドに雑音電流が流れ，信号線のインピーダンスによって雑音電圧となり，信号に混入してしまうのです．

これは信号源から共通グラウンドに接続している点を切断すれば簡単に解決できるはずですが，信号ケーブルが長くて，浮遊容量で結合される場合や，信号源となる装置が商用電源につながれていたりするので，現実には共通グラウンドから高インピーダンスで浮かすことが難しくなります．

共通グラウンドからの雑音電流をしゃ断する方法として，**入力トランス**を使用することは第7章で説明しましたが，ここで紹介するコモン・モード・チョークも同様な働きをすることになります．

8.2　コモン・モード・チョークを活用しよう

● コモン・モード・チョークの働き

図8-6がコモン・モード・チョークの動作を示したものです．V_Sが信号成分で，信号

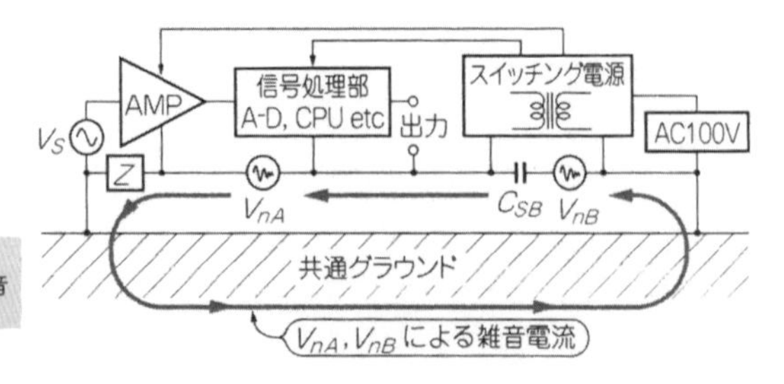

〈図8-5〉装置内で発生した雑音がコモン・モード雑音となる

V_{nA}：信号処理部で発生した雑音
V_{nB}：スイッチング電源で発生した雑音
C_{SB}：スイッチング電源のストレ容量

〈図 8-6〉
コモン・モード・チョークの動作

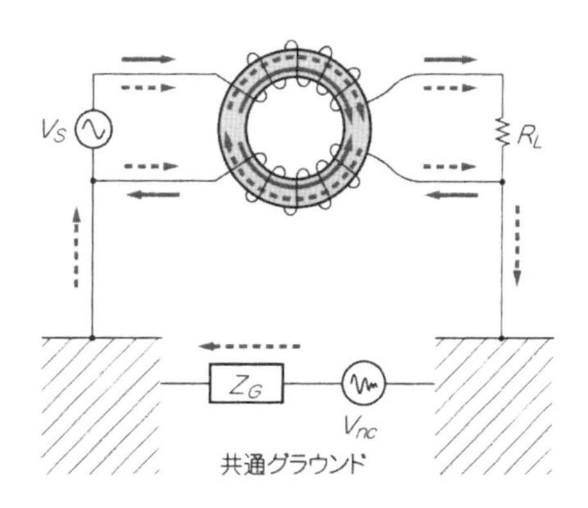

電流を実線で示しています．実線の信号の流れ方がノーマル・モードです．

図 8-6 においてノーマル・モード電流がコモン・モード・チョークの二つの巻き線に流れると，コアに生じる実線の磁束は同じ大きさで，互いに打ち消す方向に発生することがわかります．したがって，ノーマル・モード電流による**磁束**は発生しません．

ノーマル・モード電流に対しては磁束が発生しないということは，インダクタンスも生じないということです．したがってコモン・モード・チョークは，ノーマル・モード信号に対してインピーダンスを発生せず，信号は減衰することなく R_L に加えられます．

同じく**図 8-6** において，V_{nc} はコモン・モード雑音です．コモン・モード雑音による電流は点線で表していますが，コモン・モード雑音がコモン・モード・チョークの二つの巻き線に流れると，コアに生じる点線の磁束は同じ方向に発生しますから，インダクタンスが生じます．つまり，コモン・モード・チョークはコモン・モード雑音電流に対してインピーダンスを発生し，雑音電流を減少させることになります．

インピーダンスは ωL なので，雑音周波数が高くなるほどコモン・モードのインピーダンスは上昇し，減衰量が多くなるという訳です．

● コモン・モード・チョークの等価回路は

このようにコモン・モード・チョークの基本動作は，ノーマル・モード信号には影響を与えず，コモン・モードの雑音電流だけを減少させる**ローパス・フィルタ**として動作します．

しかし，コモン・モード・チョークでノーマル・モードのインダクタンスがまったく生じないということではありません．実際は片側のコイルで発生した磁束が，もう片側のコイルに結合しない磁束がわずかながら存在します．これが**漏れインダクタンス**(Leakage

Inductance)となります．

漏れインダクタンスはコモン・モード・チョークの形状や巻き線の方法により値が異なりますが，一般にコモン・モードのインダクタンスに対して0.1％～1％程度の値となっています．

また巻き線間には**浮遊容量**があり，コイルには抵抗もわずかながら存在します．これらを含めてコモン・モード・チョークの等価回路を表すと**図8-7**のようになります．

したがって実際のコモン・モード・チョークのインピーダンス-周波数特性は**図8-8**のようになり，浮遊容量による自己共振周波数より高い周波数ではインピーダンスが下がっていき，コモン・モード・チョークの効果が減少します．

このような特性をもつコモン・モード・チョークなので，除去したい雑音の周波数に応じてインダクタンスを選ぶことになります．除去したい雑音周波数が広範囲に及ぶときは，インダクタンスの異なったコモン・モード・チョークを直列接続すると効果的です．

● コモン・モード・チョークを巻いてみると

写真8-1は，T-20-5-10(H5A)のトロイダル・コアを使用して製作したコモン・モード・チョークです．巻き方を変えて4種類製作してあります．T-20-5-10(H5A)のコアの *AL-Value* は第6章，**表6-8**(p.172)より2350 nH/N^2です．

4個のコイルはすべて16回ずつ巻いてあるので，コモン・モード・インダクタンスの設計値は，

$$2350\ \mathrm{nH}/N^2 \times 16^2 = 600\ \mu\mathrm{H}$$

〈図8-7〉 コモン・モード・チョークの等価回路

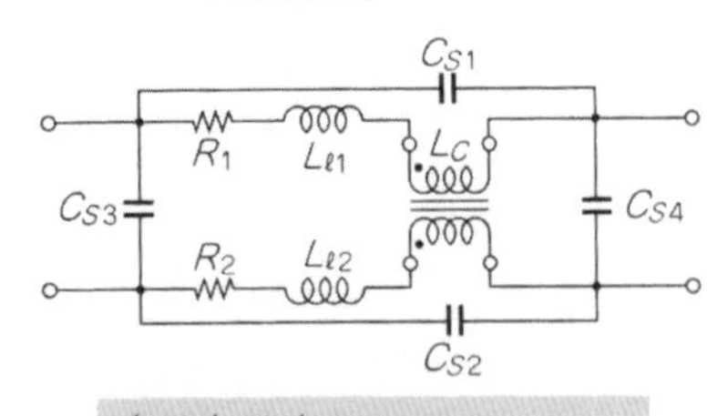

$L_C \gg L_{\ell1} \fallingdotseq L_{\ell2}$
$L_{\ell1}$，$L_{\ell2}$：漏れインダクタンス
R_1，R_2：巻き線抵抗
C_{S1}，C_{S2}，C_{S3}，C_{S4}：浮遊容量

〈図8-8〉 実際のコモン・モード・チョークのインピーダンス特性

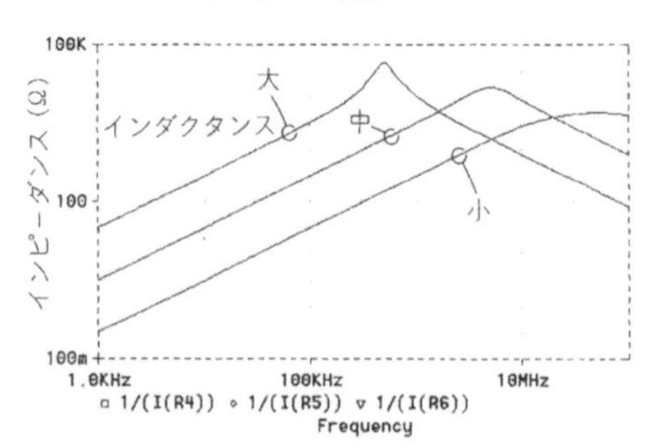

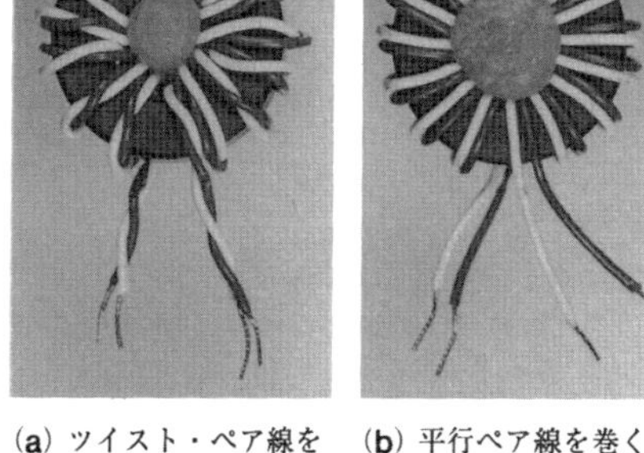

(a) ツイスト・ペア線を巻く

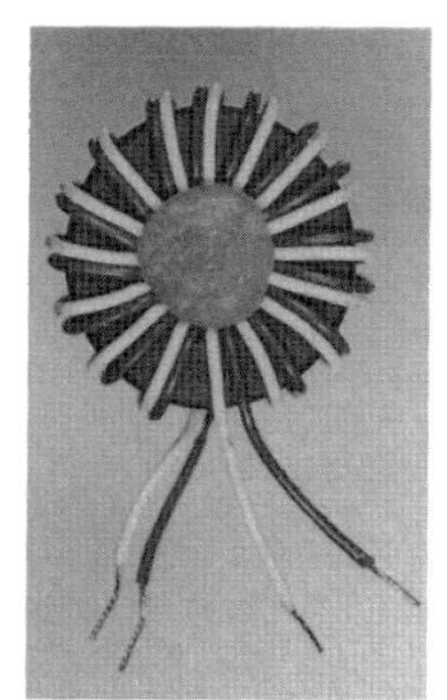

(b) 平行ペア線を巻く

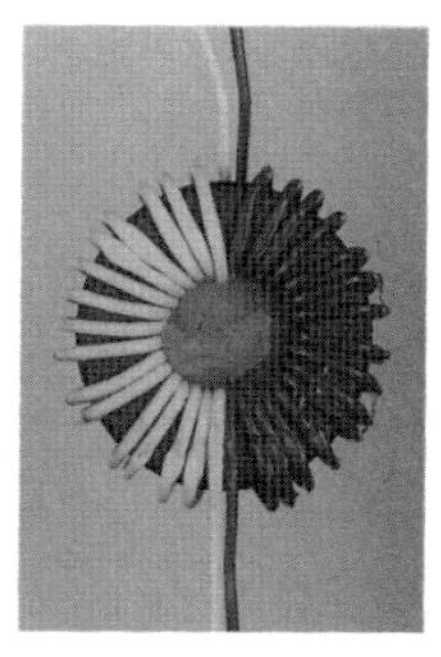

(c) 左右に分けて巻く

(d) 左右に分けてコアの 1/4 部分に巻く

〈写真 8-1〉製作したコモン・モード・チョーク

となります.

(**a**)は 2 本の線を撚ってツイスト・ペア線を作り,(**b**)は 2 本の線を平行にしてそれぞれ 16 回均一に巻きました.(**c**)は巻き線を左右に分けて,それぞれ均一に 16 回ずつ巻きました.(**d**)は左右に分け,さらにコアの 1/4 の部分にかためて 16 回ずつ巻きました.

巻き線の構造から考えると,(**a**)から順に(**d**)になるほど漏れ磁束が多く,漏れインダクタンスが大きくなりそうです.

図 8-9 がコモン・モード・チョークの特性を計測するための回路です.**図**(**a**)がコモン・モード特性の計測回路ですが,結果は 4 個のコイルともほぼ同じでした.特性を**図 8-10** に示します.－3 dB 減衰するしゃ断周波数 f_C = 32.22 kHz からのインダクタンスは,

$$L = (R_S + R_L)/(2\pi f) = 741\ \mu\mathrm{H}$$

となります.設計値とは値が若干異なりますが,トロイダル・コアの *AL*-Value によるバラツキと思われます.

図 8-9(**b**)がノーマル・モード特性を計測するための回路です.漏れインダクタンスの値も同様に－3 dB 減衰するしゃ断周波数から求められます.結果は**図 8-11** の通りです.

〈図 8-9〉チョーク・コイルの特性計測

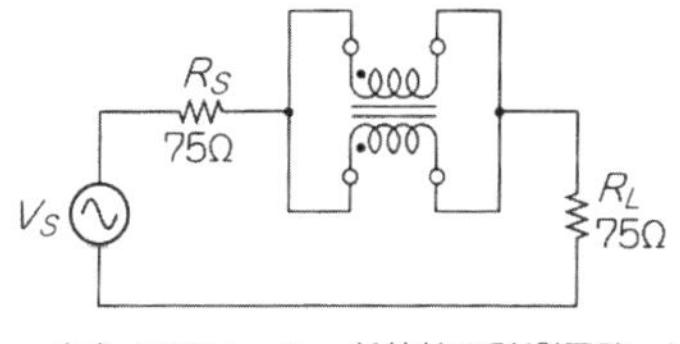

(**a**) コモン・モード特性の計測回路

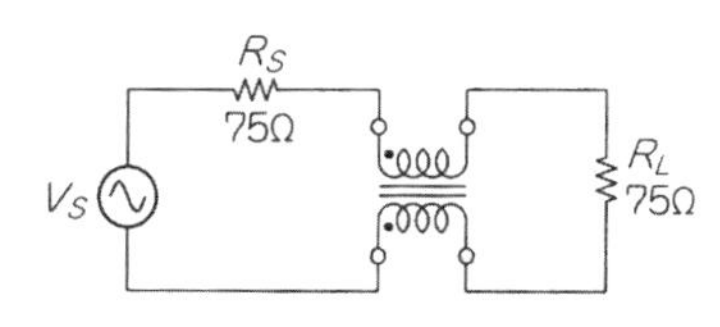

(**b**) ノーマル・モード特性の計測回路

〈図 8-10〉　図 8-9(a)の回路で写真 8-1 の四つのコイルを計測した結果

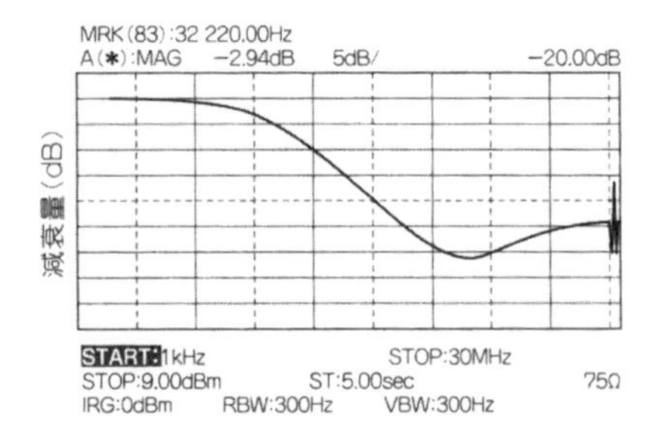

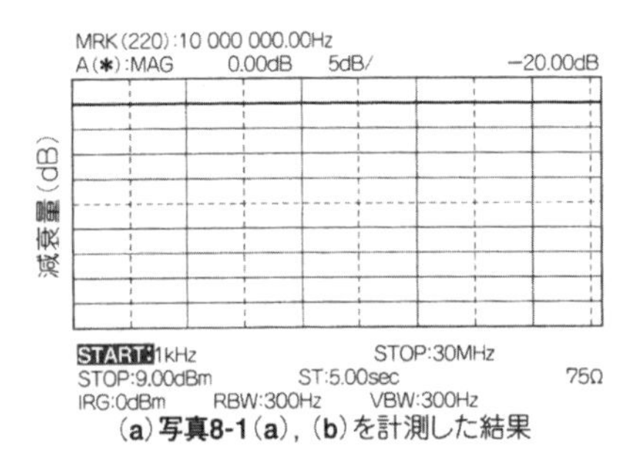

(a) 写真8-1(a), (b)を計測した結果

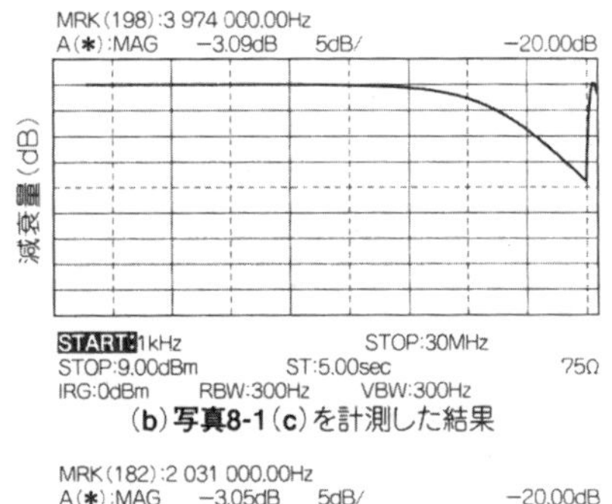

(b) 写真8-1(c)を計測した結果

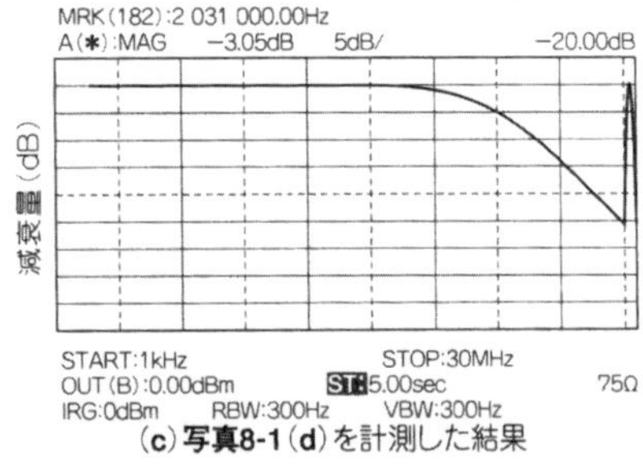

(c) 写真8-1(d)を計測した結果

〈図 8-11〉
図 8-9(b)の回路で写真 8-1 の四つのコイルを計測した結果

(a)と(b)は 30 MHz までフラットでしゃ断周波数がわかりませんが，100 MHz，− 3 dB とすると 0.24 μH ですから，実際はこれ以下の値になっていると思われます．

(c)では − 3 dB が 3.974 MHz から約 6 μH，(d)では 2.031 MHz から約 12 μH となります．

以上のように，同じインダクタンスのコモン・モード・チョークでも巻き方によって漏れインダクタンスが異なり，ノーマル・モードでの周波数特性は大きく異なったものとなります．

● 漏れインダクタンスの小さいチョークを選ぶ

図8-4や**図8-5**でコモン・モードの雑音混入を説明しましたが，実際の回路では**図8-12**のようにコモン・モード・チョークを挿入します．こうするとノーマル・モードである信号電流には影響を与えず，コモン・モードのインピーダンスを大きくして共通グラウンドに流れ込むコモン・モード電流を減少させることができます．

もちろん**図8-12**にあるように，入出力双方に挿入しなくてはならないということではありません．少ない数で効果的にコモン・モード電流が減少する箇所を探し，目標の雑音レベル以下になるように対処します．

コモン・モード・チョークはコモン・モード・インピーダンスを高くしてコモン・モード電流を減少させるだけで，完全にコモン・モード電流をしゃ断する訳ではありません．

図8-7の等価回路で説明したように，コモン・モード・チョークには漏れインダクタンスがあります．このためコモン・モード電流の値にわずかな差があると，ノーマル・モード雑音に変化して，信号に混入することになります．

信号ラインに使用するコモン・モード・チョークはできるだけ漏れインダクタンスの少ないものを選びます．

なお，**図8-12**の入力側 T_1 は漏れインダクタンスの影響を受けやすいので，場合によってはコモン・モード・チョークを挿入すると逆効果の場合もあります．さらにコモン・

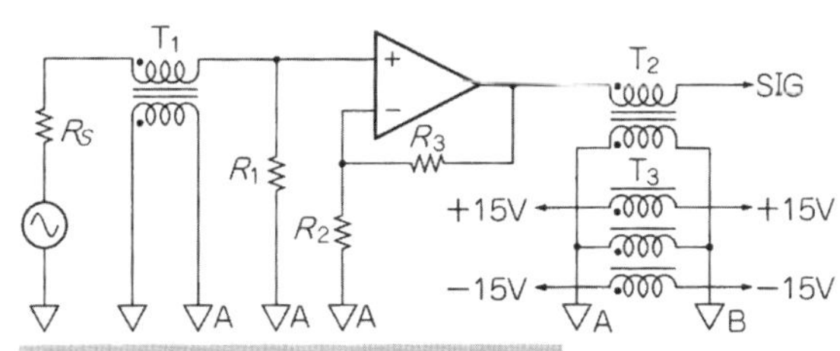

〈図8-12〉 図8-3のコモン・モード雑音の対策

〈写真8-2〉 信号用コモン・モード・チョーク

モード・チョークが**磁気センサ**となって雑音の混入を招くことも考えられます．このような場合には，差動アンプやアイソレーション・アンプを使用するとコモン・モード雑音が除去できることが多くなります．

写真8-2に市販の信号用コモン・モード・チョークの例を示します．

8.3 電源用にはライン・フィルタ

● ライン・フィルタの動作

さきの**図8-6**から同じ原理で，電源入力ラインにもコモン・モード・チョークを挿入すれば，コモン・モード雑音電流が減小することは容易に想像できます．電源入力部に使用されるコモン・モード・チョークがライン・フィルタと呼ばれるものです．

ライン・フィルタの場合は，コモン・モード雑音電流を小さくするだけではなく，商用電源に含まれるノーマル・モード雑音についても抑制効果のあるものが望まれます．

信号周波数成分を忠実に伝送しなくてはならない信号用コモン・モード・チョークでは，漏れインダクタンスができるだけ小さいことが望まれたのですが，ライン・フィルタでは漏れインダクタンスでノーマル・モードの雑音が除去できるので，逆に漏れインダクタンスは適度にあったほうが好都合となります．

また，ライン・フィルタの二つのコイルには電源電圧が加わることから，絶縁特性も重要です．このようなことからライン・フィルタには，**図8-13**に示す形状のものが，漏れインダクタンスと絶縁耐圧の点から好都合となり多用されています．

したがって**図8-14**の内部構造をもつライン・フィルタは，等価回路では**図8-15**のようになりノーマル・モード雑音 V_n に対しては，$L_{\ell 1}$，$L_{\ell 2}$ と C_1 で2次の LC LPFを形成し，コモン・モード雑音については，L と C_2，C_3 で2次の LC LPFを形成しています．いず

〈図8-13〉
ライン・フィルタに使用されるコモン・モード・チョークの形状

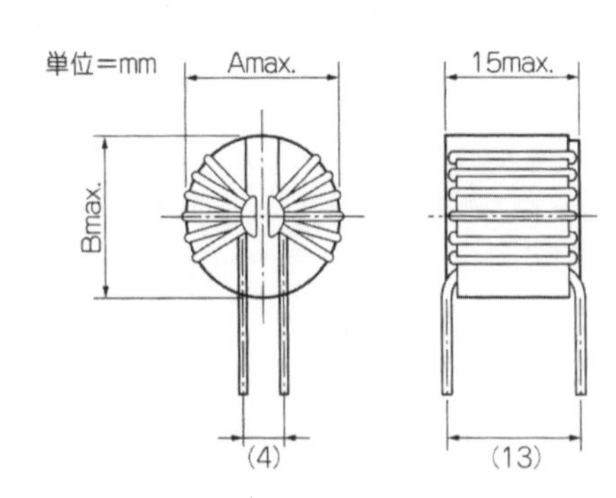

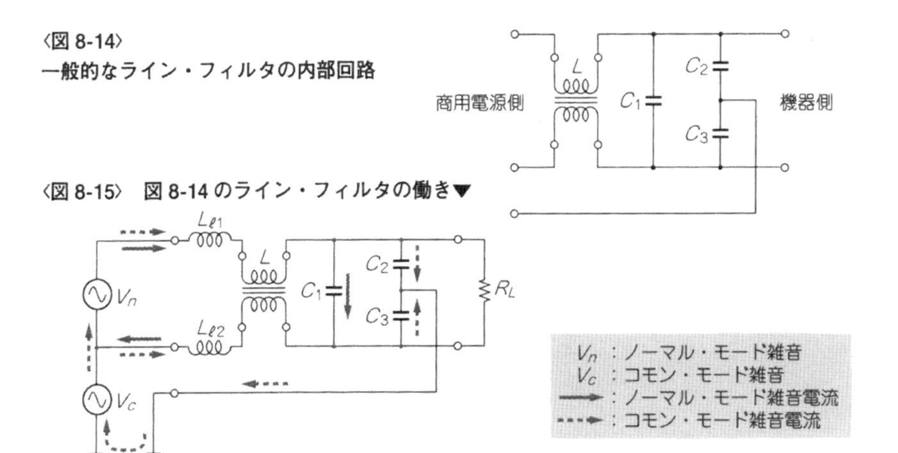

〈図 8-14〉
一般的なライン・フィルタの内部回路

〈図 8-15〉 **図 8-14 のライン・フィルタの働き▼**

れのモードの雑音も負荷側に混入するのを防ぐことができます.

ライン・フィルタでは回路の形状から C_1 を **X コンデンサ**, C_2, C_3 を **Y コンデンサ**と呼んでいます.

● ライン・フィルタには選択の幅がある

ライン・フィルタは特性の違いや用途によって，いろいろな種類が市販されています. **図 8-16** は代表的な三つの種類の内部回路です.

図(a)はもっとも一般的なもので，前項で説明した動作となります. ライン・フィルタが内蔵された機器の場合，電源 OFF の状態で AC コンセントを引き抜くと，C_1 に電荷がチャージされたままとなり感電の危険があります. このため C_1 に並列に抵抗 R を接続し，OFF 状態のときの電荷を放電するようになっています.

図(b)はコイルを 2 個使用し，より大きな減衰量を確保したものです. また二つのコイルのインダクタンスを異なった値にすると，最大減衰量は少なくなりますが，より広範囲な周波数で減衰量が確保できます.

図(c)はノーマル・モード専用のコイルを別に設けたものです. ライン・フィルタには雑音の混入を防ぐだけでなく，機器内で発生した雑音が商用電源に流れ出すのを防ぐ機能もあるので，ノーマル・モードの雑音発生量が多い機器にはこのタイプのライン・フィルタを使用すると好結果が得られます.

なおメーカの発表しているライン・フィルタのデータには，ノーマル・モードとコモン・モードの呼び名のほかに下記の名称が使用されているようです.

〈図 8-16〉
いろいろなライン・フィルタの内部回路

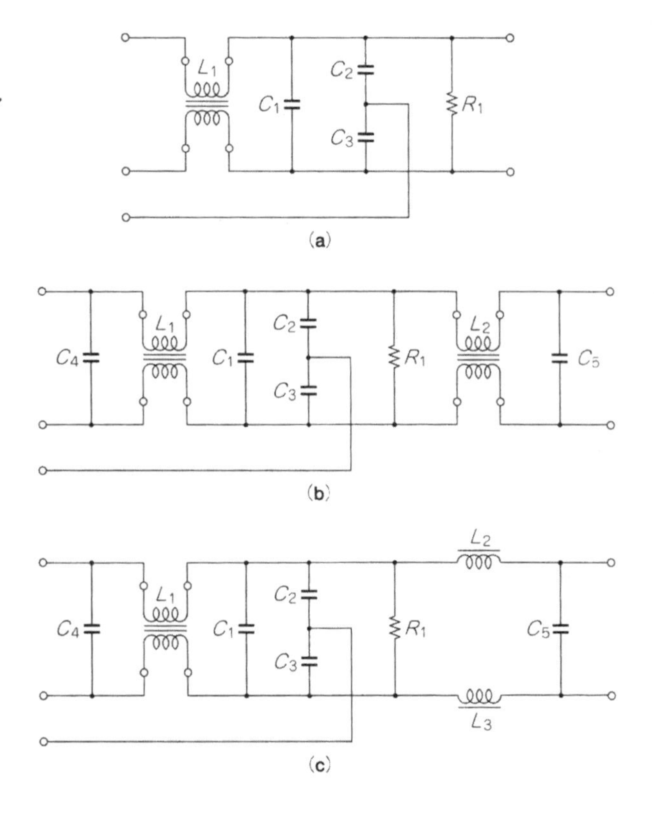

ノーマル・モード＝差動モード / 対称波 / ディファレンシャル・モード
コモン・モード＝同相モード / 非対称波 / 対地電圧モード

● ライン・フィルタのデータは使用状態とは異なる

ライン・フィルタは商用電源と機器の電源入力との間に挿入されますが，当然それらのインピーダンスは千差万別です．周波数によっても変化します．しかし，ライン・フィルタのメーカで，さまざまなインピーダンスについてデータを取ることは現実的に困難です．また比較のためには基準の測定回路が必要です．

そのため一般には**図 8-17** に示すように，入出力インピーダンスを 50 Ω に規定してデータを発表しています．

ライン・フィルタの減衰量は，入力と出力の電圧の比をデシベルで表します．したがって**図 8-7** の回路でライン・フィルタを取り除くと − 6 dB となりますから，**図 8-17** での計測結果から6dBを引いた値が減衰量となります．

なお，ノーマル・モードの測定で使用されている**バラン**(Balun)と呼ぶものは，Balance to Unbalance Transformerの略で，測定系が不平衡で，ライン・フィルタのノーマル・モード回路が平衡のため，不平衡-平衡を変換するために用いられています．

このようにライン・フィルタのデータは使用状態と異なる条件で測定された値のため，実際の回路に使用した場合はメーカ発表の減衰量が得られるとは限りません．一般にはこの値よりも悪くなることが多いようです．したがって，あらかじめ余裕をもって選択し，実際には機器に取り付けて，もっとも効果的なライン・フィルタを選ぶことになります．

● ライン・フィルタの取り付け方法

ライン・フィルタの効果を最大限に発揮させるためには実装方法が重要です．実装の基本は，入出力のケーブルを完全に分離することです．

図8-18に示すように，入出力を束ねるなどもっての外です．高周波領域の雑音が浮遊容量によって素通りになってしまいます．**図8-18(b)**に示すように，電源入力のインレットとライン・フィルタの間はできるだけ短く配線し，ライン・フィルタの金属ケースはシ

〈図8-17〉 ライン・フィルタの測定方法

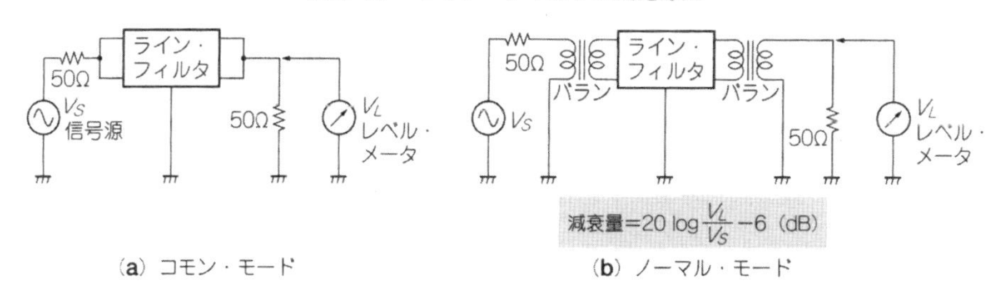

(a) コモン・モード　(b) ノーマル・モード

〈図8-18〉 ライン・フィルタの実装

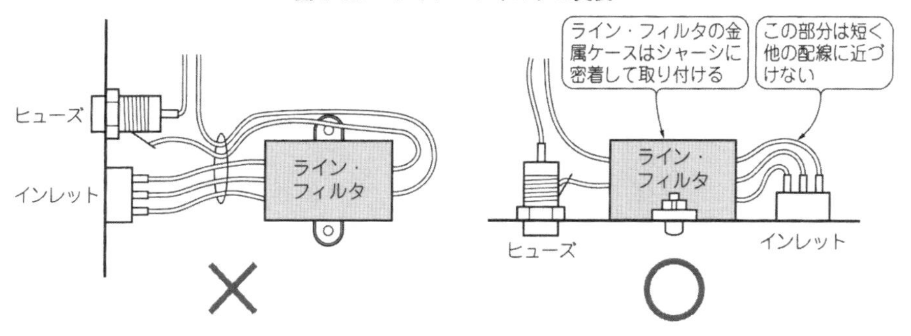

ャーシと密着させて取り付けます．

写真8-3にライン・フィルタの外観を示します．(**a**)は汎用の箱形ですが，(**b**)のインレット・ソケット・タイプのライン・フィルタを使用すると，1次側の雑音を含んだ部分が金属で覆われ，出力が**貫通形コンデンサ**になっているので高周波領域で効果的です．

ライン・フィルタを取り付ける場合は，**図8-19**のように注意します．**図**(**a**)でも電気的にはグラウンドに接続されますが，**図**(**b**)のようにライン・フィルタの金属面とシャーシの金属面で完全に密着させて取り付けるほうが高周波領域で効果を発揮します．

● パルス電流によるコアの飽和に注意する

CPUなどを使用したディジタル機器では，商用電源からの雑音で機器が誤動作しない

(**a**) 箱形タイプ

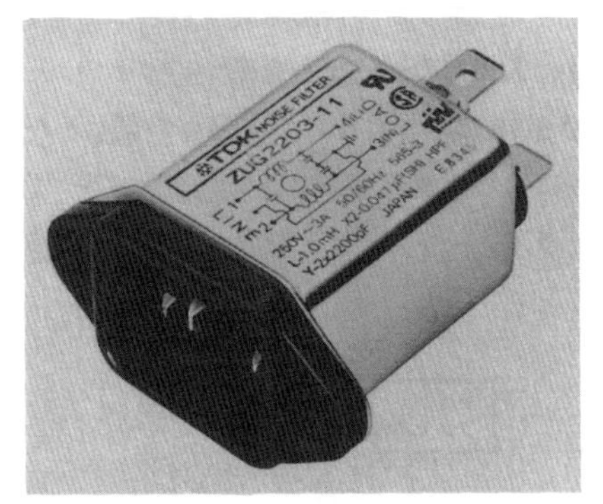

(**b**) インレット・ソケット・タイプ

〈写真8-3〉 高周波に効果的な形状のライン・フィルタ

〈図8-19〉
写真8-3(b)のライン・フィルタの取り付け方法

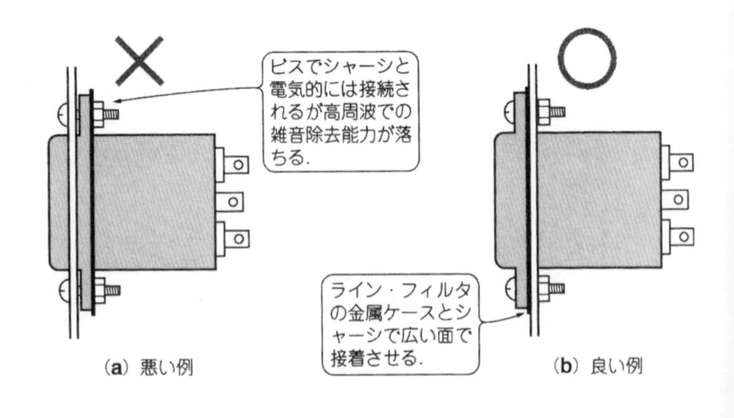

かの**耐電源パルス電圧特性**が重要になります．このとき，機器の用途によっては耐パルス電圧が2kVもの値が必要になることもあります．

一般に商用周波数の電源トランスは入出力が絶縁されているので，コモン・モードのパルス電圧による電流は流れません．そのためコアが飽和することはないのですが，ライン・フィルタの場合はコモン・モード・チョークに大電流が流れるので，コアが飽和して，まったくフィルタ効果がなくなることがあります．とくにパルス幅が1μs以上になると低い周波数成分が増加するため飽和しやすくなります(**図8-20**)．

ライン・フィルタによっては，**図8-21**に示すような特性が記載されてるものもあります．**図(a)**の場合は問題ありませんが，**図(b)**の場合は，パルス幅0.4μsでは数百Vからコアが飽和しています．コアが飽和する電圧以上のパルス雑音には効果がなくなります．

小型ライン・フィルタの場合はこのような特性が記載されているものはあまりありませんので，500V以上の高圧パルスを印可する場合には，高圧パルス特性が明記されている専用のライン・フィルタの使用が必要になります．

コアの飽和はライン・フィルタに使用されているコアの種類によっても異なります．フェライト・コアを使用したものよりも，アモルファス・コアを使用したもののほうが良好になっているようです．

● ライン・フィルタの漏れ電流による感電に注意する

ライン・フィルタを使用するときに一番注意しなくてはならないのが，ライン・フィルタによる漏れ電流です．

〈**図8-20**〉 パルス減衰特性の測定方法

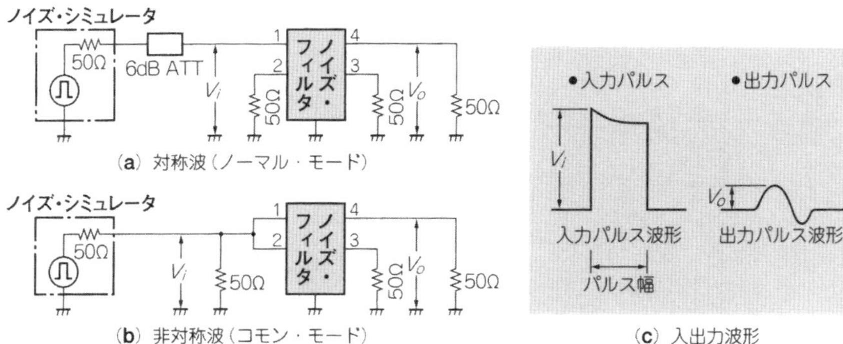

〈図 8-21〉 ライン・フィルタのパルス減衰特性の例

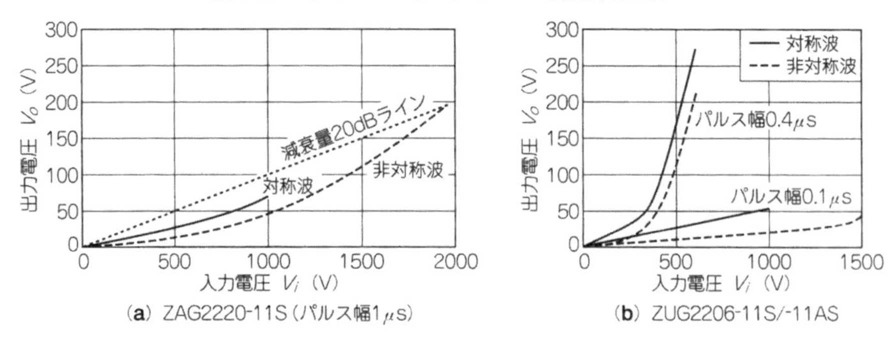

図 8-22 に示すように，商用電源の片側は**柱上トランス**のところで必ずグラウンドに接地されています．そして，ライン・フィルタのYコンデンサもシャーシに接地されています．そのため，ライン・フィルタが組み込まれた機器のシャーシを接地しないでおくと，シャーシに人間が触れると感電することになります．

一般的なライン・フィルタでは，Yコンデンサの値は2000p～5000pFです．商用電源が100Vの場合はあまり感じない程度ですが，電源電圧が200Vになるとほとんどの人が少し感じる程度の漏れ電流になります．

またYコンデンサはライン・フィルタだけでなく，市販の**スイッチング電源**にはほとんど入っています．したがって，市販のスイッチング電源を一つの機器で多数個使用する場合にはとくに注意が必要となります．最悪の場合には，機器を設置して動作させたら漏電ブレーカが働き，スイッチング電源に実装されているYコンデンサを取り外したら雑音特性が満足できないといった事態に陥りかねません．

〈図 8-22〉 ライン・フィルタによる感電

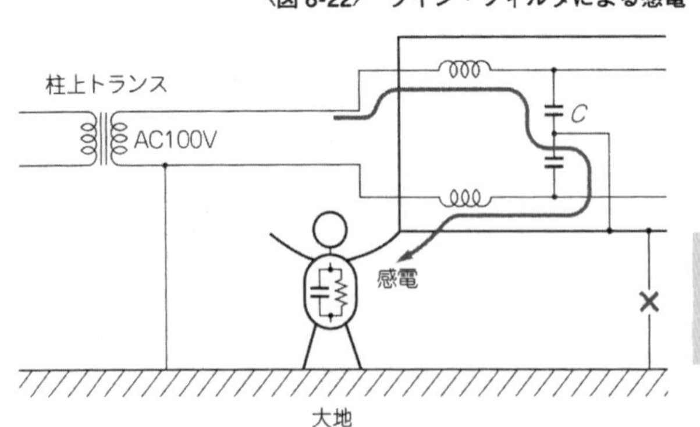

このようなとき第7章で紹介した絶縁トランスやノイズ・フィルタ・トランスを使用すると，**図8-23**に示すように商用電源から絶縁できるので，漏れ電流の問題は解決します．ただし，これらのトランスは形状が大きいので，最初から考慮することが重要です．漏れ電流の値は**表8-1**のように上限値が規格で規定されています．

● 非常時のコモン・モード・チョーク・コア

機器が完成し，耐ノイズ試験をしたら，

・「仕様に入らない」

・「信号出力にスイッチング電源のノイズが重畳してしまって除去できない」

・「納期が迫っている」

〈図8-23〉 システムにノイズ・フィルタ・トランスを使用する

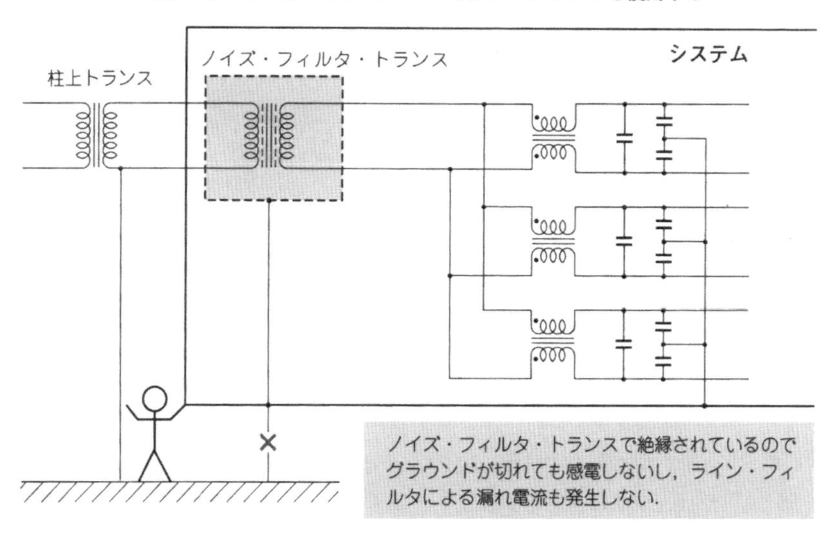

〈表8-1〉
漏れ電流の規格

規格名	人体インピーダンス	許容電流値
電気用品取締法	1 kΩ	1 mA
UL（アメリカ）	1.5 kΩ∥0.15 μF	0.3 mA～0.75 mA
ANSI C101.1（アメリカ）	1.5 kΩ∥0.15 μF	0.5 mA～0.75 mA
IEC335-1（国際電気標準会議規格）	2000 ± 100 Ω	0.25 mA～5 mA
BS-2754（イギリス）	1.5 kΩ～2 kΩ	0.1 mA～5 mA

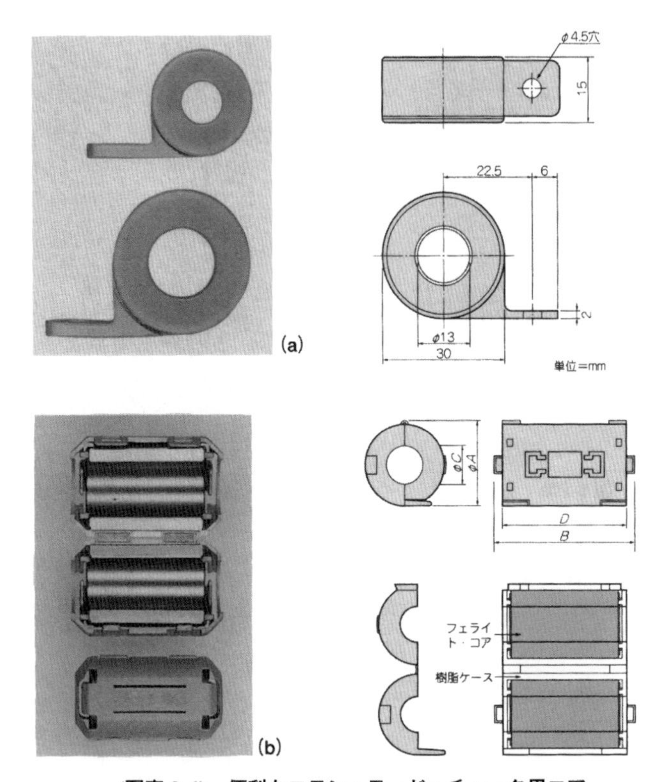

〈写真 8-4〉 便利なコモン・モード・チョーク用コア

といった非常事態に遭遇したとき活躍するのが，**写真 8-4** に示すコモン・モード・チョーク・コアです．

コモン・モード雑音が流れていそうな往復ペア・ケーブルに(**b**)をワンタッチで装着し，雑音が減少する場所がみつかったら，(**a**)のコアにケーブルを 10 回程度を巻き付け，コモン・モード・チョークとして再評価します．雑音周波数が低い場合は，さらに 30 回ほど巻くと効果を発揮する場合もあるので，あきらめず根気よく対策を施す必要があります．

うまく仕様に収まったら，シャーシに止め穴をあけ，取り付けて完成させます．

このようにコモン・モード・チョーク・コアは設計者にとって非常にありがたい存在です．最近ではモデムなどに**写真**(**b**)のコアが標準付属品となっており，ポピュラな存在にもなってきています．

一品料理の特注品などの場合，スイッチング電源の出力部には予め**写真**(**a**)の取り付けスペースを確保しておくことも転ばぬ先の杖となります．

第9章

究極の S/N 比を実現するために…
ロックイン・アンプの原理と実験

9.1 ロックイン・アンプのあらまし

● 周波数帯域を狭めると Q が高くなる

本書の前半において，計測用に使用するアナログ・フィルタの設計技術を紹介してきましたが，低雑音化するにはたんにフィルタを選択するだけでは限界があります．しかも，第10章にも紹介するように物理計測などの分野ではさらなる微小信号の検出が要求されています．

微小信号を S/N よく検出するための工夫として，**図 9-1** に示すように周波数帯域幅を狭くする方法があります．周波数帯域幅を狭くすると S/N の改善率は，帯域幅の平方根に比例します．

〈図 9-1〉 S/N を良くするには Q の大きな BPF を使う

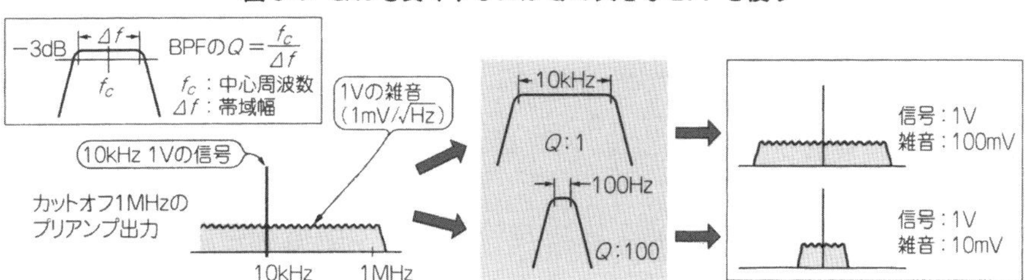

〈図 9-2〉 ヘテロダインによる周波数変換のしくみ

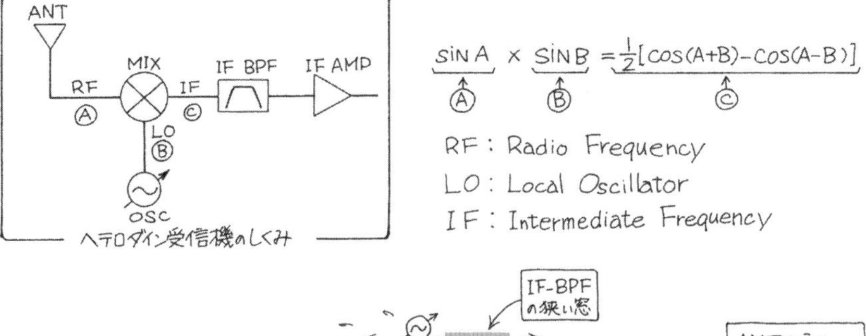

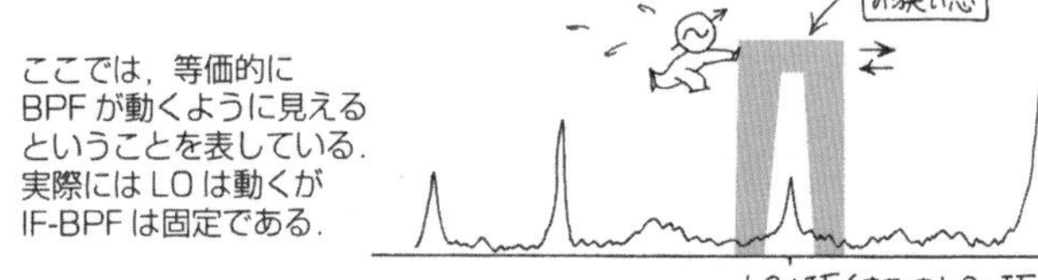

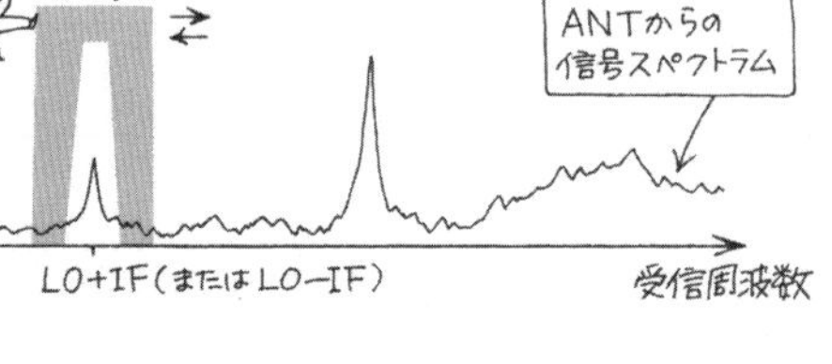

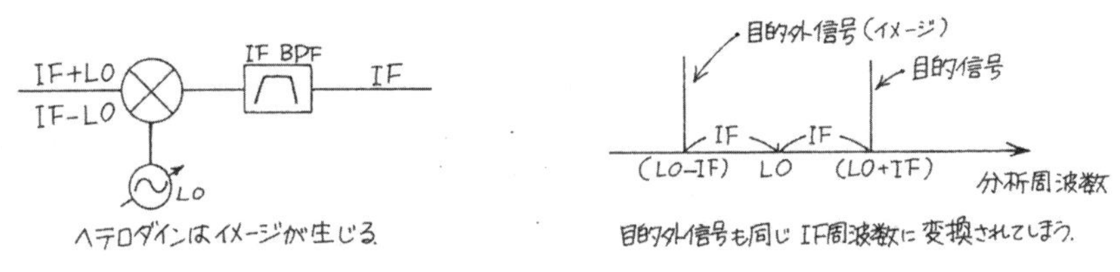

ただし帯域幅を狭くするといっても，フィルタの安定性(使用する素子の温度変化などによる)から，帯域幅を狭くするにも限界があります．また検出すべき信号の周波数が変化する場合，高次 BPF(バンドパス・フィルタ)の中心周波数を可変にするには，多くの素子を切り替えたりする必要があり，現実的ではありません．

うまく周波数帯域を狭くする方法があります．周波数変換を利用した**ヘテロダイン技術**とそれを発展させたロックイン・アンプと呼ばれる技術です．

● ロックイン・アンプのしくみ

ヘテロダインについては，無線をかじった人にはわかりやすいと思います．周波数変換の技術です．この周波数変換は**図 9-2** に示すように，

$$\sin A \times \sin B = -\frac{\cos(A+B)-\cos(A-B)}{2} \quad \cdots\cdots (1)$$

となります．

三角関数の積・和の公式から，信号 A に対して異なった周波数の正弦波 B を乗算すると，それらの和と差の正弦波を生じるという特性を利用するものです．このヘテロダインの考えをさらに進めてみます．

信号 A と B を同じにしてみましょう．式(1)から周波数を同じにすると，

$$\sin A \times \sin A = \frac{1-\cos 2A}{2} \quad \cdots\cdots (2)$$

この式は，同じ周波数の信号を乗算すると直流と 2 倍の周波数の交流信号が生じることを示しています．**写真 9-1** にこのようすを示します．

さらに詳しく位相と周波数を式に入れて表すと，

$$\sin(\omega t+\alpha) \times \sin(\omega t+\beta) = \frac{\cos(\beta-\alpha)-\cos(2\omega t+\alpha+\beta)}{2} \quad \cdots\cdots (3)$$

この式は信号 A と信号 B のそれぞれの周波数と位相が同じであれば最大の直流値となり，90° の位相差があると直流値は 0 となることを示しています．

つまり信号 A を，同じ周波数の別の信号(参照信号という)B で乗算して，ローパス・フィルタ…LPF で直流分だけを検出して位相を調整すれば，入力信号の振幅に比例した直流電圧が得られ，信号 A の周波数と異なる…つまり雑音周波数の成分はすべて交流と

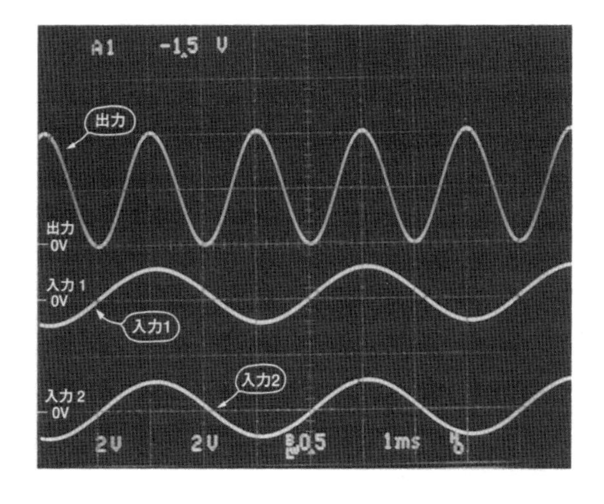

〈写真 9-1〉
同じ周波数の信号を乗算すると直流と 2 倍の周波数信号が生じる
(入力 1，入力 2；2 V/div，出力；0.5 V/div)

〈図 9-3〉 ロックイン・アンプの原理

〈図 9-4〉
ロックイン・アンプの入出力信号を周波数軸で表すと

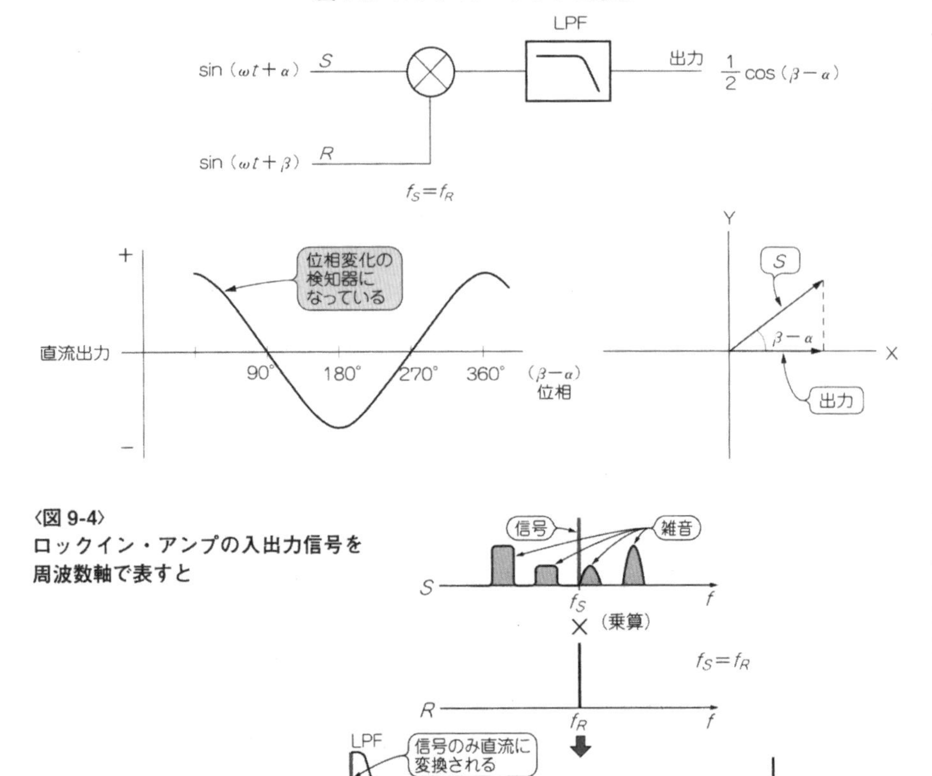

なって LPF で取り除かれることになります．

この原理を用いれば，原理的に無限の Q をもつフィルタが構成できます．このような構成の検出器をロックイン・アンプと呼んでいます．ブロック図で表すと**図 9-3** のようになります．

● 基本はフェーズ・デテクタ… PSD

ロックイン・アンプの働きを周波数軸で説明すると，**図 9-4** に示すように信号 S が信

号 R と乗算され，(f_S+f_R)の成分と直流に折り返された形で変換されます．

ロックイン・アンプでは，信号 S を検出するための信号 R を参照信号(Reference Signal)と呼んでいます．

ロックイン・アンプにおける雑音除去の最大のメリットは，得られる信号が直流であるため，帯域制限のフィルタがLPF(ローパス・フィルタ)ですむということです．ヘテロダインに使用するBPFの場合は，フィルタに使用している素子が変動すると中心周波数が変動してしまい，信号の振幅に影響を与えてしまいます．

しかしLPFの場合は，使用している素子が変動してもフィルタのしゃ断周波数が変動するだけで，直流信号の値には影響しません．つまりLPFのしゃ断周波数はいくらでも低くできることになり，周波数帯域幅をいくらでも狭めることができます．ただし，しゃ断周波数が低くなるほど応答時間は長くなります．

ロックイン・アンプでは，乗算する信号と参照信号とが同じ周波数です．そのため，ヘテロダインでは厄介な問題とされるイメージが生じません．ただし，ヘテロダインでは必要なかった二つの信号間の位相制御が必要になります．

ヘテロダインと比較してみると，100 kHzの信号をロックイン・アンプに入力して1 HzのLPFで処理したときは，信号が直流で折り返るため2 Hzの帯域幅となり，等価的には中心周波数100 kHz，Q が100 kHz/2 Hz = 50000のBPFで処理したことと等価になります．

図9-3に示したロックイン・アンプにおいて，分析信号と参照信号との位相差を90°に調整して，乗算器の直流出力を0にすると，位相が微小変化したときに乗算器の直流出力が変動します．ロックイン・アンプは，はじめこの特性を利用して，微小な位相変化の検知器…フェーズ・デテクタとして使用されていました．このためロックイン・アンプでは乗算器のことをPSD(Phase Sensitive Detecter)と呼んでいます．

● 乗算にはスイッチング…同期検波

ところで雑音に埋もれた微小信号を検知するためには，PSDに非常に大きなダイナミック・レンジが必要です．製品化されているロックイン・アンプでは，信号の1000倍もの雑音の中から，信号を0.1％程度の分解能で検出しています．つまり120 dBのダイナミック・レンジが必要になることを意味しています．

ところが一般のアナログ乗算回路(DBMなど)では，出力の直流ドリフトのために，とてもこのようなダイナミック・レンジを実現することはできません．PSDでは**図9-5**に示すように，信号をスイッチングすることにより乗算を行っています．信号 f_S と同期し

〈図9-5〉スイッチングによるPSD

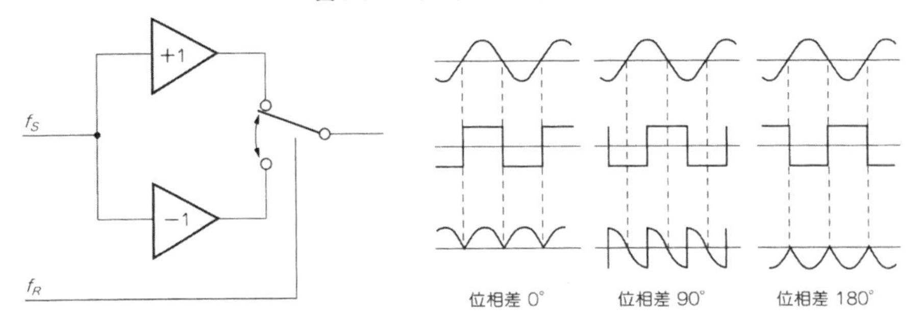

〈図9-6〉
方形波に高調波が含まれる

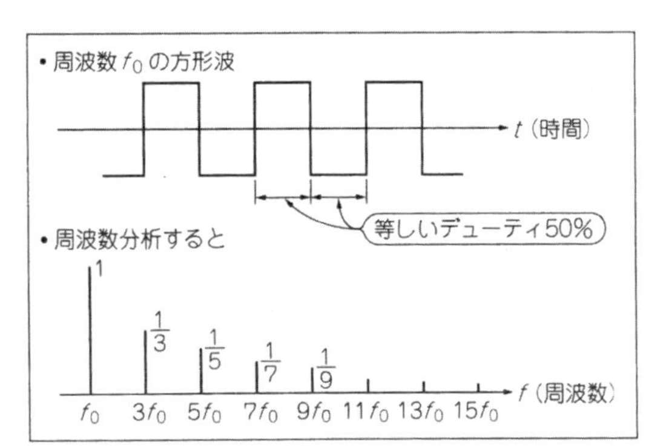

た信号 f_R とで乗算しますから，**同期検波**とも呼んでいます．

スイッチングによる乗算は，直流ドリフトについては非常に効果的です．しかしスイッチングするということは，信号成分を方形波と乗算することを意味します．方形波には**図9-6**に示すように奇数時の高調波が含まれていますから注意が必要です．信号成分に奇数次の高調波が含まれていると，同じ周波数となって直流に変換され，検出された基本波の振幅に誤差が生じてしまうことになります．

そのため実際のスイッチング方式PSDでは，**図9-7**に示すようにPSDの前に信号周波数に同調したバンドパス・フィルタ…BPFを設け，奇数次の高調波を取り除いてから乗算することになります．

このときBPFは信号周波数に同調しなくてはなりません．回路構成は複雑になりますが，ロックイン・アンプでは大きなダイナミック・レンジを実現することが最大の目的なので，この方式がいちばん多くなっています．

〈図 9-7〉
ロックイン・アンプの基本的なブロック図

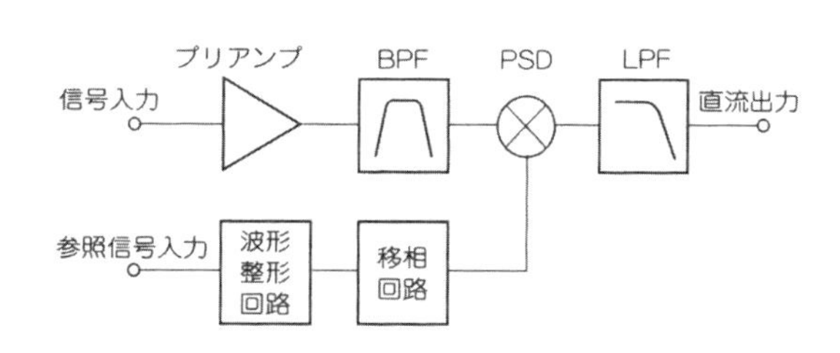

ただしBPFの特性は信号成分の3次高調波が誤差以内に減衰できればよいので，あまり大きなQは必要ありません．

信号が熱雑音に埋もれているだけの場合や，奇数次の高調波が含まれていない場合にはBPFは必要ありません．実際のロックイン・アンプでは，BPFでの利得誤差や位相誤差が加算されないように，BPFがスルーできるようになっています．

● 位相調整をなくすには…2位相ロックイン・アンプ

基本的なロックイン・アンプで信号の振幅を計測するときには，信号と参照信号との位相調整を行わなければなりません．これは使用者にとっては非常にわずらわしい操作です．

位相調整を不要にしたのが2位相ロックイン・アンプ(Two Phase Lock-In Amplifier)です．ブロック図を**図 9-8**に示します．

図のようにPSDを二つ設け，それぞれ90°位相差のある信号で乗算すると，入力信号をそれぞれ極座標上のX成分とY成分とに検出することになります．したがって得られた信号XとYとを**図 9-8**のようにベクトル演算すると，位相調整なしに入力信号の振幅と参照信号との位相差が求まり，操作性が格段に向上します．ベクトル演算回路も，最近はLSI技術の進歩によって，容易に実現できるようになりました．

また信号の振幅と位相が時間の経過とともに標動する場合も，位相調整が不要なので，そのようすを連続的に観測できるようになります．

2位相ロックイン・アンプに対し，1個のPSDで構成された基本的なロックイン・アンプをシングル・フェーズ・ロックイン・アンプ(Single Phase Lock-In Amplifier)と呼んでいます．伝達関数の微小変化(位相の微小変化)の検出や同期検波の機能だけが必要なシステムでは，経済性に優れたシングル・フェーズ・ロックイン・アンプが使用されています．

● どのくらいの雑音を許容できるか…ダイナミック・リザーブ

ロックイン・アンプでは雑音に埋もれたような微小信号を検出します．このとき信号入

〈図 9-8〉 2位相ロックイン・アンプと PSD の動作

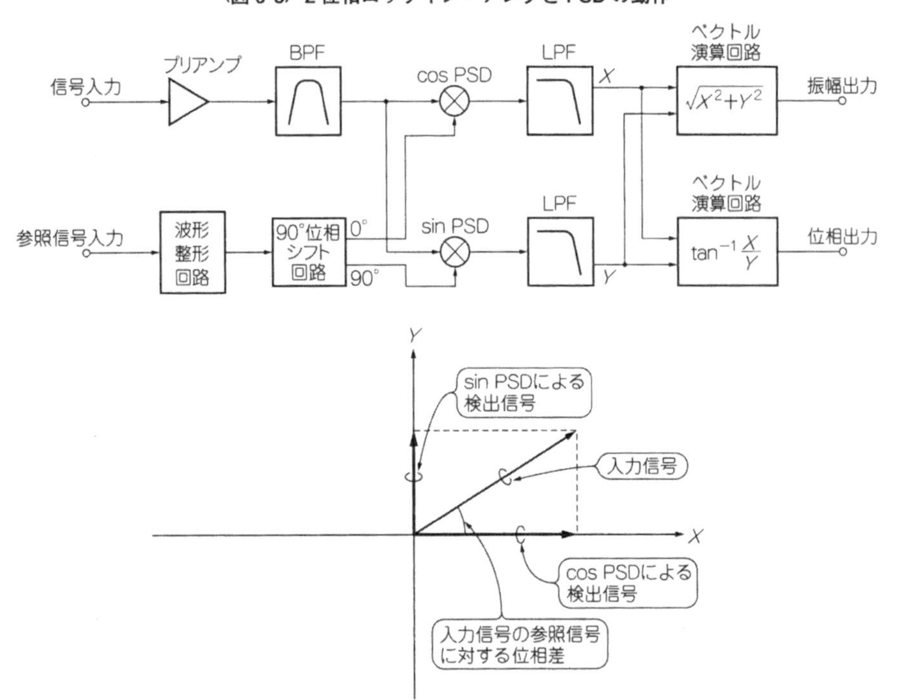

力フルスケールに対して，どのくらい大きな雑音まで許容できるかをダイナミック・リザーブと呼んでいます．これは下記の式で定義しています．

$$ダイナミック・リザーブ(\mathrm{dB}) = 20 \times \ell og \frac{最大雑音電圧(\mathrm{P\text{-}P})}{信号入力フルスケール(\mathrm{rms})}$$

ダイナミック・リザーブを最大雑音電圧のピークで定義しないで正弦波とし，その実効値で定義することもあります．この場合は上式よりダイナミック・リザーブが約 10 dB 小さくなります．

ロックイン・アンプの信号系を**図 9-9** のように構成し，LPF を含めた PSD の AC-DC 変換利得を 1 とします．各アンプの利得をそれぞれ(A_1)(A_2)に設定すると，どちらも信号入力 10 mV(rms)のとき出力が DC10 V でフルスケールとなります．

信号に雑音が重畳したときのクリップ・レベルは，AC アンプの出力で決定されるので，信号フルスケールとの比を考えると，**図(a)**では AC アンプ利得が 1 のため出力は 10 mV

〈図 9-9〉
ACアンプとDCアンプの利得配分

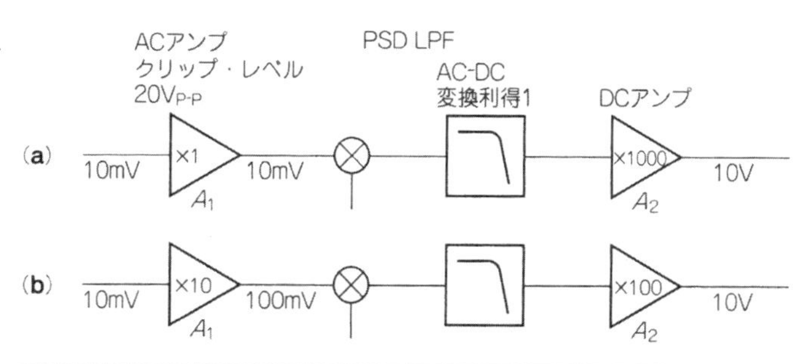

(a)(b)ともフルスケール10mVとなるが，利得配分が異なるので入力雑音クリップ・レベルが(a)では20VP-P，(b)では2VP-Pとなる．したがって(a)は*DR*=66dB (b)は*DR*=46dBとなる．

となり，ACアンプのクリップ・レベル20 $V_{P\text{-}P}$ との比が66 dBとなります．同様に**図**(**b**)では46 dBとなります．この値がダイナミック・リザーブを決定し，同じ入力感度でも，ACアンプの利得を下げ，DCアンプの利得を上げるとダイナミック・リザーブが大きく取れることがわかります．

しかしDCアンプの利得を大きくするとPSDでの直流ドリフト(DCアンプの入力換算DCドリフトも含め)が増幅され，出力の直流安定度の点では不利になります．PSDの直流ドリフトはおもに周囲温度により影響されます．

このようにダイナミック・リザーブはPSDの直流安定度と反比例の関係にあります．測定する信号の状態に合わせて，ACアンプとDCアンプの利得配分をきめ，必要なダイナミック・リザーブを確保します．

またACアンプでのクリップ・レベルは，フィルタを用いることによっても改善されます．**図9-10**はフィルタをはさんで，前後のACアンプの利得配分を変えてありますが，トータル利得はすべて100となっています．前段のACアンプには雑音が入力されますが，後段のACアンプにはフィルタで雑音が除去されると考えて，ACアンプのクリップ・レベルを20 $V_{P\text{-}P}$ とすると，フィルタによって除去される周波数の雑音のクリップ・レベルと信号との比は，**図**(**a**)では66 dB，**図**(**b**)では46 dBとなります．

このようにPSDの前にフィルタを挿入することにより，さらにダイナミック・リザーブを大きくすることができます．ただしフィルタで発生する雑音に対しては，フィルタの後で利得を大きくするほど，その影響が大きくなって不利になります．

〈図 9-10〉
フィルタを使用したACアンプの利得配分

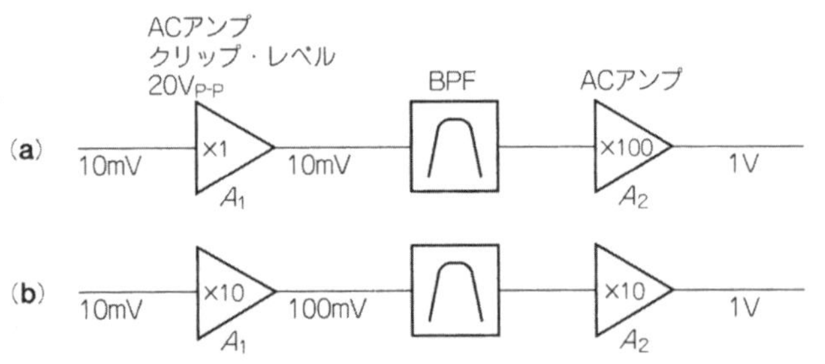

(a) (b) とも同じ利得だが，BPFの前後で利得配分が異なるので，BPFで除去される周波数成分の信号では (a) のほうがダイナミック・リザーブを大きくできる.

● 測定限界を決定するのは位相雑音

ロックイン・アンプは，被測定体の伝達関数の微小変化を計測することを一つの目的にしていますが，この計測の測定限界を決定するのが位相雑音と呼ばれるものです．

ロックイン・アンプにレンジ・フルスケール振幅値で低雑音・低ひずみの信号を入力し，参照信号位相を調整してPSD出力を0Vに調整します．このときのPSD出力を，Y–T レコーダなどで記録して雑音成分を計測してみます．

たとえばフルスケール±10VのPSD出力に $1\,\mathrm{mV_{P-P}}$ の雑音が検出されると，

$$\sin^{-1}\frac{1\,\mathrm{mV_{P-P}}}{10\,\mathrm{V}} = 0.00573^{\circ}{}_{\mathrm{P-P}}$$

の位相雑音となり，この値がロックイン・アンプの位相検出限界となります．これよりも小さな位相変化は検出できません．

位相雑音は当然，設定された感度や時定数によって異なります．時定数が大きくなるほどその値は小さくなりますが，応答速度が遅くなってしまいます．

ロックイン・アンプでは参照信号を処理する際にPLL回路を使用しますが，ここから発生する**位相ジッタ**や信号増幅器や信号フィルタで発生する雑音が位相雑音の主な要因です．とくに信号フィルタに電圧同調型のフィルタを使用すると，ここから発生する**同調周波数ジッタ**が無視できないものとなります．

この位相雑音特性がロックイン・アンプの性能を決定する一番の要素といえます．図**9-11**にメーカ製ロックイン・アンプの位相雑音特性例を示します．

● ローパス・フィルタの特性は時定数で表す

PSDの後のローパス・フィルタ(LPF)はロックイン・アンプの雑音除去能力を決定しま

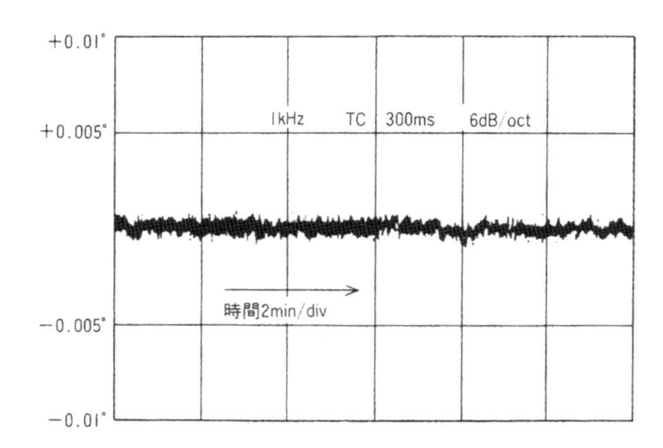

〈図 9-11〉
メーカ製ロックイン・アンプの位相雑音特性

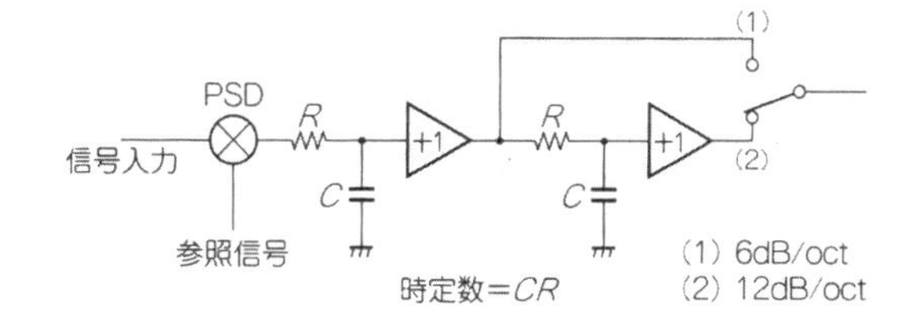

〈図 9-12〉
ロックイン・アンプの LPF

すが，ロックイン・アンプではこの LPF の特性はしゃ断周波数では表さず，時定数(Time Constant)で表します．フィルタの次数は減衰傾斜で表しています．

一般のバタワース LPF やチェビシェフ LPF は，ステップ状の信号が加わったとき，過渡応答特性で入力レベル以上の出力が一時現れます(第 1 章，**図1-9**，p.29 参照)．しかしロックイン・アンプの LPF は，過渡応答でピークが生じないように，**図9-12** のような構成になっています．(**a**)を 6 dB/oct，(**b**)を 12 dB/oct と表しています．

ロックイン・アンプでふつうに信号の振幅や位相を計測するときは雑音除去能力の大きい 12 dB/oct のフィルタを使用しますが，第 10 章の**図10-30**(p.291)のような自動制御系の一部にロックイン・アンプを使用するときなどは LPF の位相遅れによって自動制御系が不安定にならないように，6 dB/oct のフィルタを使用します．

図9-13 に LPF のステップ・レスポンスを示します．信号を加えてから出力が最終値の 99％に達するのは，6 dB/oct のフィルタでは時定数の 4.59 倍，12 dB/oct のフィルタでは時定数の 6.63 倍の時間が必要になります．

〈図 9-13〉 LPF のステップ・レスポンス(時定数1秒の場合)

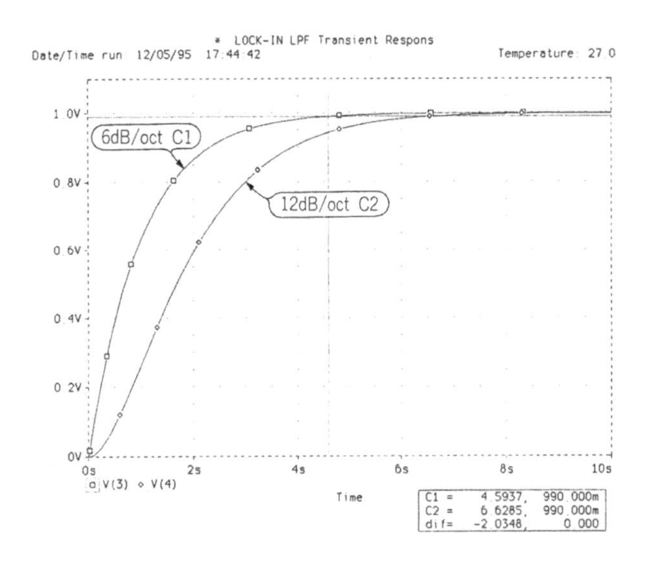

時間 (sec)	6 dB/oct	12 dB/oct
1	0.6307	0.2614
2	0.8646	0.5924
3	0.9504	0.8004
4	0.9818	0.9084
5	0.9933	0.9597
6	0.9976	0.9827
7	0.9991	0.9928
8	0.9997	0.9970
9	0.9999	0.9988
10	1.0000	0.9995

〈図 9-14〉
ロックイン・アンプによる雑音密度計測

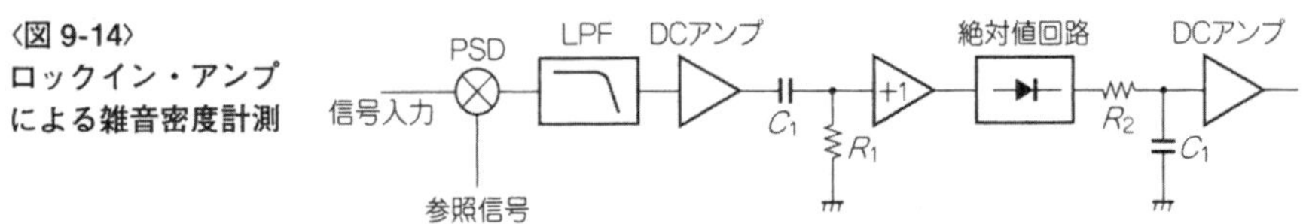

● 雑音密度を計測するには

ロックイン・アンプは，入力信号と同じ周波数の参照信号で乗算するため，直流と2倍の信号周波数に変換されることを先に説明しましたが，これは参照信号周波数付近の周波数成分が直流付近に変換されることを示しています．

したがってPSD出力をLPFで選択して，その交流成分を計測すると，参照信号周波数を中心としたBPFで入力交流信号を検出し，計測したことと等価になります．つまりLPFの等価雑音帯域幅により，入力信号の参照信号周波数を中心とした雑音密度を計測することができます．

雑音密度計測のためのブロック図を**図 9-14**に示します．**図 9-15**がOPアンプの雑音密度を測定した一例です．ロックイン・アンプは実際に半導体デバイスの雑音密度測定などに広く利用されています．

〈図 9-15〉 **OP アンプ(NJM5534)の雑音密度測定の実例**(利得 1000 倍のとき)

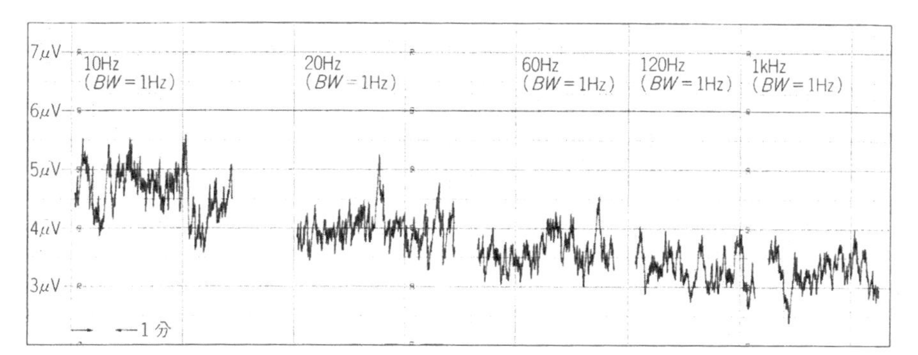

9.2 ロックイン・アンプの実験

● 試作するロックイン・アンプのあらまし

本格的なロックイン・アンプを製作することは大変ですが，仕様を限定すれば比較的少ない部品で試作でき，ロックイン・アンプの動作を体感することができます．

ここではロックイン・アンプの心臓部であるPSDと参照信号回路を試作します．プリアンプやフィルタなどと組み合わせればロックイン・アンプが完成します．

ロックイン・アンプの参照信号回路は，入力した参照信号をPSD駆動信号に変換するものです．PSD駆動信号は**図 9-16** に示すようにデューティ 50％で，90°位相差のある，正確な方形波が必要となります．また入力した参照信号に対して，自由に位相を(±180°)可変できなくてはなりません．これらの機能を実現するためにPLL回路を使用します．

〈図 9-16〉
参照信号と PSD 駆動信号波形

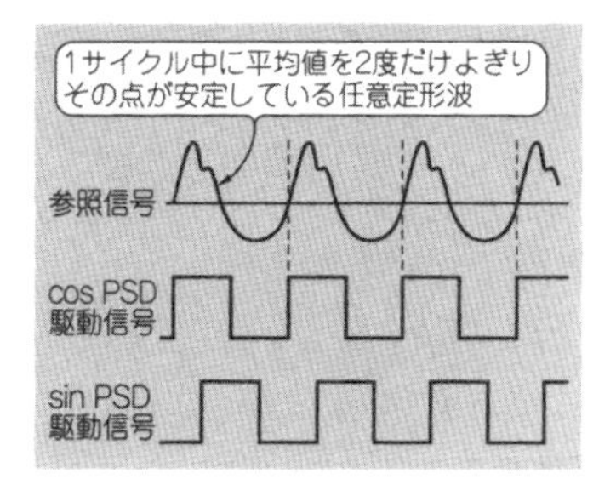

〈図 9-17〉 **PLL と OP アンプ増幅回路…いずれも負帰還技術**

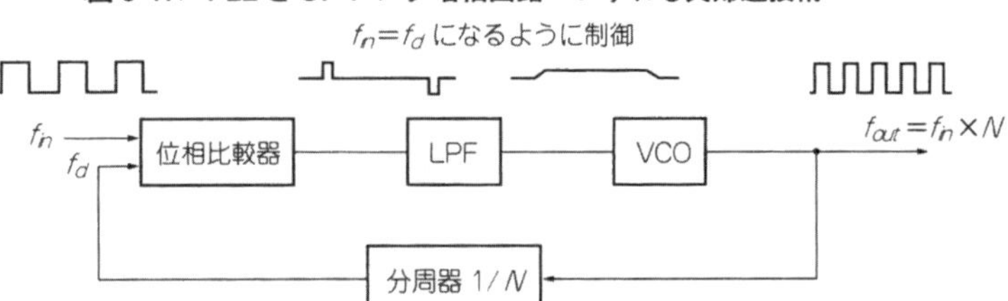

(**a**) PLL回路

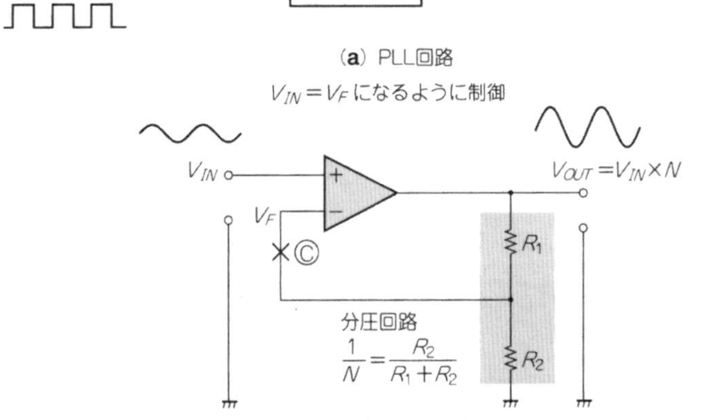

(**b**) OPアンプ回路

PLL 回路は**負帰還技術**の応用で，**図 9-17** に示すように OP アンプ回路と対比することができます．OP アンプ回路では入力信号と出力を分圧した信号の大きさが同じになるように制御されるのに対し，PLL では入力信号と分周器の出力信号の位相が同じになるように **VCO**(Voltage Controlled Oscillator …電圧制御発振器)の発振周波数を制御します．

ここで試作する VCO は PLL IC の周波数変化幅から，周波数範囲を 1 kHz を中心にした 500 Hz ～ 2 kHz とします．他の周波数が必要なときは，比例したコンデンサの値に交換するだけで，数Hz～数十 kHz の範囲で簡単に変更することもできます．

PSD にはアナログ・スイッチを使用します．最近のアナログ・スイッチはロジック信号レベルで信号をスイッチングできるので，回路は非常に簡単です．

● PLL には 74HC4046

PLL 回路にもっとも多く使われている IC は 74HC4046 です．この IC には分周器を除く，位相比較器，VCO，LPF 用バッファが内蔵されています．安価で使いやすく，利用価値の高い IC です．

オリジナルはRCA社CMOS4000シリーズのCD4046ですが，現在ではRCAのCMOS部門はハリス社に吸収されています．CD74HC4046はこのハイスピードCMOS版で，VCOの上限周波数がCD4046の1MHzから20MHz程度に拡大され，位相比較器のスピードも速くなっています．

ただし74HC4046は国内メーカでは製作されてません．現在はハリス，モトローラ，ナショナルセミコンダクター，フィリップスの4社から発売されています．主な仕様を**図9-18**に示します．

内蔵されているVCOは入力電圧を電流に変換し，その電流によって周波数を制御するタイプです．電流と発振周波数は比例関係にあり，電流が大きくなると周波数は高くなります．電流を制御する部分の概略を等価回路で示すと**図9-19**のようになります．

R_1の値を小さくすると制御電圧によって流れる電流が多くなるので，周波数は高くなります．電源電圧5Vのときの12番ピンの電圧は常に4.2V程度になっていますので，R_2の値が小さくなれば電流が大きくなり，周波数は高くなります．

しかしR_2の電流は9番ピンの制御電圧に無関係に流れます．R_2を小さくしていくと，9番ピンの制御電圧による可変周波数範囲が狭くなっていきます．したがって9番ピンの制御電圧による周波数可変範囲がいちばん広くなるのは，12番ピンがオープンのときです．

● VCOの特性を改善する工夫

図9-20に$C = 1000\,\mathrm{pF}$，$R_2 = \infty$でR_1を変えて実験したときの制御電圧-周波数特性を示します．R_1が小さく，発振周波数が高いと直線性が悪くなっています．

〈図9-19〉
CD74HC4046のVCO制御部分

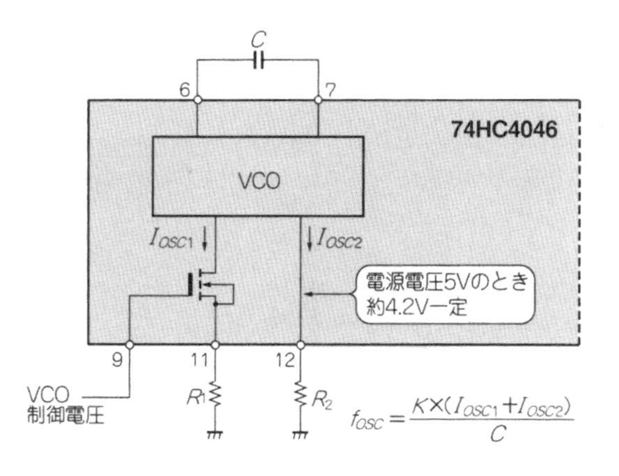

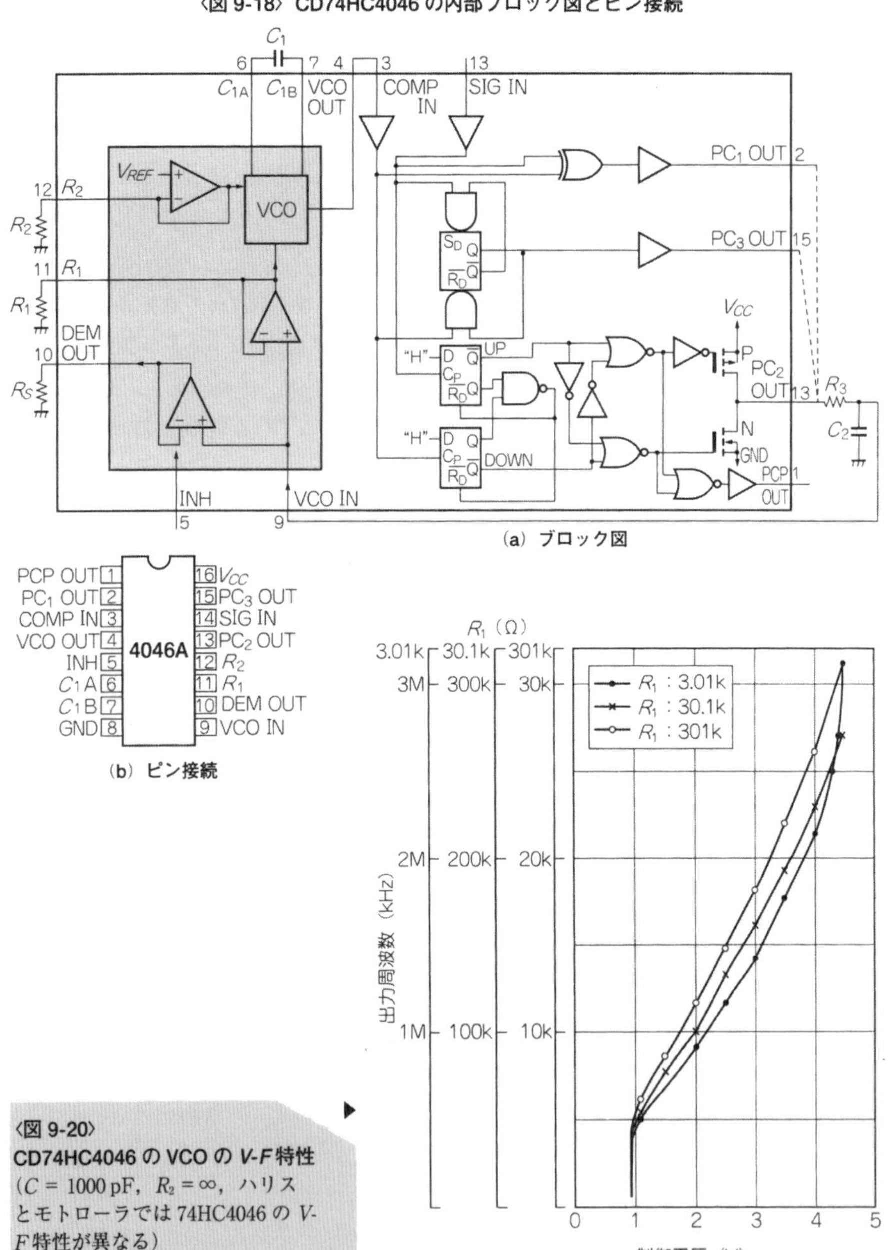

〈図 9-18〉 **CD74HC4046 の内部ブロック図とピン接続**

(a) ブロック図

(b) ピン接続

〈図 9-20〉
CD74HC4046 の VCO の *V-F* 特性
（C = 1000 pF，$R_2 = \infty$，ハリスとモトローラでは 74HC4046 の *V-F* 特性が異なる）

〈図 9-21〉
外部に電圧-電流変換回路を付加すると

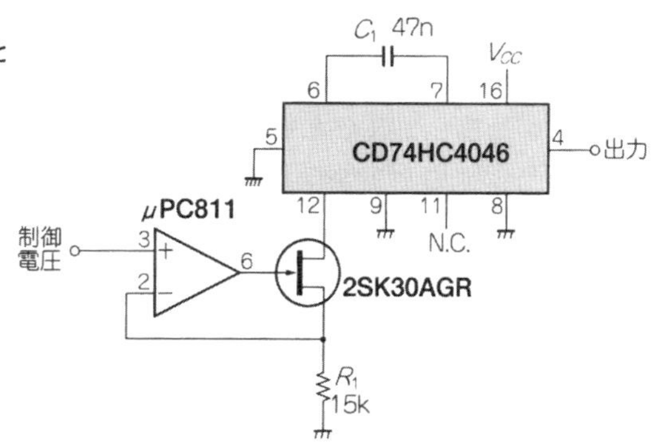

〈図 9-22〉
図 9-21 の回路での *V-F* 特性の実際

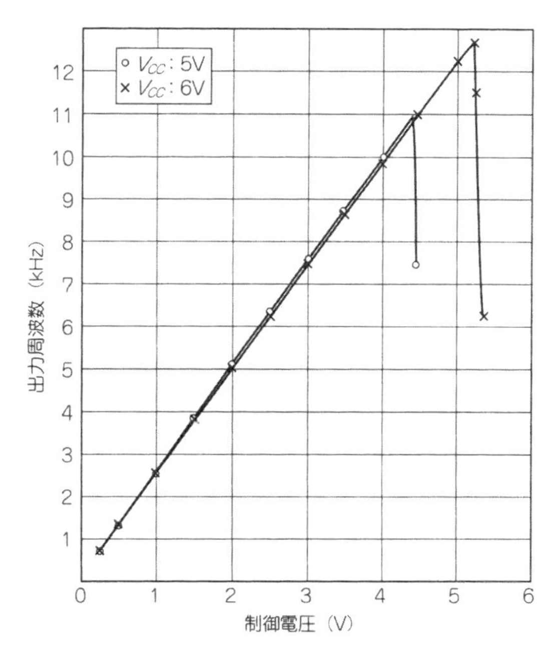

また 9 番ピンの制御電圧が 1 V 以下になると発振周波数が急激に低下しています．この領域では VCO の利得が急変して，PLL では安定な制御が望めません．利用できる最大可変範囲も 5 倍程度となっています．

しかし，CD74HC4046 の VCO は電流によって発振周波数を制御しているので，外部に電圧－電流変換回路を付加して制御すれば特性が改良されるはずです．実験した回路を**図 9-21**，測定した制御電圧-周波数特性を**図 9-22** に示します．

このように74HC4046の外部に電圧-電流変換回路を付加すると，VCOの可変範囲は飛躍的広くなり，直線性も改善されます．

こうして改善したVCOを使用すれば周波数可変範囲の広いPLLが実現できます．ただし低域でのVCO制御電圧は非常に小さくなるので，制御電圧のリプルが小さくなるようにLPFを設計することが重要です．

CD74HC4046に電圧-電流変換回路を付加したときの発振周波数と電流の関係は，実験データから求めると次の式で表せます．

$$発振周波数 = K \times \frac{電流}{コンデンサ容量} \qquad K = 1.7 \sim 2$$

R_1とR_2の値はデータ・シートには3kΩ以上で使用するように書かれています．そのため，使用できる電流は1mA程度以下ということになります．

● 位相比較には位相周波数比較型を使う

74HC4046には位相比較器としてPC_1，PC_2，PC_3の3種類が内蔵されています．**図9-23**にそれぞれの位相比較器の特性を示します．

もっともよく使用される位相比較器はPC_2の位相周波数型比較器(Phase Frequency Comparator)と呼ばれるタイプです．このタイプはPLLがアンロックのときは周波数誤差検出器として動作するので(位相が+360°以上になったとき出力が0Vまで戻らない)，VCOの発振範囲であればすべてロック可能となります．

またPC_2は**図9-23(b)**に示すように，PLLがロックしているときは出力がハイ・インピーダンス状態です．そのため，PLLがロックしてしまえば次段のLPF入力にパルス信号がなくなり，VCO制御電圧のリプルをもっとも小さくすることができます．

つまりPC_2を使用すればLPFでのリプル減衰量が少なくて済むので，時定数を速くでき，ロック・スピードを上げることができます．さらに入力信号の立ち上がりエッジを検出して位相比較を行うため，入力信号のデューティには影響を受けない特徴があります．

ただし位相比較動作をエッジで行うということは，雑音に対して弱い欠点があります．パルス性雑音が飛び込まないような回路設計の工夫や，グラウンドを強化したプリント基板のパターン設計が必要になります．

● 参照信号回路の具体的構成

図9-24が今回試作した参照信号回路です．

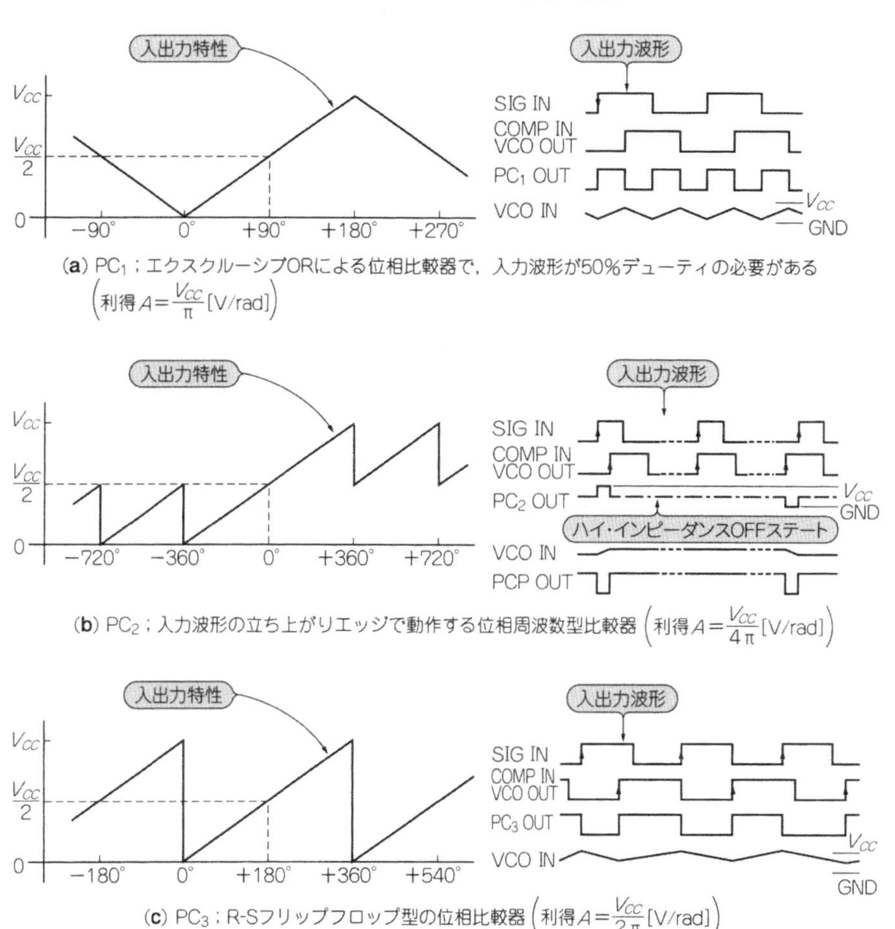

(a) PC_1；エクスクルーシブORによる位相比較器で，入力波形が50％デューティの必要がある $\left(利得 A=\frac{V_{CC}}{\pi}[\mathrm{V/rad}]\right)$

(b) PC_2；入力波形の立ち上がりエッジで動作する位相周波数型比較器 $\left(利得 A=\frac{V_{CC}}{4\pi}[\mathrm{V/rad}]\right)$

(c) PC_3；R-Sフリップフロップ型の位相比較器 $\left(利得 A=\frac{V_{CC}}{2\pi}[\mathrm{V/rad}]\right)$

入力部の L_1 と R_4 は**図 9-25** のように外部で信号入力と参照信号入力のグラウンドが接続されたとき，参照信号回路で発生した信号周波数の成分がグラウンド・ループでコモン・モード雑音として信号に混入するのを防ぐためのものです．

L_1 はトロイダル・コア(T8-16-4，H5A)に2本よじったツイスト・ペア線を10t巻いてあります．ノーマル・モードの参照信号に対しては，**コモン・モード・チョーク**なのでインピーダンスはもちません．

〈図 9-24〉 試作する参照信号回路

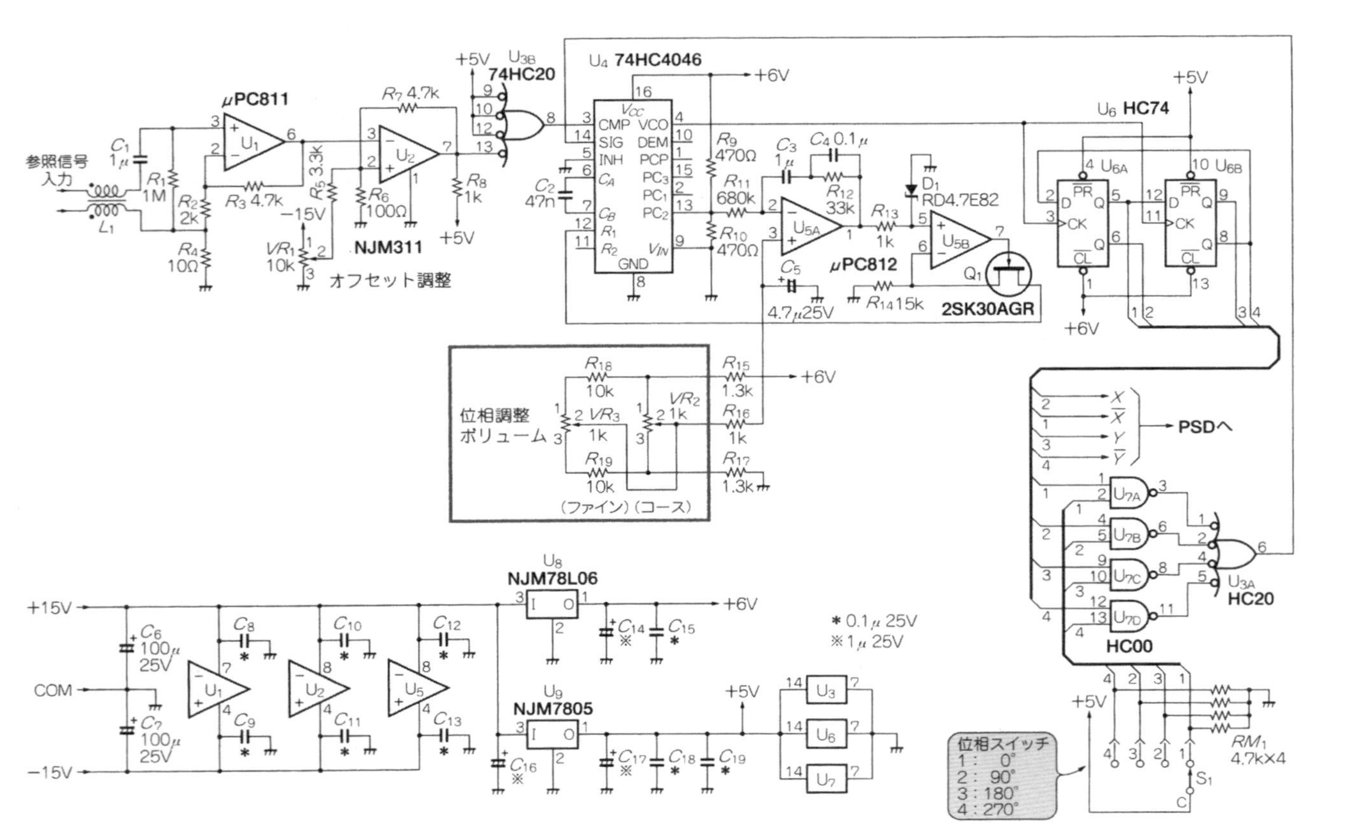

〈図 9-25〉信号を接続したときのグラウンド・ループ

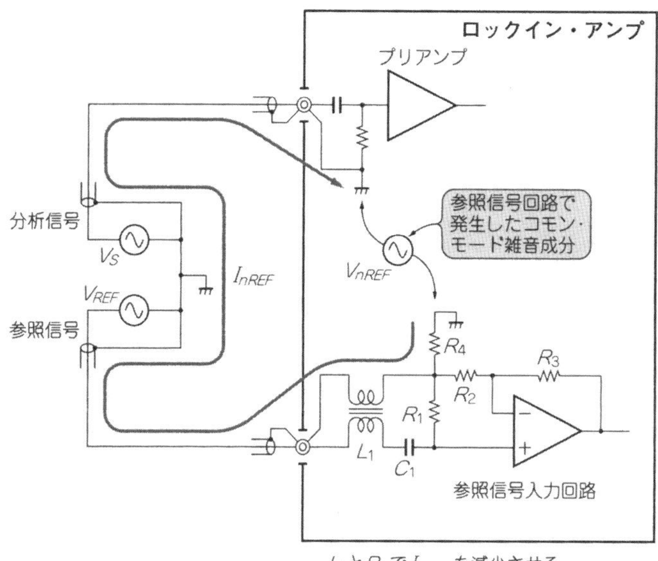

L_1とR_4でI_{nREF}を減少させる.

入力の C_1 と R_1 で直流分をカットしますが，分析周波数で位相誤差が出ないようにカットオフ周波数を十分低くします．また信号回路のプリアンプ入力部分の CR 時定数と同じにすると，補正されて位相誤差の発生を防ぐことができます．

入力参照信号の振幅は1V程度に考えていますので，U_1 (OPアンプ)で増幅してから，U_2 のコンパレータでロジック・レベルの方形波に変換します．チャタリングを防ぐために R_6 と R_7 で正帰還をかけ，ヒステリシスをもたせます．

● 正確な参照信号を作るために

U_2 のコンパレータは出力がオープン・コレクタになっています．そのため出力波形は立ち下がりのほうが速く，また74HC4046の PC_2 は信号の立ち上がりで位相比較しています．このため U_{3B} (インバータとして使用)で反転し，コンパレータ出力の立ち下がりで位相比較するよう論理を合わせます．

参照信号の立ち上がりのゼロ・クロス点で正確にコンパレータ U_2 の出力が立ち下がるように，VR_1 でオフセット電圧の調整をします．

ここでは位相の微調整のために，PLL(U_4)位相比較器出力にOPアンプ U_{5A} によるLPF

〈図 9-26〉
90°シフト回路のタイムチャート

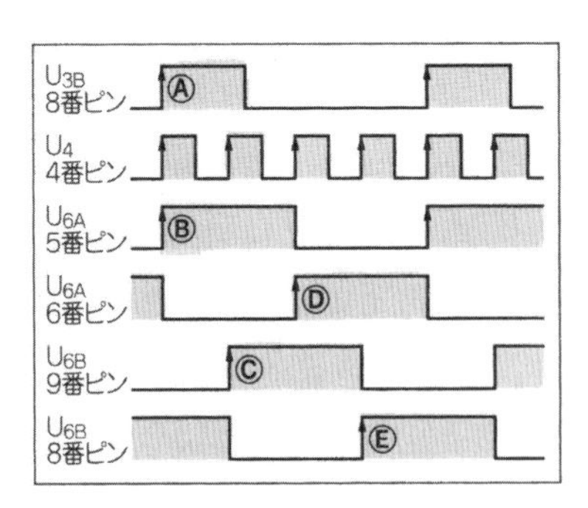

を使用しました．したがって位相が反転してしまいます．これを補正するために，PLLの位相比較器の基準信号入力(14番ピン)とフィードバック入力(3番ピン)はスワップして使用しています．

2相のPSDを駆動するには正確に90°シフトした信号が必要になります．ここでは**図9-26**のタイミングで動作する74HC74による1/4分周器を使用しました．この分周器は，ロジック回路で90°シフトしたクロックを発生するときによく用いられます．

四つの出力ⒷⒸⒹⒺは，VCO出力周波数が一定ならば，それぞれ正確に90°ずつずれています．どの出力をⒶのタイミングと一致させるかで，参照信号に対してPSD駆動信号を90°ステップで位相シフトさせることができます．つまり，Ⓑの変化とⒶの変化を一致させれば参照信号に対し0°で位相差は生じませんが，90°遅れたⒸとⒶを一致させると相対的に4本のPSD駆動信号が90°進み，参照信号に対し90°位相を進ませる結果となります．

U_7は比較信号の位相を選択をするためのゲートで，U_{3A}で論理を合わせています．

以上の結果として，74HC4046のVCOは参照信号の4倍の周波数で発振することになります．

● PLLローパス・フィルタの定数算出

目的の分析周波数範囲は500 Hz～2 kHzです．したがってVCOの発振周波数範囲は4倍の2 kHz～8 kHzが必要になります．この範囲は先に実験した**図9-22**の特性が使用できます．

図9-22の特性で危険なのは，制御電圧の上限で周波数が低下し制御電圧-周波数のカーブが反転することです．制御がこの範囲に入ってしまうとPLLが正帰還になり，ここか

〈図 9-27〉
ロ－パス・フィルタの構成

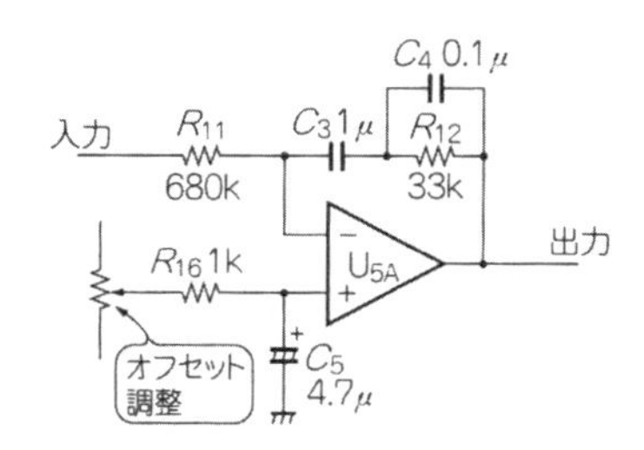

ら抜け出られなくて，参照信号にロックできなくなってしまいます．このため制御電圧の上限をツェナ・ダイオード D_1 で制限しています．

また少しでも信号レンジを広くとるために，74HC4046 の電源電圧は 6 V にしてあります．この電源は位相比較器の電源にもなります．ここに雑音が混入すると VCO のジッタの原因になるので，専用の 3 端子レギュレータを使用して，電源に雑音が混入するのを防止しています．

図 9-22 より VCO の利得 K_V は，

$$K_V = \frac{7.4\,\mathrm{k} - 2.6\,\mathrm{k}}{3\,\mathrm{V} - 1\,\mathrm{V}} \times 2\pi = 15 \times 10^3\,\mathrm{rad/sec \cdot V}$$

電源電圧 6V より位相比較器の利得 K_P は，

$$K_P = \frac{V_{CC}}{4\pi} = 0.48\,\mathrm{V/rad}$$

で分周比が 4，したがって LPF を除いたときの PLL の利得が 0 dB となる周波数 f_{VP0} は，

$$f_{VP0} = \frac{K_V \times K_P}{2\pi \times N} = 287\,\mathrm{Hz}$$

となります．

LPF は位相微調整機能のためオフセット電圧の設定ができて，リプル除去特性の良い**図 9-27** の回路とします．

この LPF の利得の平坦部分のセンタを 1 kHz とし，低域の持ち上がり部分の周波数をそれぞれ 1 kHz の 1/2，1/3，1/5 に，高域の下がり部分の周波数を 1 kHz の 2 倍，3 倍，5 倍にしたときのシミュレーション結果を**図 9-28** に示します．これより 1/3，3 倍のとき位相の戻りが約 60° となっていることがわかります．

したがって PLL の分周数が固定で VCO の利得が直線ならば，LPF 以外のループ利得は一定なので，利得が平坦な部分の中心でループ利得を 1 にし，中心の 1/3，3 倍にしゃ

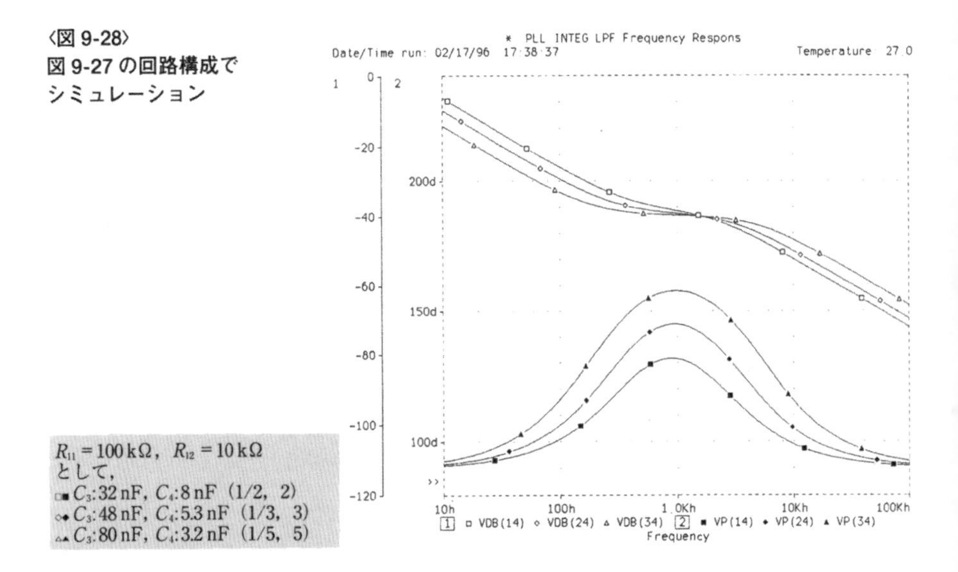

〈図 9-28〉
図 9-27 の回路構成でシミュレーション

断周波数がくるように設計すれば良いことになります．

PLL の過渡応答にピークやリンギングをもたせたくない場合は，その比をもっと大きく設計します．

● 位相調整のための回路

この参照信号発生回路では 74HC4046 の PC_2 を位相比較器に使用しますが，参照信号の位相を調整するために位相をずらして使用します．そのため 0° 以外では，PC_2 にパルスが出力されている状態でロックすることになり，このときのリプルを除去する必要があります．

LPF 出力のリプルはいちばん低いロック周波数がいちばん大きくなるので，500 Hz でのリプル除去を 40 dB 以上になることを条件に設計します．

LPF の平坦部分の減衰を 1/20 にすると，**図 9-29** が必要な LPF の特性です．したがって PLL 全体のオープン・ループ利得が 0 dB となる周波数 f_{VPL0} は，

$$f_{VPL0} = \frac{f_{VP0}}{20} = 14.4\,\mathrm{Hz}$$

図 9-28 から位相余裕を 60° もつようにするためには，フィルタのそれぞれのカットオフ周波数 f_L，f_H は，

〈図 9-29〉
LPF の漸近線特性

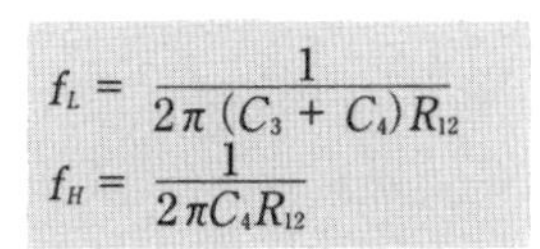

$$f_L = \frac{1}{2\pi(C_3 + C_4)R_{12}}$$

$$f_H = \frac{1}{2\pi C_4 R_{12}}$$

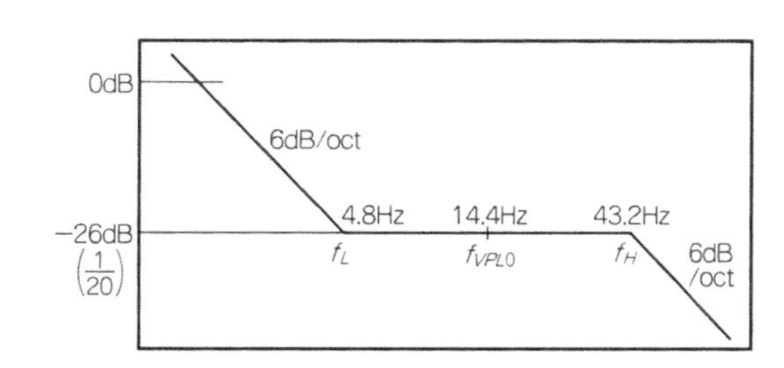

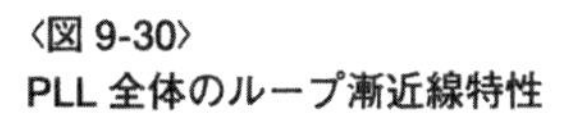
〈図 9-30〉
PLL 全体のループ漸近線特性

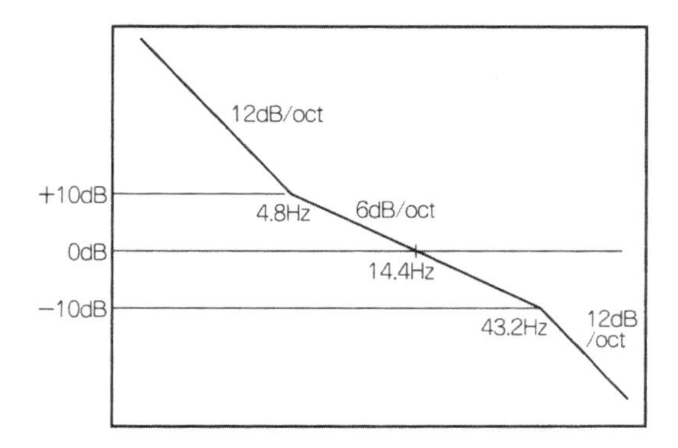

$$f_L = \frac{f_{VPL0}}{3} = 4.8\,\mathrm{Hz}$$

$$f_H = f_{VPL0} \times 3 = 43.2\,\mathrm{Hz}$$

コンデンサの入手性を考えて C_3=1 μF とすると，$C_3 \gg C_4$として，

$$R_{12} = \frac{1}{2\pi C_3 \times f_L} = 33\,\mathrm{k}\Omega$$

$$C_4 = \frac{1}{2\pi R_{12} \times f_H} = 0.11\,\mu\mathrm{F}$$

$$R_{11} = R_{12} \times 20 = 660\,\mathrm{k}\Omega$$

以上の計算結果から CR 素子の値を E24 系列で選んだのが**図 9-27** の回路です．

今回設計した PLL 全体のループの理論特性は**図 9-30** のようになります．

LPF の 43.2 Hz での減衰が約 26 dB で，その先は 6 dB/oct で減衰していき，432 Hz で 46 dB の減衰となりますから，目的の 500 Hz での減衰量：40 dB をクリアしていることになります．

〈図 9-31〉
FRA による PLL ループの計測

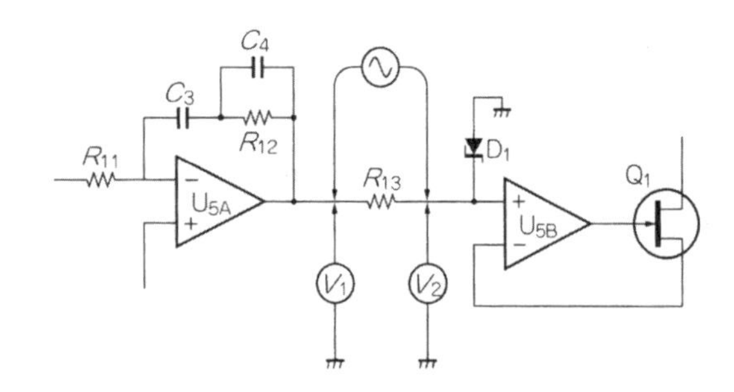

FRAの発振器出力をR_{13}の両端に加えV_1とV_2の振幅の比と位相差を計測する．FRAの発振器出力と分析入力はすべてアイソレーションされているので自由に接続できる．

● PLL 回路の応答特性を確認するには

PLL のオープン・ループ特性は，FRA(Frequency Responce Analyzer)と呼ばれる測定器を使用すると PLL が動作している状態で実測することができます．**図 9-31** のように接続し，FRA のスイープ信号を R_{13} の両端に混入させ，そのときの信号周波数成分の PLL ループでの利得と位相を計測します．

ここで作った参照信号発生回路の PLL ループ特性を計測した結果が**図 9-32** です．ループ利得が 0 dB になる周波数(設計値 14.4 Hz)がほぼ理論値どおりに計測でき，この周波数で位相がいちばん戻り，60°弱の位相余裕を示して安定な特性になっています．

PLL の過渡応答は一般には**図 9-33** のようになると錯覚しがちですが，この特性は位相が狭い範囲で変化したときの理論値です．大幅な周波数変化のときはあてはまりません．

周波数が大幅に変化したときは位相比較器 PC_2 の特性〔**図 9-23(b)**〕から，位相が大幅にずれて PC_2 の出力は $V_{CC}/2$ から V_{CC} までランプ状に変化します．したがって出力の平均値は $3V_{CC}/4$ となり，$V_{CC}/2$ が LPF のオフセットとなっているので，LPF つまり U_{5A} の積分器に $V_{CC}/4$ = 1.5 V の入力が加わったときの出力応答となります．

積分器の出力は，

$$\frac{1.5\,\mathrm{V}}{1\mu \times 680\,\mathrm{k}\Omega} = 2.2\,(\mathrm{V/s})$$

の傾きで変化してロック周波数に近づき，±360°の範囲に入ったら**図 9-33** のような変化でロックすることになります．

位相調整を 0°として，参照信号周波数を 500 Hz → 1 kHz → 500 Hz と急変させたとき

〈図 9-32〉 FRA による PLL ループの計測結果

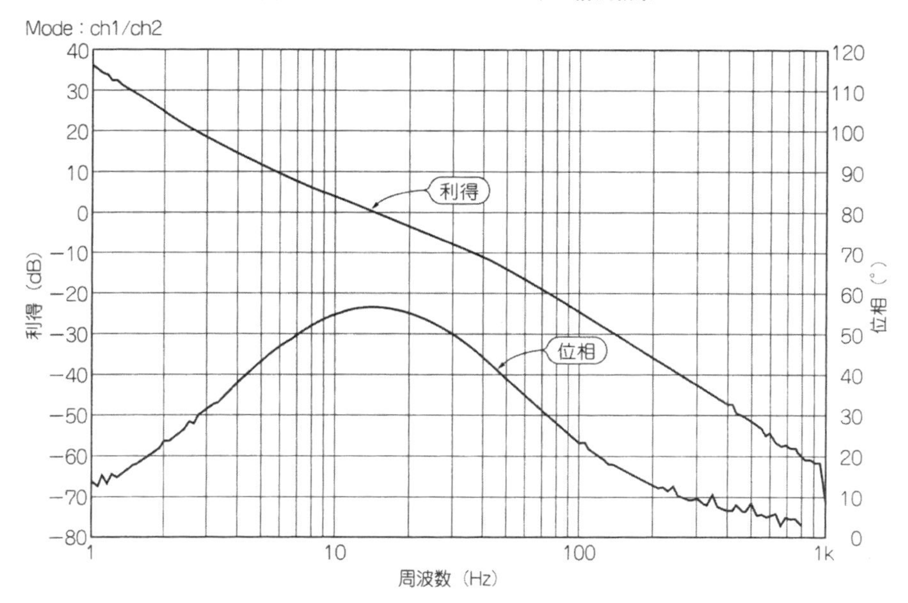

〈図 9-33〉
PLL の過渡応答

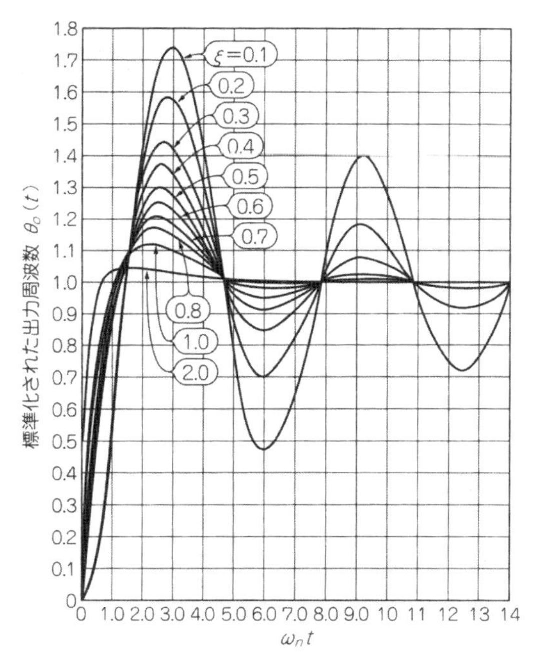

〈写真 9-2〉
PLL 回路の過渡応答

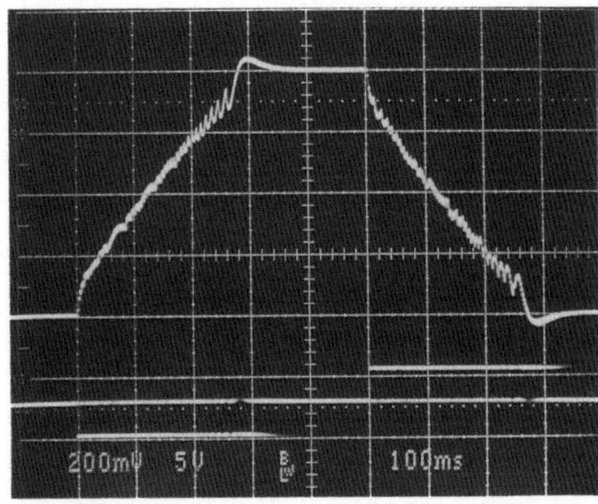

(**a**) 参照信号周波数が 500 Hz → 1 kHz → 500 Hz と急変したときの波形(上：U_{5A} 出力；200 mV/div，下：位相比較器出力；5 V/div)

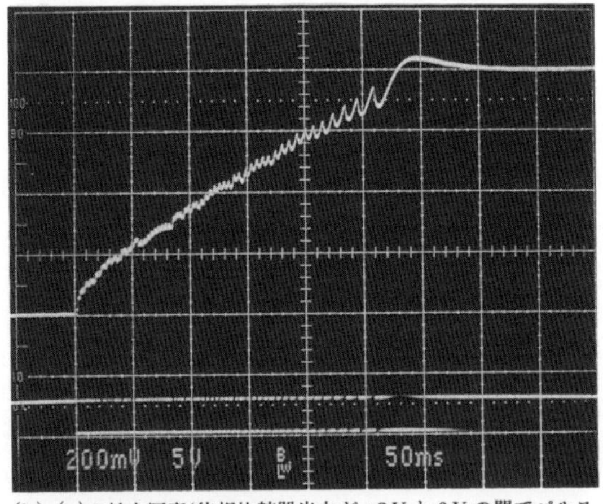

(**b**) (**a**)の拡大写真(位相比較器出力が +3 V と 0 V の間でパルス状になっている様子がわかる)

の，位相比較器出力と U_{5A} 出力の過渡特性を観測したのが**写真 9-2** です．周波数が 500 Hz から 1 kHz に変化したときの位相比較器出力が，$V_{CC}/2$ と 0 V の間を変化し，U_{5A} の出力が 100 ms の間に 220 mV 上昇(2.2 V/s)しているようすがよくわかります．

位相比較器出力が反転しているのは U_{5A} が反転タイプの LPF のため，位相比較器の入

〈図 9-34〉 位相の微調整

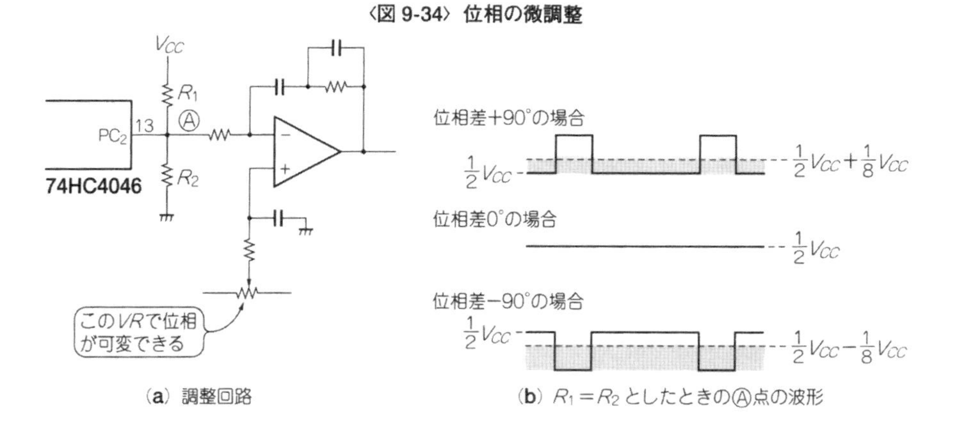

(a) 調整回路　(b) $R_1 = R_2$ としたときのⒶ点の波形

力…3番ピンと14番ピンをスワップしたためです．

このPLL回路の設計ではLPFの平坦な部分の減衰を1/20にしましたが，減衰を少なく設計すれば応答速度は速く，減衰を大きく設計すれば遅い応答特性となります．

またPLLでの分周数は4で固定でしたが，実際には分周数が変化することがあります．このときは f_{VP0} が変化するため，f_{VP0} がいちばん低い(分周数がいちばん多い)ときの周波数からLPFの f_L を決定し，いちばん高い(分周数がいちばん少ない)周波数から f_H を決定します．

つまり，分周数の変化が大きいほどLPFの平坦部分を広くしなければならないことになります．

● 位相調整回路の設計ポイント

ロックイン・アンプでは，参照信号の位相を自由に設定できなくてはなりません．周波数が固定ならば位相調整は比較的容易に実現できますが，分析周波数範囲のすべてにおいて一定位相に設定するためには，回路の工夫が必要です．

位相調整回路はロックイン・アンプのなかでも難しい部分です．ここでは少ない部品で位相調整が実現できる位相検出回路のオフセット加算方式を使用しました．

74HC4046の PC_2 の出力に**図 9-34** に示すように2個の等しい抵抗を接続すると，位相差0では位相比較器出力がオープン状態なので，A点の電圧は $V_{CC}/2$ となります．このため位相差がそれぞれ，+90°/0°/−90°のときは**図(b)**のような波形となり，この直流平

〈図9-35〉アナログ・スイッチ DG201HS の構成

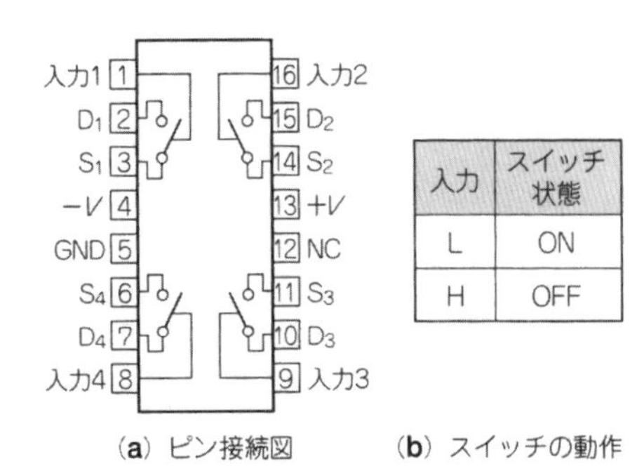

(a) ピン接続図　　(b) スイッチの動作

t_{ON}	Kタイプ	50 ns (max)
	Jタイプ	75 ns (max)
t_{OFF1}	Kタイプ	50 ns (max)
	Jタイプ	75 ns (max)
t_{OFF2}		150 ns (typ)
t_{OPEN}		5 ns (typ)
出力セトリング時間 (0.1 %)		180 ns (typ)
OFF時アイソレーション		72 dB (typ)
チャネル間クロストーク		76 dB (typ)
I_{DD}		10 mA(max)
I_{SS}		6 mA(max)
消費電力		240 mW(max)

(c) 電気的特性(V_{DD}=+16.5 V，V_{SS} = − 13.5 V，V_{IN}=3 V)

均値は周波数が変わっても位相差が同じならば同じ電圧となります．

したがって PC_2 の後に続く LPF 回路に直流オフセットを加えれば，PLL 回路はこのオフセット電圧に等しい直流平均値(=位相)でロックすることになり，オフセット電圧を調整すればどの周波数においても同じ位相を設定することができるというわけです．

このようにして簡単に位相を設定することができますが，0°以外では位相比較器からパルスが出力されます．つまりオフセット位相を大きく設定するほど LPF 出力のリプルが大きくなるので，LPF のリプル減衰比を大きくする必要があります(このため LPF の平坦な部分の減衰を 1/20 にした)．応答速度の点では不利です．

● PSD の設計ポイント

先に説明したように PSD は乗算器ですが，一般のアナログ乗算器では，直流ドリフトのために広いダイナミック・レンジ(120 dB 程度)で精度よく乗算することができません．

ダイナミック・レンジが広く，直流ドリフトの少ない乗算回路がスイッチングによる方形波乗算です．このため PSD には高速でひずみの少ないスイッチング素子が必要となります．最近は比較的速度が速く，ロジック・レベルで制御できる**アナログ・スイッチ** IC が市販されているので，回路が非常に簡単になります．

今回使用したアナログ・スイッチはもっともポピュラなアナログ・スイッチ IC DG201 の高速版です．**図9-35** に DG201HS の構成を示します．ハリス社，シリコニクス

〈図 9-36〉アナログ・スイッチの BBM 動作

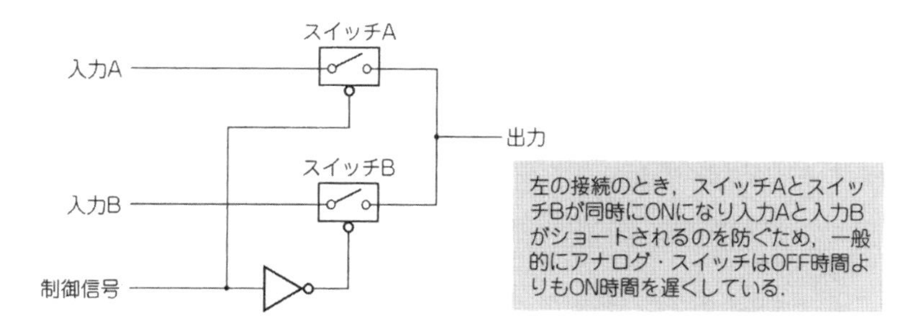

社，アナログ・デバイセズ社などで販売しています．

一般のアナログ・スイッチは**図 9-36** に示すように 2 点間の入力信号が短絡しないように，ターン OFF 時間よりもターン ON 時間が遅く(Break Before Make)なるように設計されています．しかし PSD などの用途にはスイッチングのデューティ 50 %… ON/OFF の時間比が等しいことが重要なので，ターン ON/ターン OFF も同じ時間のアナログ・スイッチを使うようにします．

図 9-37 が今回試作した PSD 回路です．時定数回路と直流増幅回路も含まれています．

スイッチングによる PSD には**図 9-38** に示すように半波 PSD と両波 PSD があります．**図(b)**の両波 PSD には 180° 反転した信号が必要になりますが，検波利得が 2 倍となり，また同期検波後の波形が 2 倍の周波数となるため，同じ時定数でもリプル電圧が小さくできます．高い周波数ではあまりメリットがありませんが，周波数が数Hz 以下に低くなると大きなメリットになります．

なお，アナログ・スイッチを駆動する信号は，信号周波数と同じ方形波なので交流信号系に混入しないように分離して配線することが大切です．実際の製作では駆動信号の信号系への混入防止が最大の課題となります．

PSD とプリアンプや BPF を接続する際，グラウンド電流とケーブル・インピーダンスによる参照信号の混入を避けるために，PSD 入力部は差動入力にしてあります．**図 9-39** に示すように接続することで，グラウンド電位差による雑音混入を防ぎます．

● 時定数回路の設計ポイント

ロックイン・アンプの等価雑音帯域幅を決定するのが**図 9-37** の回路の中の C_{33} ～ C_{36}，R_{39} ～ R_{42} で構成される時定数回路(LPF)です．ここでは試作ということで時定数を 300

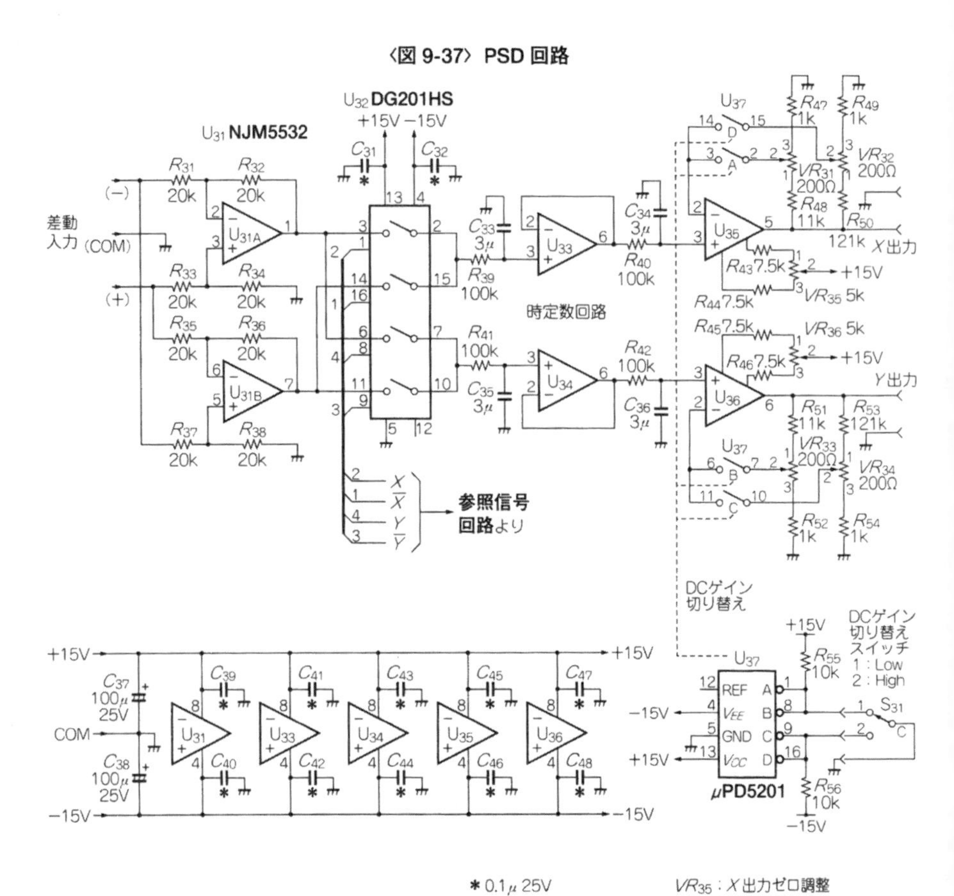

〈図 9-37〉 PSD 回路

ms，12 dB/oct に固定してあります．

この時定数は出力が1～2秒で安定し，**図 9-4** に示すように信号が直流で折り返される事から等価雑音帯域幅が 0.84Hz と低くなり，もっとも使用頻度の多い値です．

この時定数回路では時定数を稼ぐために 100 kΩ という高抵抗を使いますので，コンデンサには漏れ電流の少ないプラスチック・フィルム系のものを使用します．最近では積層フィルム・コンデンサの小型化が進み，以前に比べると格段に小さくなっているようです．

時定数を可変にするには抵抗を切り替えたほうが経済的でスペースも少なくてすみます

〈図 9-38〉スイッチングによる PSD の二つのタイプ

〈図 9-39〉
PSD とプリアンプの接続

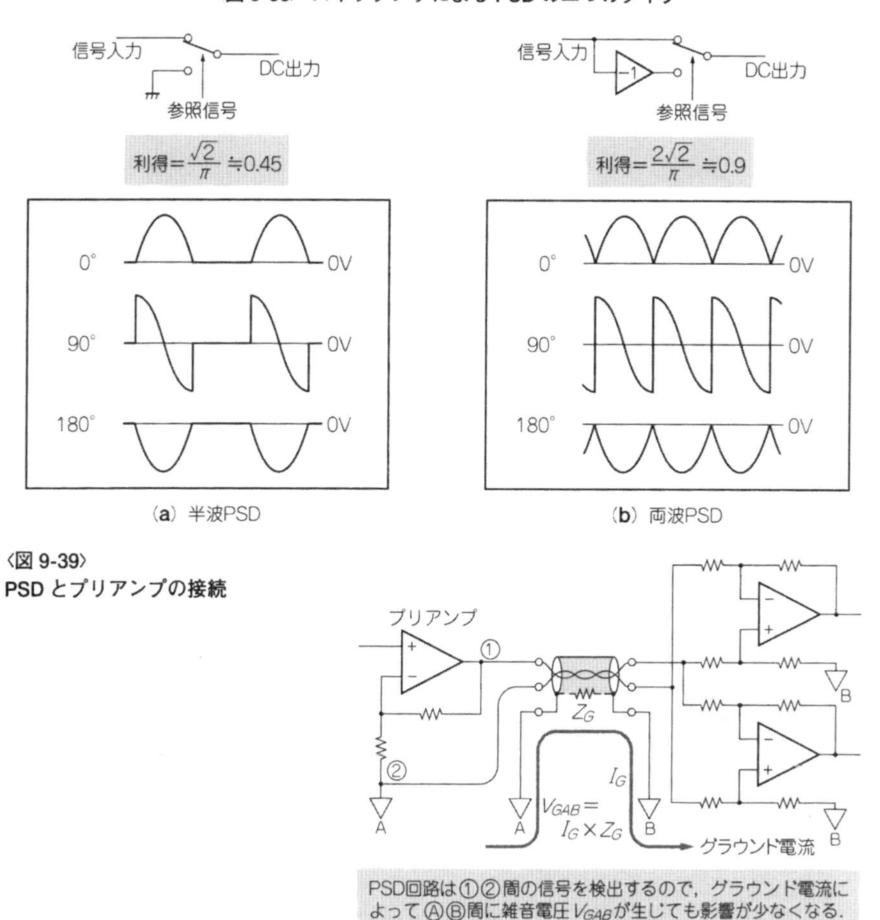

が，OP アンプの入力バイアス電流のために，直流オフセットが生じる危険があります．この回路の場合はコンデンサを切り替えたほうが安定な特性が実現できます．

FET 入力 OP アンプを使用すればバイアス電流の影響から逃れることができますが，FET 入力型だと直流オフセット電圧-温度特性の優れたものが少なく，また高価です．

ロックイン・アンプを自動制御の一部に使用する場合は，フィルタの特性を 6 dB/oct にする必要があります．この場合は C_{34} と C_{36} を切り離します．

● **DCゲインとダイナミック・リザーブは**

時定数回路で直流に変換された信号を増幅するのがこの段です．PSDの利得も含めて，ここでの利得を10倍と100倍の2点切り替えにします．

直流±10V出力をフルスケールにすると，各利得でのPSD入力フルスケールは交流1Vと0.1Vになります．このPSDでは雑音に対して24 V_{P-P}まで入力できるので，ダイナ

● コラムD ●　市販の位相検波器モジュール

この章ではロックイン・アンプを理解するためにPSDを試作・実験しましたが，より高性能な位相検波器が欲しいときは，メーカ製モジュールを使うことができます．信号系アンプと参照信号回路が1モジュール化されています(**表9-A**)．

いずれも(株)エヌエフ回路設計ブロックから発売されています．

〈表9-A〉　市販の位相検波器モジュールの一例〔㈱エヌエフ回路設計ブロック〕

■位相検波器

型　名	周波数特性	検波方式	LPF	利得 (ϕ=0)	参照信号	移相器	電　源	パッケージ
CD－552R3	1kHz～200kHz	同期検波	1次	1～10Vdc/V_{0-P}	CMOS (0/+5V)	0/－90°	±15V	6面シールド
CD－552R4	10kHz～2MHz	同期検波	2次	1～10Vdc/V_{0-P}	CMOS (0/+5V)	0/－90°	±15V	6面シールド

■電圧移相器

型　名	周波数範囲	入力レベル	モード	制御特性	位相切り替え	電　源	パッケージ
CD－951V4	1kHz～2MHz	CMOS (0/+5V)	F/2F	±90°/±5V	0/－180°	±15V	6面シールド

(**a**) CD-552R3/CD-552R4

型　名	周波数範囲	検波方式	入力増幅器	ポスト増幅器	BPF	移相器	LPF	参照信号	電源	外　形
CD－505R2	10kHz～10kHz	同期検波	利得1 差動	利得 1～100	Q=5	90±45° ポスト増幅器により，360°可能	2次	TTLレベル	±15V	40ピンDIP

(**b**) CD-505R2

ミック・リザーブはそれぞれ 27 dB と 47 dB になります．したがって，この PSD の前段に 1000 倍の利得のプリアンプを接続すれば，感度が 1 mV と 0.1 mV のロックイン・アンプとなります．低雑音プリアンプの設計例は拙著「計測のためのアナログ回路設計」の第 2 章が参考になります．

PSD 自体の利得は 0.9 なので，X 出力，Y 出力それぞれのアンプは 11.11 倍と 111.1 倍

▶ CD-552R3/CD-552R4（**写真 9-A**）

CD-552R3 は 1 kHz ～ 200 kHz，CD－552R4 は 10 kHz ～ 2 MHz のオンボード位相検波器です．

信号系は入力アンプ，位相検波器，ローパス・フィルタ，出力アンプから構成され，参照信号系は 0°/90° 移相器とデューティ比 50 %回路から構成されています．厳重に静電シールドされているので，安心して使うことができます．

▶ CD-505R2（**写真 9-B**）

このモジュールは入力差動アンプ，二つのポスト・アンプ，バンドパス・フィルタ，移相器，位相検波器，ローパス・フィルタから構成されています．信号周波数範囲は 10 Hz ～ 10 kHz で，外付け抵抗によりバンドパス・フィルタの中心周波数やポスト・アンプの利得や移相量を設定できるようになっています．

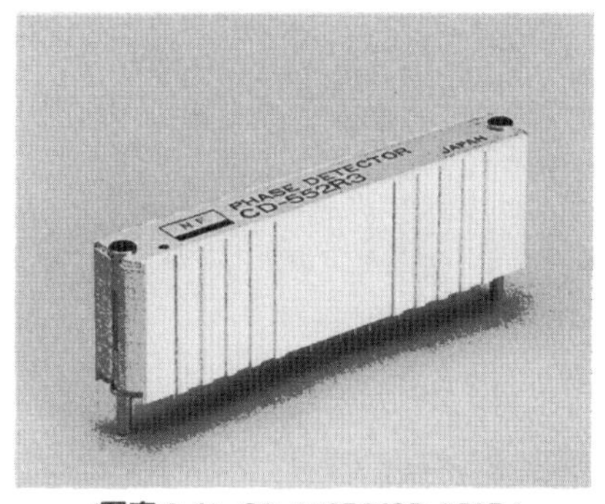

〈写真 9-A〉 CD-552R3/CD-552R4

〈写真 9-B〉 CD-505R2

に設計し，アナログ・スイッチ(U_{37})でHighとLowに切り替えられるようにしました．

この利得切り替え回路ではアナログ・スイッチには電流が流れません．よってアナログ・スイッチのON抵抗による影響はありません．汎用のアナログ・スイッチICで構いません．ここではμPD5201を使っています．

この段でいちばん重要なのは，直流増幅器ですから出力オフセット電圧ドリフト-温度特性です．ここではOPアンプにはポピュラな高精度(低ドリフト)OPアンプのOP07を使用しています．OP07のオフセット電圧およびバイアス電流の温度ドリフトから出力ドリフトを計算すると，

$$0.5\,\mu\mathrm{V/^\circ C} + (12\,\mathrm{pA/^\circ C} \times 100\,\mathrm{k\Omega}) = 1.7\,\mu\mathrm{V/^\circ C}$$

さらに時定数回路にも同様に使用しているので，計算上の出力ドリフトは倍の値3.4μV/℃となります．したがって各利得での出力オフセット電圧ドリフト-温度特性は，

10倍のとき… 37.8 μV/℃ …出力フルスケール10 Vに対して3.78 ppm/℃

100倍のとき… 378 μV/℃ …出力フルスケール10 Vに対して37.8 ppm/℃

この計算上の特性はOPアンプ… OP07の代表特性での最悪値ではありません．もっと悪い特性になる可能性もあります．ただし，この回路における信号源抵抗を100 kΩとしてOP07の温度ドリフトを測定し，それぞれ補償する特性をもったOPアンプを時定数回路と直流増幅回路に組み合わせて使用すれば，もっと安定な特性を実現することができます．

● 振幅と位相を求めるためのベクトル演算

図9-37のPSD回路だけでも，参照信号回路の位相を調整すれば，信号の振幅を計測することができます．振幅を求めるための位相の調整は，X出力が最大になるように位相を調整してもよいのですが，最大値は変化が緩やかなため見つけにくくなります．

したがって，Y出力が0 Vになるように参照信号の位相を調整します．Y出力が0 VになったときのX出力の値が振幅となります．

また，ベクトル演算回路を付加すれば，位相調整なしで振幅を求めることができます．ベクトル演算のいちばん正確な方法はX出力，Y出力をA-D変換して，ディジタル・データをCPUでベクトル演算する方法ですが，手軽で高速なのはアナログ回路でのベクトル演算です．

振幅と位相を求めるためのアナログ演算回路をそれぞれ**図9-40**と**図9-41**に示します．

なお**図9-41**の回路はX出力が正で，位相が0°から±85°の範囲のときのみ有効です．

〈図 9-40〉 振幅演算回路($A=\sqrt{X^2+Y^2}$)

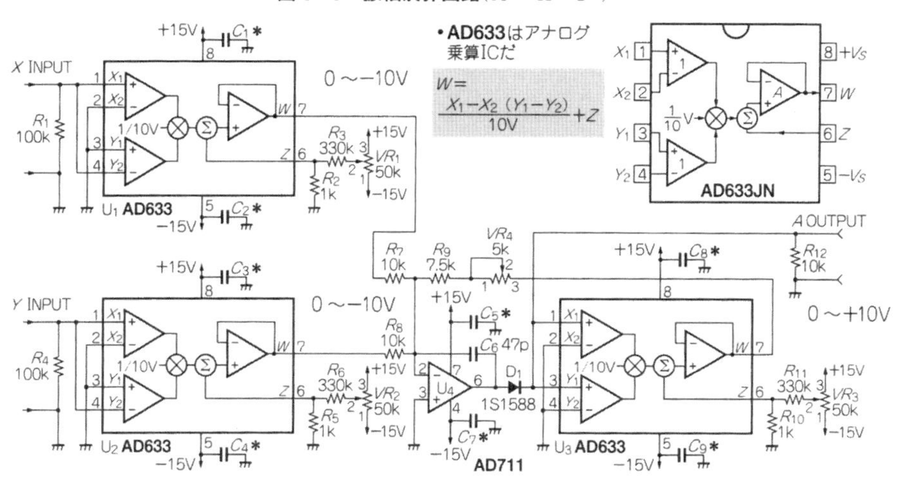

X 出力が負だったり位相が 90° 付近の場合は，参照信号回路の S_1 を切り替えるか，極性反転回路とスイッチ回路を設けて，U_1 の 3 番ピン入力が正になるように，また ±45° を境に X と Y をスワップして，必ず分母が正で分母よりも分子が小さくなるように設計すれば，すべての位相範囲で使用できるようになります．

● ロックイン・アンプとしての調整

調整は参照信号回路から始めます．各部の波形をチェックして回路のおよその動作が確認できたら，

① 参照信号入力に 1 kHz/100 mV_{rms} の正弦波を加える．

② 参照信号と U_{3B} の 8 番ピン(PLL の比較入力)の二つの信号をオシロスコープで同時に観測する．参照信号が 0 V を − から + によぎる点で，U_{3B} の 8 番ピンの信号が 0 V から + 5 V に変化するようにオフセット・ボリューム VR_1 を調整する．

参照信号回路の調整はこれだけです．つぎは PSD 回路の調整です．

③ 信号入力を 0 とするために差動入力の 3 本の信号[(−),(COM),(+)]を短絡する．

④ 参照信号入力に 1 kHz/1 V_{rms} の正弦波を加えて回路をロックさせる．

⑤ S_{31} の DCゲインを(2:High)に設定し，X/Y の PSD 出力が 0 V になるよう VR_{35} と VR_{36} を調整する．

〈図 9-41〉 位相演算回路（$\theta = \tan^{-1} Y/X$）

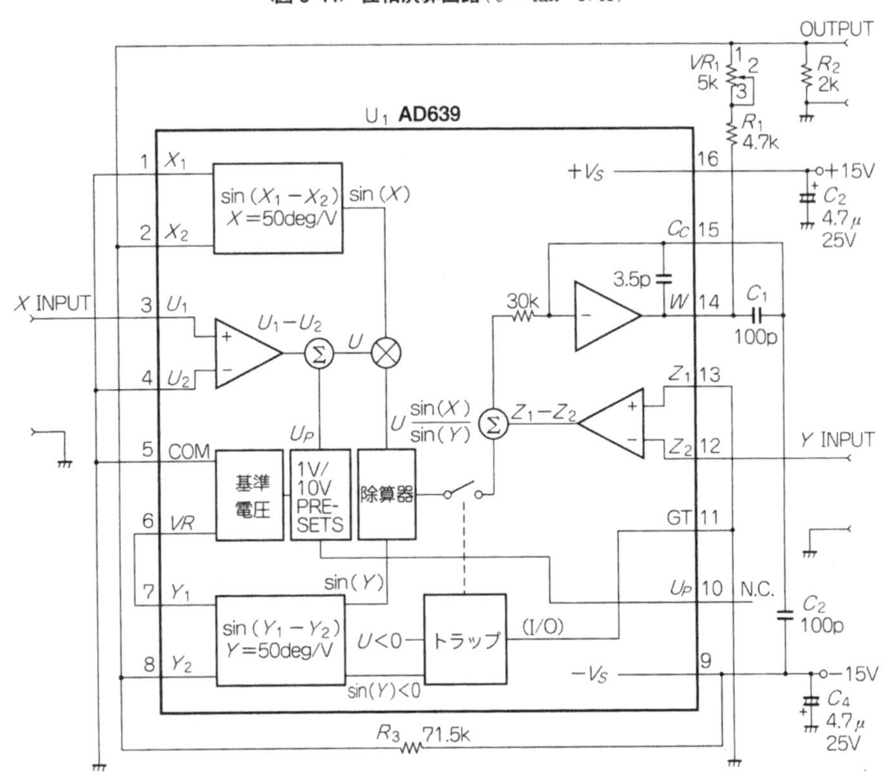

⑥ 信号入力を加えるために差動入力の(−)入力と COM を短絡する．

⑦ 参照信号の正弦波を 0.1 V に分圧して(＋)入力に加える．

⑧ 参照信号回路の S_1 を 1 に設定して，VR_2 で Y 出力が 0 V になるよう位相を調整する．

⑨ Y 出力が 0 V のとき X 出力が 10 V になるよう，PSD 回路の VR_{32} を調整する．

⑩ 参照信号回路の S_1 を 2 に設定して，VR_2 で X 出力が 0 V になるよう位相を調整する．

⑪ X 出力が 0 V のとき Y 出力が 10 V になるよう，PSD 回路の VR_{34} を調整する．

⑫ S_{31} の DC GAIN を(1:Low)に設定し，参照信号に加えた 1 kHz/1 V_{rms} の正弦波を PSD 入力にも加える．

⑬ ⑤と同様に，X/Y の PSD 出力が 0 V になるよう VR_{31} と VR_{33} を調整する．

以上で調整は完了です．このときの PSD 回路の動作波形を**写真 9-3** に示します．

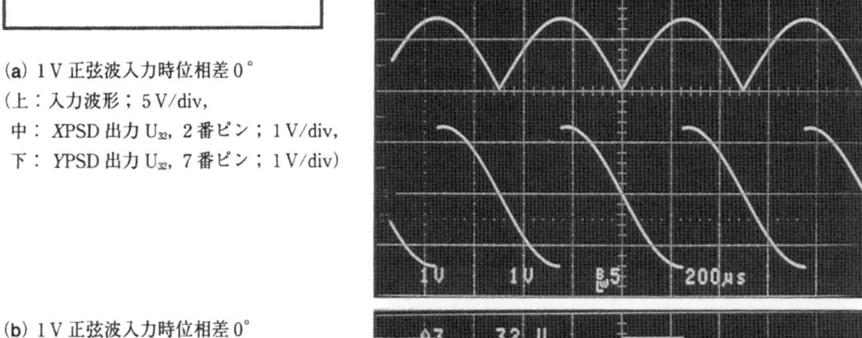

〈写真 9-3〉
PSD 回路の波形

(a) 1 V 正弦波入力時位相差 0°
(上：入力波形；5 V/div,
中： *X*PSD 出力 U_{32}, 2 番ピン；1 V/div,
下： *Y*PSD 出力 U_{32}, 7 番ピン；1 V/div)

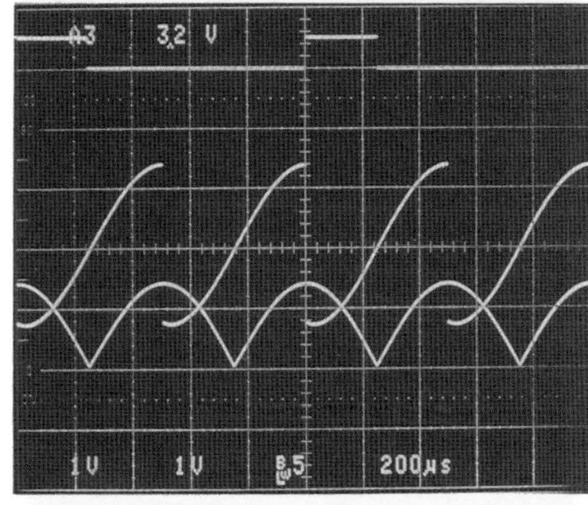

(b) 1 V 正弦波入力時位相差 0°
(VR_2 で + 90° シフトしたとき,
上：位相比較器出力 U_4, 13 番ピン；5 V/div,
中： *X*PSD 出力 U_{32}, 2 番ピン；1 V/div,
下： *Y*PSD 出力 U_{32}, 7 番ピン；1 V/div)

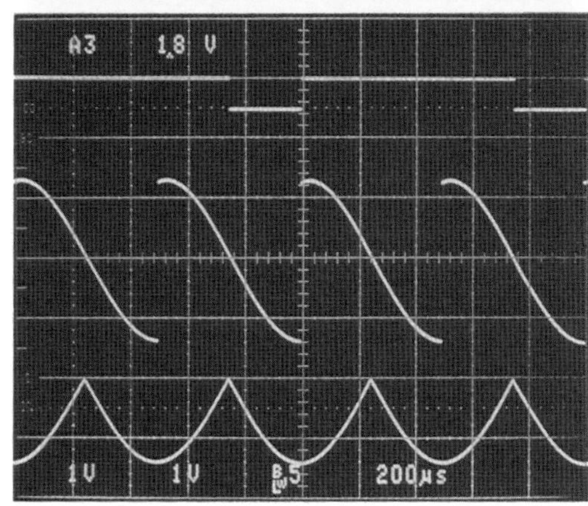

(c) 1 V 正弦波入力時位相差 0°
(VR_2 で − 90° シフトしたとき,
上：位相比較器出力 U_4, 13 番ピン；5 V/div,
中： *X*PSD 出力 U_{32}, 2 番ピン；1V/div,
下： *Y*PSD 出力 U_{32}, 7 番ピン；1 V/div)

〈**図 9-42**〉 **位相雑音特性** (1 V 入力時 DC Gain Low, Y 出力)

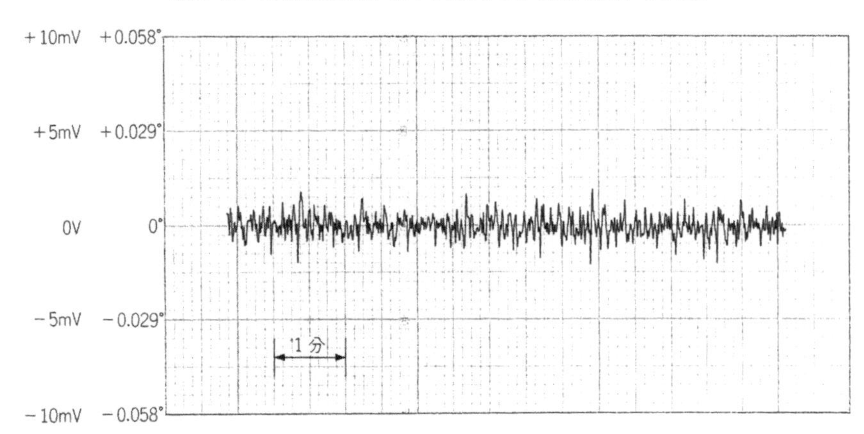

位相差 0°の 1 V_{rms} 正弦波を信号入力と参照信号に加えて，位相調整を 0°としたときの PSD の出力波形が**写真(a)**です．同じ入力条件で VR_2 の位相調整を ± 90°シフトしたときの波形が**写真(b)**と**(c)**です．位相比較器の出力が 90°の間だけ"High"または"Low"になっているようすがわかります．

同じ入力条件で，Y 出力が 0 V になるように VR_3 で位相微調整した後，Y-T ペン・レコーダで Y 出力の位相雑音特性を記録したのが**図 9-42** です．このときの時定数(300 ms, 12 dB/oct)では 0.01° がなんとか判別できる位相雑音になっています．時定数を増やせば応答は遅くなりますが，時定数の平方根に逆比例して位相雑音は減少し，位相の分解能が向上します．

第10章
物理・化学計測の微小信号処理に学ぶ
ロックイン・アンプの使い方

10.1 ロックイン・アンプを上手に使うには

● 市販のロックイン・アンプのしくみ

写真 10-1 は市販されている2位相ロックイン・アンプの外観です．実際の市販のロックイン・アンプにはCPUが内蔵され，GPIBおよびEIA-232インターフェースによって，パソコンなどからコントロールできるようになっています．

パネル面には液晶表示器に，設定項目と計測値が表示され，計測した信号の振幅を4桁，位相を0.01°分解能で，±180°の範囲で表示します．さらに参照信号の周波数も，内部の周波数カウンタで計測して表示しています．指針式メータ(アナログ・メータ)は乗算器…PSD出力のアナログ信号のモニタ用です．

〈写真 10-1〉 市販のロックイン・アンプ 5610B
〔㈱エヌエフ回路設計ブロック〕

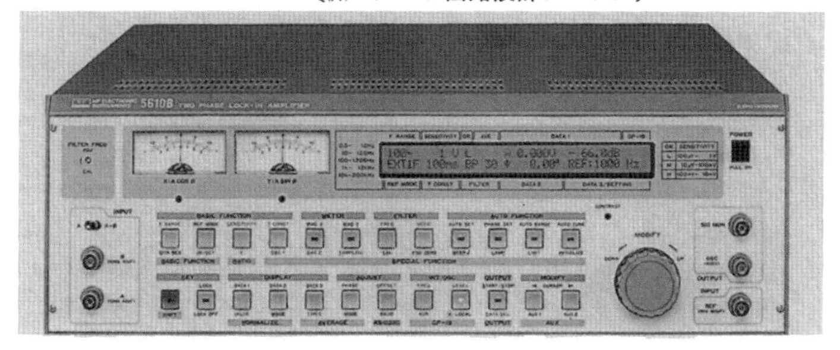

〈表10-1〉ロックイン・アンプのおもな仕様(5610B)

入力形式	差動または片線接地 (切り替えスイッチ)
入力インピーダンス	10 MΩ ± 2 %以内，並列容量 40 ±10 pF 以内
コモン・モード除去比	110 dB 以上，120 dB(typ) (100 Hz ～ 1 kHz，1 μV レンジ)
入力換算ノイズ	5nV/√Hz 以下，3nV/√Hz(typ) (1 kHz，入力短絡時)
最大入力電圧範囲	(線型動作領域) AC 28 V_{P-P}
感度	100 nV ～ 1 V_{RMS} フル・スケール (METERMAG 併用時最高 10 nV)
周波数範囲	0.5 Hz ～ 200 kHz (± 3 dB)

(a) 入力信号系

サンプリング周期	100 ms，300 ms，1 sec，3 sec，2 sec
分解能	13 ビット直線量子化

(b) A-D 変換部

モード	バンドパス(BP)，ローパス(LP)，ハイパス(HP)，スルー(THRU)
周波数レンジ (分解能)	0.5 Hz ～ 120.0 Hz　(0.1 Hz) 100 Hz ～ 1200 Hz　(1 Hz) 1.00 kHz ～ 120.0 kHz　(10 Hz) 10.0 kHz ～ 120.0 kHz　(100 Hz)
Q(選択度)	LP，HP：0.7 固定 (12 dB/oct，最大平坦型) BP：Normalタイプ　1，5，30 LPF　タイプ　1，5，30 HPF　タイプ　1，5，30

(c) フィルタ

モード	ダイナミック・リザーブ	入力感度	利得安定度(typ)
H	70 ～ 110 dB	100 nV～10 mV	300 ppm/℃
M	50 ～ 90 dB	10 μV～10 mV	50 ppm/℃
L	30 ～ 70 dB	100 μV～10 V	20 ppm/℃

(d) 信号モード

時定数(TC)	1 ms ～ 30 s，1･3 系統，10 レンジ ディジタル・データ平均使用時， 最大 5120 秒
減衰傾度	6 dB/oct または 12 dB/oct 切り替え
位相ノイズ	0.003° RMS (typ) (100 Hz，TC = 300 ms，6 dB/oct) 0.001° RMS (typ) (1 kHz，TC = 300 ms，6 dB/oct) 0.001° RMS (typ) (10 kHz，TC = 300 ms，6 dB/oct)

(e) 位相検波(PSD・LPF)部

モードおよび周波数範囲	外部 1F：0.5 Hz ～ 200 kHz， 外部 2F：0.5 Hz ～ 100 kHz， 内部 1F：0.5 Hz ～ 120 kHz， 内部 2F：0.5 Hz ～ 100 kHz，
入力形式	不平衡
入力インピーダンス	1 MΩ ±10 %以内， 並列容量 100 ±30 pF 以内
入力電圧範囲	0.3 V ～ 30 V_{P-P}
入力波形	任意定形波(1 サイクル中に平均値を 2 度だけよぎり，その相隣れる交叉点の時間比が一定の波形)．パルスの場合はパルス幅 1 μs 以上，デューティ比 1：10 ～ 10：1 以内
参照信号位相調整	0 ～ ± 180° (0.01 分解能) 調整可能
直交性	±0.1° (typ) 0.5 Hz ～ 10 kHz ±0.5° (typ) 10 kHz ～ 100 kHz

(f) 参照信号(REF)系

周波数レンジ (分解能)	0.5 Hz ～ 120.0 Hz　(0.1 Hz) 100 Hz ～ 1200 Hz　(1 Hz) 1.00 kHz ～ 12.00 kHz　(10 Hz) 10.0 kHz ～ 120.0 kHz　(100 Hz)
出力振幅 (分解能) (無負荷時)	0 ～ 25.5 mV_{RMS} (0.1 mV_{RMS}) 0 ～ 255 mV_{RMS} (1 mV_{RMS}) 0 ～ 2.55 V_{RMS} (10 mV_{RMS})
出力インピーダンス	600 Ω ±1 %以内
ひずみ率	0.01 %以下 (1 kHz，振幅フルスケール時)

(g) 内部発振器

このロックイン・アンプの主な仕様を**表 10-1** に示します．

図 10-1 が構成のブロック図です．入力感度のフルスケールは 100 nV ～ 1 V で，0.5 Hz から 200 kHz の信号を分析することができます．また参照信号の位相を 0° から ± 180° まで 0.01° 分解能で可変できるようになっています．

ロックイン・アンプでは非常に微小な信号を扱いますから，信号系と参照信号系の漏れ，および外部を制御する際の雑音混入などの防止が非常に重要です．そのため内部では，光絶縁されたバスが使用されています．

また，プリアンプで増幅され，フィルタを通過した後の信号をモニタするための BNC コネクタが設けられているので，PSD…位相検波器の前の雑音のようすをモニタすることもできます．PSD で処理され時定数回路を通過した出力信号は，ディジタル表示だけでなくアナログ信号としても出力されています．

● ロックイン・アンプを使う環境

「ロックイン・アンプは雑音を除去できるからどんな環境でも使用できる」というようなことはありません．数 nV ～数 mV 以下のごく微小信号を計測するための計測器なので，やはりそれなりの配慮が必要です．

たとえば測定系の近くにパルス性の大きな雑音源があり，その雑音が参照信号系に混入すると，内部の PLL 回路が正常に動作しないこともあります．入力に 10 V 以上の雑音が混入すると，プリアンプが飽和する危険もあります．ということで，一般計測器と同じように雑音の少ない環境で使用する必要があります．

計測器…ロックイン・アンプを乗せる机はスチール製のものにするのが原則です．そして，各計測器のグラウンドと電源のグラウンドを机に接続します．

計測する値が 1 μV 以下のごく微小信号の場合は，商用電源ラインに第 8 章で紹介したような**ノイズ・フィルタ・トランス**を挿入することも重要です．電源からの雑音を低減すると安定な計測を行うことができます．

ロックイン・アンプは第 9 章でも説明したように，**ダイナミック・リサーブ** *DR* を大きく設定すると内部で直流利得が大きくなり，計測値の温度ドリフトが生じやすくなります．より正確な計測を行う場合は，30 分以上**ウォーミング・アップ**して，内部の温度が一定になるのを待つことも大切です．

〈図 10-1〉 ロックイン・アンプ 5610B のブロック図

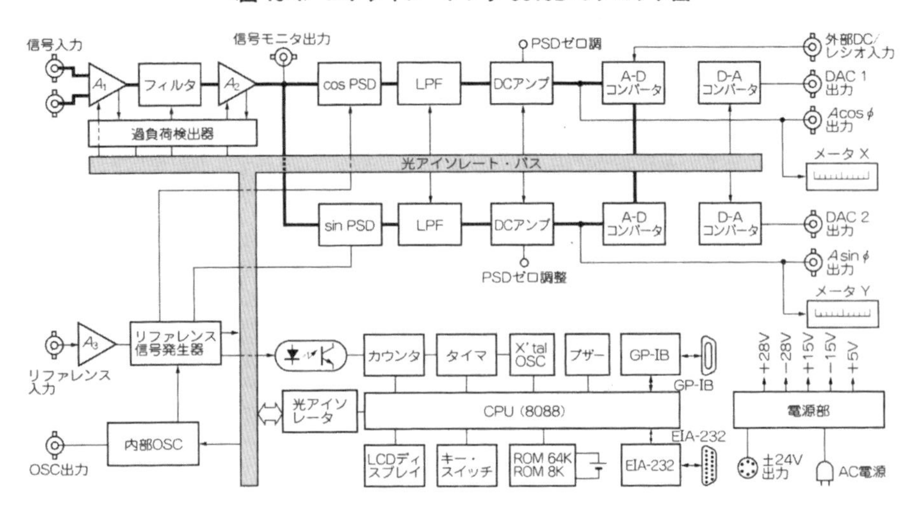

● 参照信号はどうするか

第9章の説明でもわかるように，ロックイン・アンプは一般の交流電圧計とはまったく動作が異なります．必ず参照信号と呼ばれるものが必要になります．

この参照信号は，外部からロックイン・アンプに接続するだけでなく，**図 10-1** にも示したように，ロックイン・アンプ自体にも参照信号発生用の発振器を内蔵しています．つまり，発振器出力を外部に出力するとともに，参照信号として使用します．

参照信号を外部からもってくる使い方を外部参照信号モード(External Mode)，内蔵された発振器を使用することを内部参照信号モード(Internal Mode)と呼んでいます．

外部参照信号モードの場合は，参照入力に加えられた信号がマイナスからプラスに0Vをよぎる点が位相0°となります．

参照信号としてロックイン・アンプに供給する信号は，振幅が小さすぎると参照信号回路の動作が不安定になり，PSD駆動信号にジッタが増え，位相雑音が増加します．

逆に振幅が大きすぎると，参照信号が分析信号入力側に漏れて計測誤差を生じます．一般に参照信号の振幅は，1 $V_{P\text{-}P}$ から数 $V_{P\text{-}P}$ 程度の信号が最適となります．

また0点をよぎる部分に雑音が重畳していると参照信号回路が不安定になるので，参照信号波形もモニタして，0点をよぎる部分がきれいであることを確認しておくことも大切です．

ロックイン・アンプでは，高調波分析モードを備えているものもあります．これらは参照信号入力に加えられた信号を，参照信号回路内部で整数倍の周波数に変換してPSDに供給しています．2倍の高調波を分析する場合は2F，3倍の高調波を分析する場合は3Fと呼び，参照信号のモードと合わせて，INT2F，EXT3Fなどと呼んでいます．

● 入力信号の接続が重要

ロックイン・アンプでは，参照信号と異なった周波数の信号はすべて除去することができます．しかし参照信号成分が入力信号に混入した場合は，同じ周波数のために取り除くことができず，計測誤差となってしまいます．

ロックイン・アンプを使用した微小信号計測システムの計測限界を決定するのが，この参照信号成分の混入です．そして，参照信号の混入を左右するのが，入力信号と参照信号の接続方法です．

また参照信号と異なった周波数でも，信号に対してあまりに雑音の振幅が大きいと，雑音除去のために大きな時定数が必要となって計測時間が長くなってしまい，信号の速い変化が捕らえられなくなります．

一般的なロックイン・アンプでは**図10-2**に示すように信号入力が差動，参照信号入力が片線接地となっていますが，信号入力部にはスイッチがあって，差動入力と片線接地入力とが選択できるようになっています．信号入力と参照信号入力の低域しゃ断周波数を同

〈図10-2〉
ロックイン・アンプ入力部の例

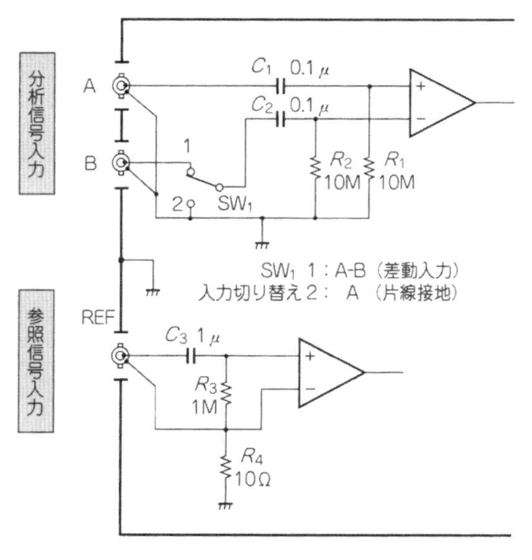

じにして，入力結合回路での位相誤差の発生を防いでいます．参照信号入力部の抵抗 R_3 は，参照信号成分が**グラウンド・ループ**で流れるのを防ぐためのものです．

計測する信号が比較的大きく(およそ1mV以上)，信号源と参照信号源のグラウンドが独立して分離している場合は，一番手軽な**図 10-3** のような接続で計測を行ってもあまり問題は生じません．

ところが信号が微小になり，信号と参照信号のグラウントが共通になっていたりすると，**図 10-4** のように参照信号の漏れ成分(V_{RN} … I_{RN})がグラウンド・ループに流れます．すると漏れ成分がケーブルのインピーダンス(Z_C)によって信号に混入して計測誤差を生じます．信号が0のはずなのに，ロックイン・アンプの指示が0にならないという現象が生じます．

このようなときには**図 10-5** のように差動入力を使用して，グラウンド・ループによる影響を取り除きます．このとき信号ケーブルのグラウンド側は，グラウンド・インピーダンス(Z_{RG})が大きいときは接続して，グラウンド・インピーダンスが小さいときは接続し

〈図 10-3〉 片線接地での信号源との接続

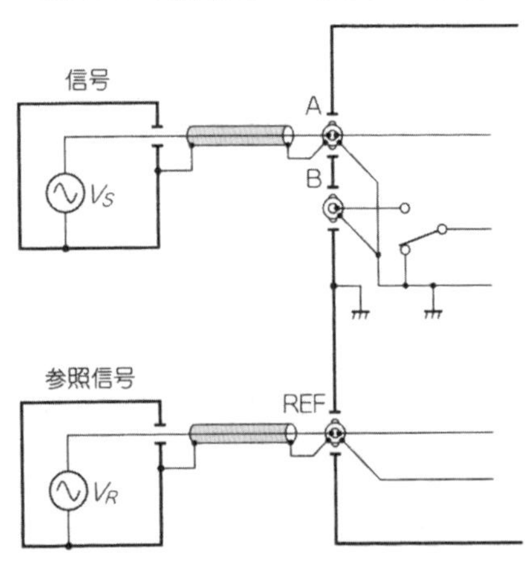

〈図 10-4〉 グラウンド・ループによる参照信号の混入

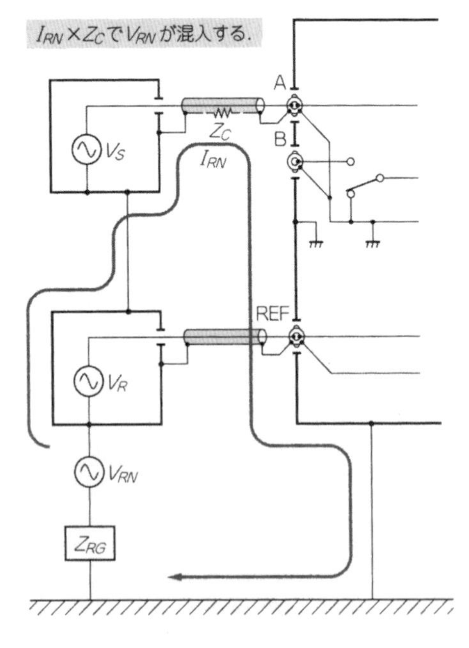

ないほうが好結果が得られます．実際には信号0のとき，ロックイン・アンプの指示が0に近い接続方法を選択します．

● 入力の差動バランスも正確に

差動信号の2本のシールド・ケーブルの間に磁束がよぎると，起電力が生じます．この起電力はノーマル・モード雑音となって，入力に混入してしまいます．したがって，信号線には2本のシールド・ケーブルを撚るか，2本入りのシールド・ケーブルを使用します．

差動増幅器の$CMRR$は二つの入力部分のバランスが大きな影響をおよぼします(拙著「計測のためのアナログ回路設計」第5章参照)．より正確な微小信号計測を行うときには，

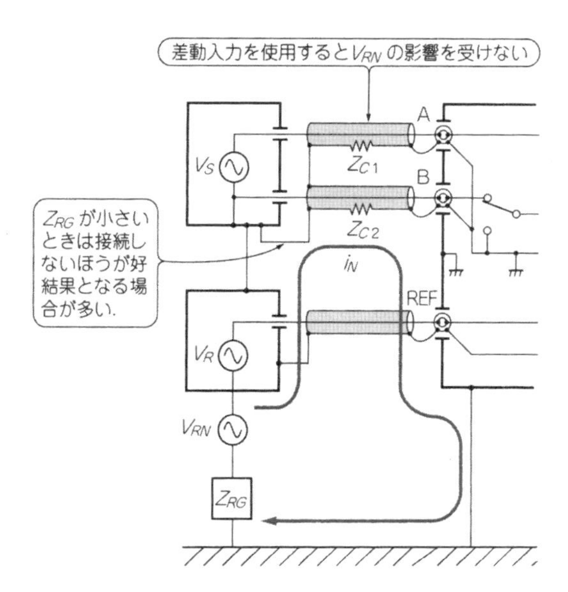

〈図10-5〉
差動入力での信号源との接続

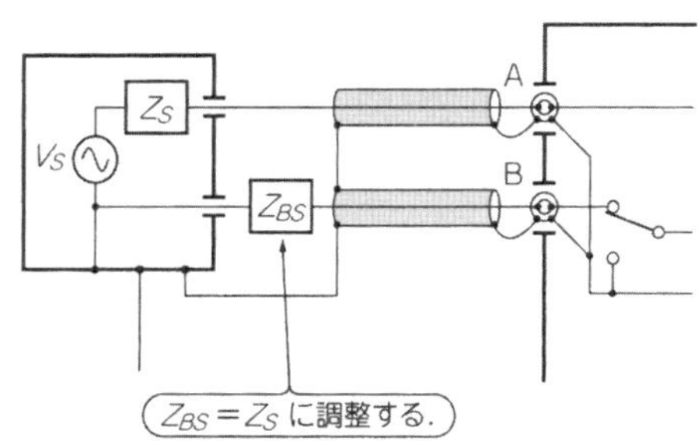

〈図10-6〉
差動入力の信号源インピーダンスを等しくする

図10-6に示すように信号源インピーダンスに等しいインピーダンスZ_{BS}を挿入します．こうして差動入力の信号源インピーダンスを等しくして*CMRR*を高く保ち，参照信号成分の漏れ込みをできるだけ防ぎます．

信号源インピーダンスZ_Sが抵抗性だけのときはZ_{BS}も抵抗となりますが，誘導性または容量性が含まれるときはコイルやコンデンサも必要になります．

Z_{BS}を挿入したら，まず参照信号を加えます．そして信号源V_Sを0にした状態で，ロックイン・アンプの指示が0になることを確認します．このときの残留誤差成分が，システムの計測誤差となります．誤差が計測信号値に対して無視できないときは，Z_{BS}の値を調整して0に近づけます．

どうしても残留誤差成分が除去できないときは，残留誤差成分X，Yそれぞれの値を記録し，実際の計測値X，Yを補正して電卓などでベクトル演算を行えば，より正確な計測が行えます．ロックイン・アンプの中には，この補正機能を内蔵している機種もあります．

参照信号周波数や信号源インピーダンス，接続方法などが変化したときには，残留誤差成分も変化します．そのつど補正作業を行うことになります．

信号入力回路または参照信号入力にトランスを挿入するとグラウンド・ループが切断でき，好結果が得られることがあります．ただし信号入力回路にトランスを挿入する場合は，信号源インピーダンスによって周波数特性が変化するので注意が必要です．**入力トランス**については第7章を参照してください．

● ダイナミック・リザーブの設定のしかた

ダイナミック・リザーブ*DR*は，入力感度フルスケールに対する雑音レベルの許容値を示すものです．ロックイン・アンプではその値を選択することができます（**表10-1**に示したモデルではL：30 dB，M：50 dB，H：70 dB）．

しかし第9章でも説明したように，計測値の温度安定度とダイナミック・リザーブは反比例の関係にあるので，計測信号に合わせて，なるべく低い値を設定します．

実際の計測にあたっては，はじめ一番低いダイナミック・リザーブに設定してから，信号を計測します．計測値がレンジ・フルスケールにならないのにオーバ表示が点灯したときには，ダイナミック・リザーブを次の大きさに設定します．

計測値がレンジ・フルスケール付近でオーバが生じなければ，そのダイナミック・リザーブが最適な値といえます．

〈図 10-7〉 微小変化の検出

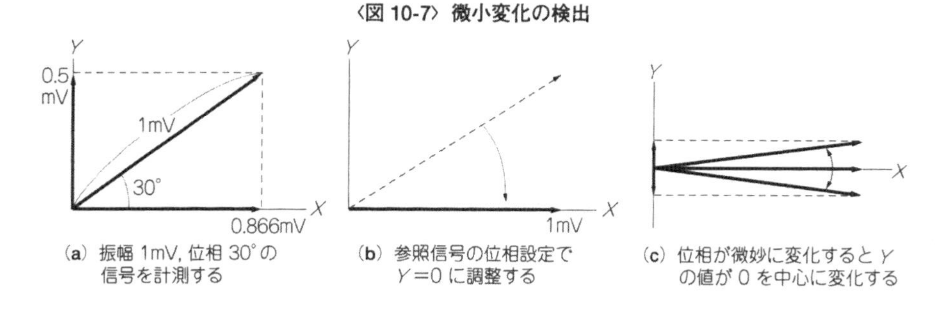

(a) 振幅 1mV, 位相 30°の信号を計測する　(b) 参照信号の位相設定で Y=0 に調整する　(c) 位相が微妙に変化すると Y の値が 0 を中心に変化する

10.2 ロックイン・アンプの応用を拡大するために

● 微小変化を検出するには

ロックイン・アンプは信号の振幅と位相を計測するだけでなく，信号の微小変化を捕らえたいときにも使用します．この信号の微小変化を捕らえるときに活躍するのが，参照信号の位相調整機能です．

たとえば〔振幅 1 mV，位相 30°〕の信号を計測すると，**図 10-7** に示すように〔X= 0.866 mV，Y= 0.5 mV〕(10 V フルスケールの PSD では，アナログ出力が X= 8.66 V，Y= 5 V)となります．これでは位相が 1° 微小変化しても，出力の変化の割合はごくわずかにしかなりません．

しかし，あらかじめ参照信号の位相設定で Y= 0 V に調整しておくと，位相が 1° 微小変化すると Y= 0 V から Y= 17.5 μV(PSD のアナログ出力では Y= 0 V から Y= 0.175 V)と変化することになります．PSD 出力が 0 V からの変化のため，信号の微小位相変化が PSD 出力では大きな変化として捕らえられます．

このようなロックイン・アンプの微小変化の特性を表すのが，**位相雑音特性**と呼ぶものです．位相雑音は参照周波数や次に説明する時定数の値によって異なります．

たとえば参照信号周波数 1 kHz，時定数 300 ms の設定で雑音のない 1 mV の信号を受け，Y 出力を 0 V に位相調整しておきます．この 10 V フルスケールの PSD アナログ出力に 1 mV_{rms} の雑音が含まれていると〔$\sin^{-1}(1\ mV_{rms}/10\ V) = 0.0057°_{(rms)}$〕の位相雑音ということになり，この値以下の位相の微小変化は検出できないことになります．

位相雑音は微小位相変化の限界を決定する性能なので，ロックイン・アンプではもっとも大切な性能となっています．実際のシステムでは，PSD のアナログ出力をペン・レコーダに記録したり，A-D 変換して CPU に取り込んだりするので，PSD アナログ出力の波

〈図 10-8〉
Y-Tペン・レコーダによる記録例

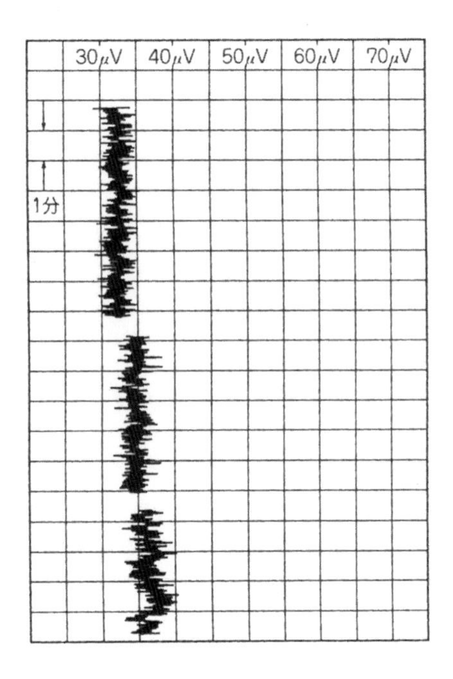

形がロックイン・アンプの命ともいえます．

第9章の**図 9-11**(p.233)に示したのが，代表的なロックイン・アンプである**表 10-1**の機種の位相雑音特性です．

● 出力信号にふらつきがあるときの観測方法

周波数が高くて雑音が比較的少ない信号のときは，アナログ式メータや数字表示器の計測値を読み取ることに問題はありません．数値のふらつきなどはありません．しかし周波数が低くなり，雑音の量も多くなると計測指示がふらついて数値の判読が難しくなります．このようなときは，回路の時定数を増やしていき，指示値のふらつきを少なくします．

指示値のふらつきは，雑音の考え方と同じです．ふらつきは時定数の平方根に反比例して少なくなります．たとえば時定数を100 msから1 secにすると，ふらつきは$1/\sqrt{10}$つまり1/3.16に減ることになります．

時定数を1 secにしてもまだ指示値がふらつくような信号の計測の場合は，さらに時定数を大きくすると，今度はいつデータが安定したかの判別が難しくなって，計測値を読み取るのが困難になります．

〈写真 10-2〉
ライト・チョッパ 5584A
〔㈱エヌエフ回路設計ブロック〕

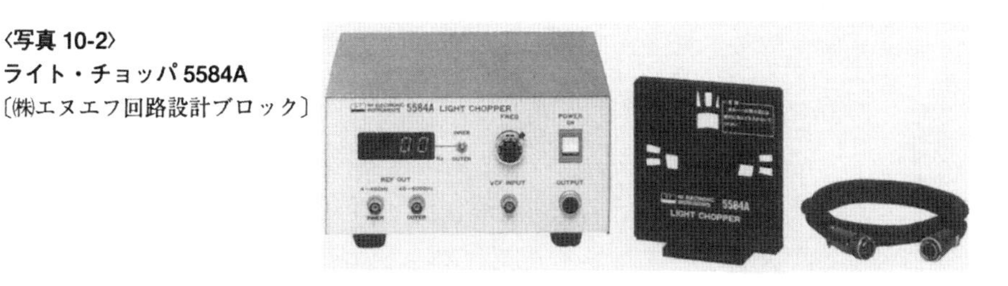

このようなときはアナログ出力を *Y-T* レコーダなどに記録して観測すると，データの変化のようすが一目でわかり，計測値の決定も楽に行えます．**図 10-8** に *Y-T* レコーダによるロックイン・アンプでの記録例を示します．

● 光計測に使うとき…ライト・チョッパの活用

ロックイン・アンプは光計測にも多用されています．しかし連続した光をセンサで電気信号に変換しても，信号が直流のときはロックイン・アンプでは検出することができません．そこで登場するのがライト・チョッパと呼ばれるものです．

ライト・チョッパとは円盤にスリットをつけ，回転させて，そこに計測する光を通過させることによって光を断続(チョッパ)させます．チョッパされた光信号は，センサで交流電気信号に変換されロックイン・アンプに入力されます．**写真 10-2** にライト・チョッパの外観，**図 10-9** にブロック図を示します．

〈図 10-9〉 ライト・チョッパの構造

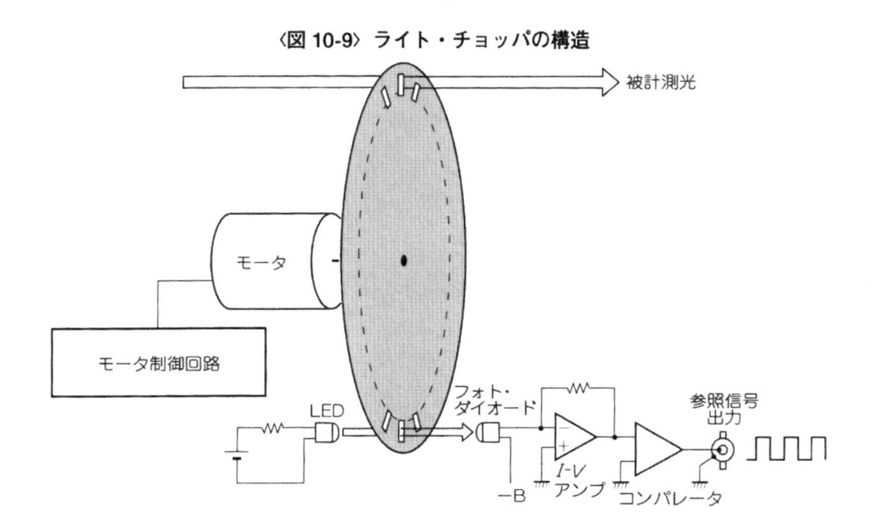

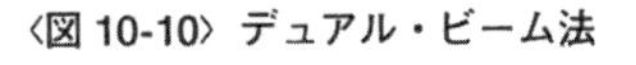
〈図10-10〉デュアル・ビーム法

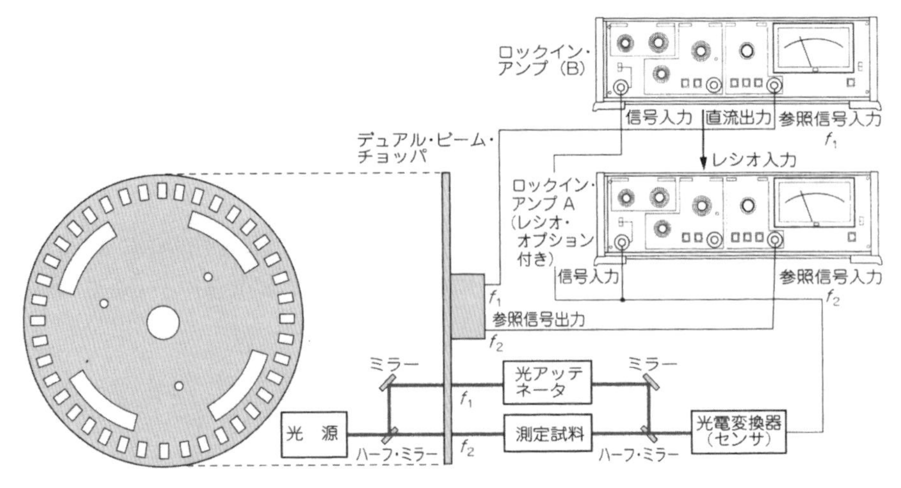

ライト・チョッパからは光の断続に同期した信号が出力されるため，ライト・チョッパ信号をロックイン・アンプの参照信号として使用します．

ライト・チョッパを使用するときは，信号と参照信号のグラウンドが別々になります．そのためグラウンド・ループの影響もなくなります．

ただし光の微小変化を検出するには，光のチョッピングおよび同期出力信号のジッタが少ないものが要求されます．また，応答スピードの速いアプリケーションでは高速チョッピングが必要となります．ライト・チョッパの選び方が重要になります．

● 光源の特性変化を補う…ライト・チョッパでのデュアル・ビーム法

光計測では光源やセンサなどにさまざまな光デバイスを使用することになります．しかし，現状の光デバイスは発振器や電圧計などの電子デバイスに比べると理想的な特性を期待することができません．つまり，光の波長に対してフラットなスペクトラムをもち，輝度が経時変化しない光源とか，光の波長に対してフラットな感度をもつセンサなどは実現されていません．

そこで光計測用として考案されたのが，デュアル・ビーム法と呼ばれるものです．

図10-10に示すように，光源から出た光をハーフ・ミラーで二つに分け，間隔の異な

るスリットを二つもったライト・チョッパで，それぞれ相関のない別々の周波数にチョッピングします．このとき試料に片方の光だけを通過させ，再びハーフ・ミラーで混合して一つのセンサで電気信号に変換するものです．

センサからの電気信号は，二つのロックイン・アンプでそれぞれの周波数成分を検出します．試料を通らない光信号にも，光の波長に対する光源やセンサの特性，光源の輝度の経時変化が含まれているため，二つの計測結果の比を算出すると，それら誤差が相殺されて試料の特性だけを得ることができます．

ロックイン・アンプには計測値と外部直流入力電圧の比を計算する機能をもったものもあります．

なお試料を通過する光の減衰が多い場合は，基準の光束を絞るなどしてアッテネートし，光のレベルを合わせるとより正確な計測を行うことができます．

10.3 ロックイン・アンプを使った応用計測

● 広がる微小信号計測分野

ロックイン・アンプはさまざまな分野で使用されています．大別すると次の三つがあります．

① 雑音に埋もれた微小信号を計測する

赤外分光光度計，2 次量子光分光分析，光音響分光計，超電導材料の評価，金属材料の引っ張り試験，アンプの *CMRR* または *IMRR* 測定

② 被測定体の伝達関数の微小変化を計測する

オージェ電子分光計，金属探知器，渦流探傷器

③ 被測定体のベクトルを計測する

LCR メータ，ケミカル・インピーダンス，電子ビームの計測

以上の多くは装置に組み込まれてしまい，見た感じはロックイン・アンプの形状はしていません，しかし，ロックイン・アンプの心臓部である PSD…位相検波器が組み込まれています．位相検波器は応用分野によっては**同期検波**と呼ばれることもあります．

これからも以上の三つの特性を活かした新しい応用が考えられ，その分野も広がっていくことと思います．

以下それぞれの計測法について概要を説明します．詳しくは参考文献を参照してください．

〈図10-11〉赤外分光光度計のブロック図

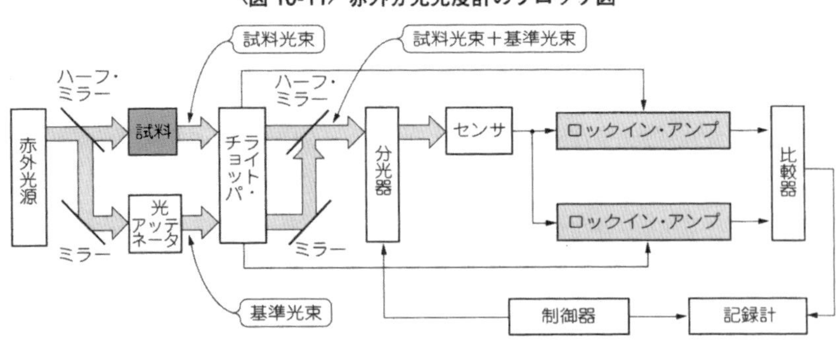

● 赤外分光光度計への応用

物質を構成する分子はすべて化学結合した原子から構成され，これらの化学結合は伸縮振動をしています．これらの分子に，ある振動数をもった光を照射すると同じ振動数の化学結合をもった分子の場合は，光を吸収して透過させない性質があります．したがって，光の波長を変化させてスイープしていくと，ところどころに光の吸収が起こり，物質特有のスペクトルを得ることができます．

このスペクトルを**吸収スペクトル**といいますが，人間の指紋と同様に，この吸収スペクトルはそれぞれの物質によってすべて異なります．未知の物質の吸収スペクトルを計測することによって，その物質の組成や分子構造を特定することができます．

赤外分光光度計はこの原理に基づくものです．光源に2.5 μm～25 μmの波長をもった赤外線を使用し，固体，液体，気体いずれの状態にも摘要することができます．

図10-11がデュアル・ビーム法を用いた赤外分光光度計のブロック図です．光源から出た光は，ハーフ・ミラーによって試料光束と基準光束に分けられます．

試料光束は被計測体である試料を通過し，基準光束は光の波長特性のフラットな光アッテネータで，試料光束と同じレベルの光度に減衰させます．二つの光束はライト・チョッパで異なる周波数にチョッピングされます．そして，それぞれ異なった周波数の光は再びハーフ・ミラーで混合され，分光器を通過します．

分光器は，電気回路でいうところの中心周波数を外部制御できるBPF(バンドパス・フィルタ)に相当し，制御器からの指令によって通過させる波長をスイープしていきます．分光器からの光はセンサによって電気信号に変えられ，試料光束と基準光束，それぞれのチョッピング周波数を参照周波数とした二つのロックイン・アンプによって分析され，比較器で二つの光束の比を演算します．

〈図 10-12〉
2 次量子分光分析法
（フォト・ルミネッセンス）

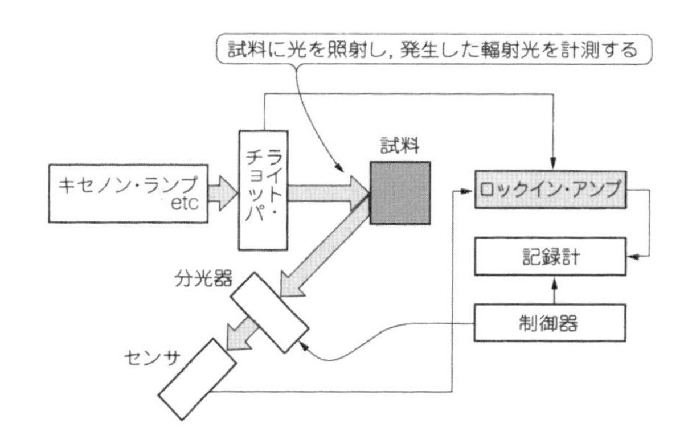

そして，制御器からの指令で記録器に試料の吸収スペクトルが記録されます．

赤外分光光度計は，分析機器の中でももっとも応用範囲の広い機器で，物理化学，薬学，農学，生物学，公害分野と広範囲に使用されています．

● 2 次量子光分光分析への応用

光を物質に照射すると，その物質を構成している分子または原子の種類によって固有の波長の光を吸収することは先に説明しました．その際，吸収したエネルギによって，そのエネルギより弱いエネルギの光(より波長の長い光)を物質は輻射します（ルミネッセンス現象と呼ぶ）．

また，この光を蛍光または燐光と呼んでおり，この輻射光のスペクトラムを計測することにより，物質の特定を行うことができます．これが 2 次量子光分光分析で，光源には紫外線や波長の短い可視光線が使用されます．

この方法は赤外分光光度計などに比べて高感度で，定量できる濃度範囲も広くなっています．しかし，類似物質の蛍光スペクトルは似ていて，物質の特定には適していません．最近では半導体ウェハ評価などにも使用されているようです．

図 10-12 が 2 次量子光分光分析器のブロック図です．キセノン・ランプは比較的広範囲の波長の光を発生し，スペクトルも平坦で光量も大きいため，光分析にはよく使用される光源です．

光源から出た光はライト・チョッパを通過し，試料に照射されます．試料から発生した蛍光のみを検出し，分光器とロックイン・アンプで光スペクトラムを計測し，記録します．

〈図 10-13〉
光音響スペクトル測定装置のブロック図

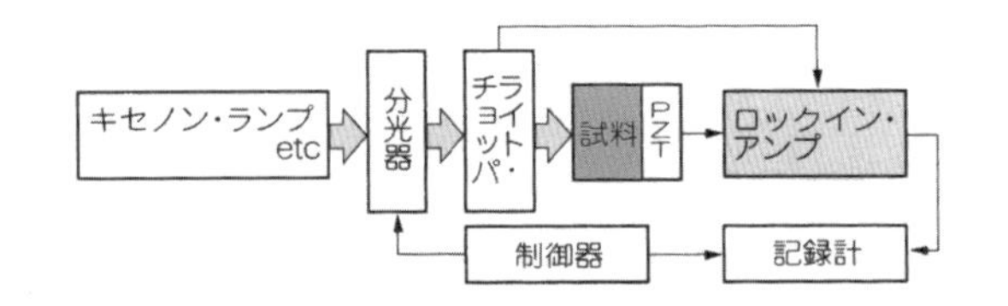

● 光音響分光計(PhotoAcoustic Spectroscopy)への応用

2次量子光分光分析と似たようなメカニズムで分析を行うものにPAS…光音響分光計と呼ばれるものがあります．PASは光の波長を変えながら試料に照射し，試料から発生する音をマイク…センサで集音して，光の波長に対する発生音量のスペクトルを記録して分析します．

原理的に考えると，PASは物質による光吸収の結果から生じる熱を音として捉える分光法ということになります．

図10-13がPAS装置のブロック図です．光源にはキセノン・ランプや色素レーザ，CO_2レーザなどがよく用いられます．

センサにはチタン酸ジルコン酸鉛($Pb(Zr{\cdot}Ti)O_3$，一般にPZTという名称で呼ばれている)のほかにエレクトレット・コンデンサ・マイクなども使用されます．

試料が固体や液体の場合は，空気との音響インピーダンスが異なるため，固体や液体中で発生した音波は大部分が界面で反射され，空気中には伝わらないという問題が発生します．

発生した音波を効率よく捕らえるためには，試料とセンサの間に音響インピーダンスの異なる物体(空気など)を介在させないように工夫する必要があります．

● 超伝導材料評価への応用

常温超電導を目指してさまざまな実験が行われていますが，一般に超伝導の実験では試料を極低温に保って実験を行います．そのとき試料が超伝導に達したことを，試料の抵抗を計測しながら確認することになりますが，抵抗を計測する際の電流により試料がジュール熱を発生し，温度制御に支障をきたします．

このため電流はごく微小でなければならず，また試料自体の抵抗値が低いため発生する電圧も微小で検出が難しくなります．

〈図 10-14〉ジョセフソン素子の I-V 特性

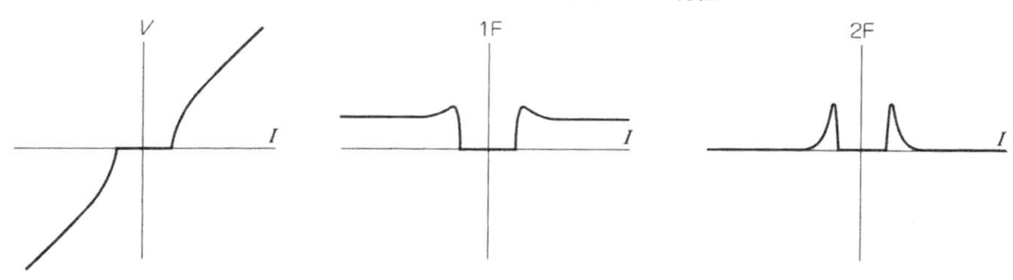

(a) ジョセフソン素子の I-V 特性　(b) 1Fモード (1次微分抵抗)　(c) 2Fモード (2次微分抵抗)

〈図 10-15〉
超伝導材料の微分抵抗測定

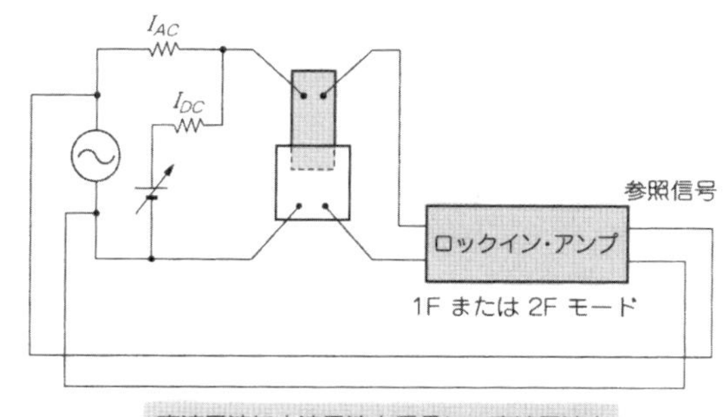

直流電流に交流電流を重畳し，直流電流をスイープしながら超伝導材料で発生した交流電圧をロックイン・アンプで計測する.

超伝導では試料にごく微小の交流電流を流します．試料で発生する微小交流電圧をロックイン・アンプによって検出することにより，試料の抵抗計測を行っています．信号が交流なので熱起電力の影響から逃れることができ，誤差の少ない低抵抗計測が行えます．

超伝導材料の一つに有名なジョセフソン接合があります．ジョセフソン接合は酸化膜を挟んだアルミ蒸着ストリップなどで構成され，1K 以下に冷却すると，**図 10-14** の電流-電圧特性が得られます．

このように非直線性をもった試料の場合，**図 10-15** のように直流電流に一定の交流電流を重畳します．そして直流電流を可変させながら発生した交流電圧を，ロックイン・アンプの 1F モードで計測すれば，抵抗値(1 次微分特性)が測定できます．2F モードで計測

〈図 10-16〉 **SQUID センサの構造**

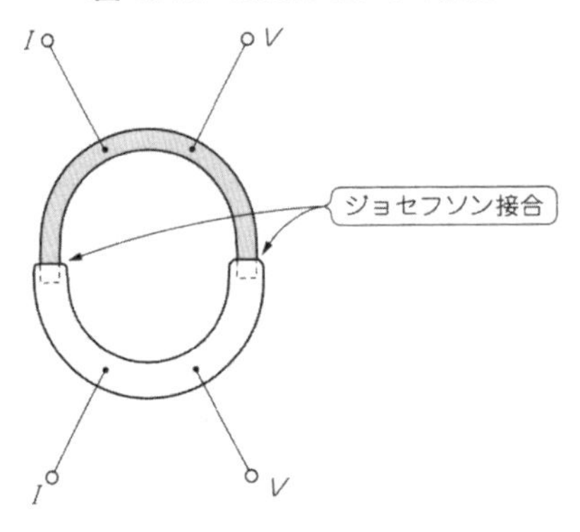

〈図 10-17〉 **SQUID センサに磁束が通ったときの特性**

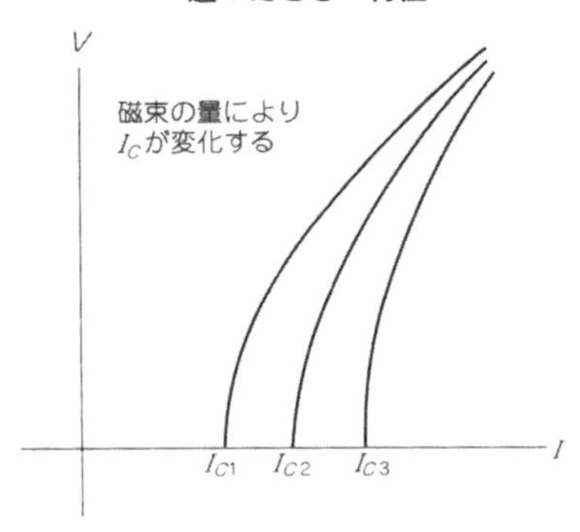

すれば，抵抗値の変極点(2次微分特性)を高感度で計測することができます．

ジョセフソン接合を二つ並列に接続し，**図 10-16** のようにセンサを構成すると，穴に通す磁束によって電流-電圧特性が**図 10-17** のように変化します．非常に高感度な磁束センサとなります．これが **SQUID**(Superconducting QUantum Interference Device)と呼ばれるもので，人間の脳から発生する磁場の検出や，地磁気のゆらぎなどの検出に使用されています．

超伝導には有名な**マイスナー効果**(完全反磁性)があります．これは，試料が超伝導状態になると磁束が試料内に閉じ込められて外に出てこなくなる状態をいいます．この状態を確認するための方法に**相互誘導法**と呼ぶものがあります．

相互誘導法は**図 10-18** に示すように，1次コイルと2次コイルを2組構成し，それぞれ巻き方向を逆にしています．このため試料を入れない状態では2次側の信号の大きさが同

〈図 10-18〉
超伝導材料の帯磁率の測定方法
(マイスナー効果の確認)

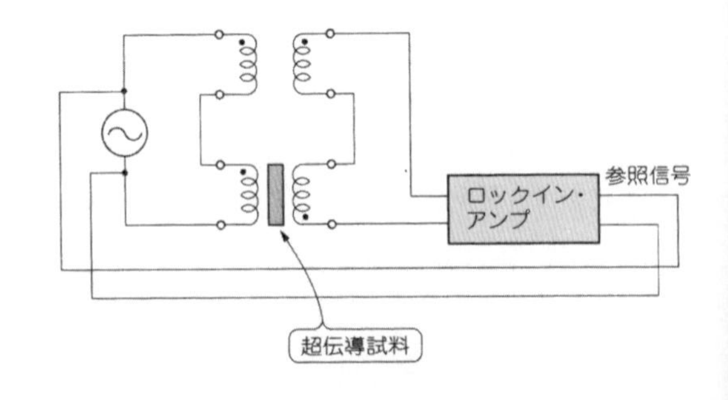

〈図 10-19〉 金属材料の引っ張り試験(AC ポテンシャル法)

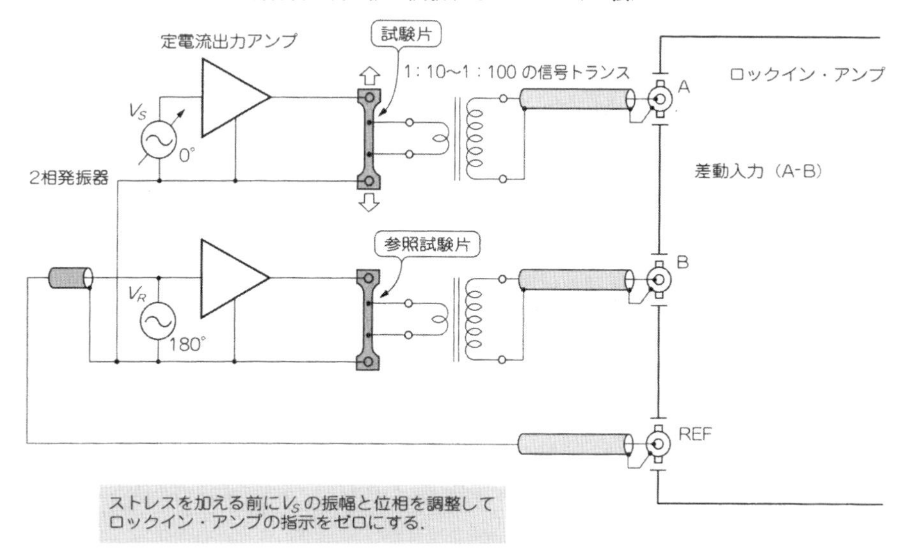

じで位相が逆なため，打ち消されて信号が現れません．

この状態で片方のコイルに試料を入れると 2 組のコイルの磁束のバランスが崩れ，2 次側に信号が現れます．そして試料が超伝導状態になると，再び 2 次側の信号が打ち消されて 0 になり，マイスナー効果を確認することができます．このときロックイン・アンプを使用すると，より微小な変化から捕らえることができるようになります．

● 金属材料引っ張り試験への応用

金属材料の強度評価として引っ張り試験が行われていますが，金属の微小割れや形状の変化を検出するには，試料の交流抵抗を計測します(**AC ポテンシャル法**と呼ぶ)．しかし，金属であるために抵抗値そのものは低く，発生する電圧もごくわずかなためにロックイン・アンプを用います．

図 10-19 が計測のためのブロック図です．引っ張り試験…ストレスを加えない基準試料と比較することによって，温度変化などの誤差発生を防げ，ごく初期の微小割れや形状の変化を検出することができます．

また信号の出力インピーダンスは非常に低いので，トランスで昇圧することによって

S/Nを改善することができます．さらにトランスによりグラウンド・ループが絶縁できるので，参照信号のコモン・モードによる混入も防ぐことができます．

ストレスを加える前に基準試料に流れる電流と位相を調整し，ロックイン・アンプの出力を0に調整してから計測を開始します．

● オージェ電子分光計(AES … Auger Electron Spectroscopy)

オージェ効果は1925年P.Augerによって発見されたものです．試料に電子ビームを照射すると，試料の原子内電子準位に空孔ができます．この状態は不安定なので，試料は安定な状態に移ろうとして蛍光X線を放射したり，1個の電子が空孔に遷移すると同時にもう1個の電子が自由空間に飛び出します．この飛び出した電子をオージェ電子と呼んでいます．

この電子の運動エネルギは，照射した電子ビームのエネルギにはよらず，物質固有のエネルギをもちます．したがって，試料から飛び出したオージェ電子のエネルギ・スペクトルを計測すれば，試料の分析を行うことができます．

オージェ電子分光計… AESでは通常，照射源として2k～10keVの電子ビームが用いられ，計測するオージェ電子の運動エネルギの測定範囲は0～1keVです．

このエネルギの領域には，2次電子放出などによってオージェ電子以外の同じ運動エネルギをもった電子も多数存在します．このため，たんに電子の量を計測するのではなく，オージェ電子による電子の増減を計測しなくてはならないことになります．

このことを電気的に表現すると，同じ周波数をもった二つの信号があり，片方は一定値で，もう片方は位相と振幅が変化します．したがって全体では被測定体の伝達関数の微小変化ということになり，微小位相変化に対して，高感度なロックイン・アンプ(PSD)出力の変化を計測結果として使用することになります．

PSD出力が0になるように，参照信号の位相を調整してから計測を開始し，PSD出力の変化点がオージェ電子の存在を示していることになります．

AESと同様に，試料表面から放出される電子を計測する手法に**真空紫外光電子分光**(UPS … Vacuum Ultraviolet Photoelectron Spectroscopy)，**X線光電子分光**(XPS … X-ray Photoelectron Spectroscopy)などがあります．AESは試料表面の元素の定性・定量分析にとくに有効で，UPSは試料の帯構造や吸着種の原子価電子の状態を知ることができます．

またXPSは定性・定量分析および原子や分子の結合状態を知ることができます．

〈図 10-20〉
オージェ電子分光計

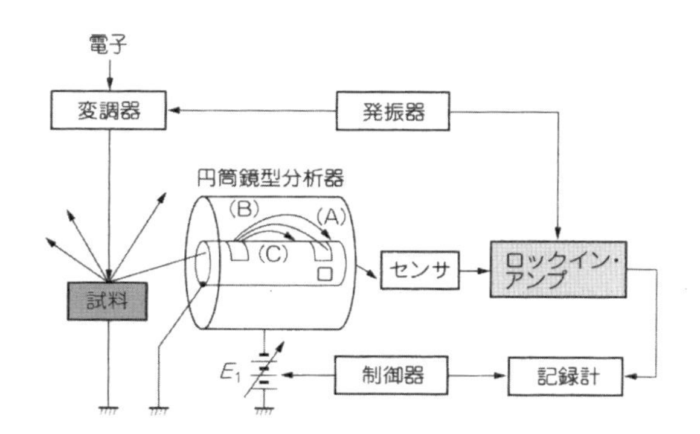

図 10-20 が AES 装置のブロック図です．電子ビームはロックイン・アンプの参照信号と同じ周波数で変調され試料に照射されます．試料から放出されたオージェ電子は円筒鏡型分析器によってフィルタリングされます．

円筒鏡型分析器の外側円筒は E_1 によってマイナス電位となっているので，電子は反発力を受けて円筒の中心へ向かって進むことになります．試料から放出された電子はエネルギに比例した速度をもっていますので，ある速度をもった電子は二つの窓をうまくすり抜け，センサに到達します(B)が，速度が速すぎても(A)，また遅すぎても(C)，内側の筒に衝突してセンサには到達しません．

したがって，この円筒鏡型分析器は電子の速度(電子エネルギ)についての BPF(バンドパス・フィルタ)として動作します．また，E_1 の電圧を変えることにより到達電子の速度を選択することができるので，電圧制御の BPF として動作することになります．

センサからの電気信号はロックイン・アンプで分析され，制御器よりの指令で電子エネルギのスペクトルの変化が記録されます．

● 金属探知器への応用

金属探知器というと「宝物探し」の男のロマンをかき立てる響きがありますが，実際には鉱物探査や地雷探知器だけではなく，食品や繊維の異物(ソーセージにホチキスのタマが混入したら大変なことになる)検査など，産業分野で広範囲に活躍しています．

センサの形状は用途によってさまざまです．基本的には**図 10-21** に示すように 1 次と 2 次のコイルでセンサを構成し，1 次コイルから発生した磁束が 2 次コイルに通過するとき，ちょうど打ち消すように配置します．金属が近づくと磁束の経路が微小変化し，バランスが崩れて出力に信号が現れます．

〈図10-21〉金属探知器

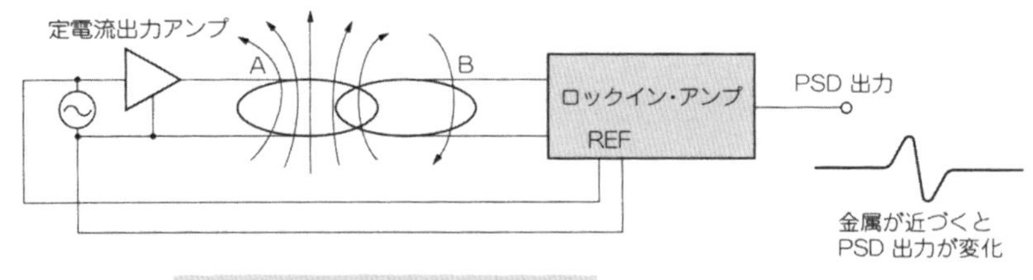

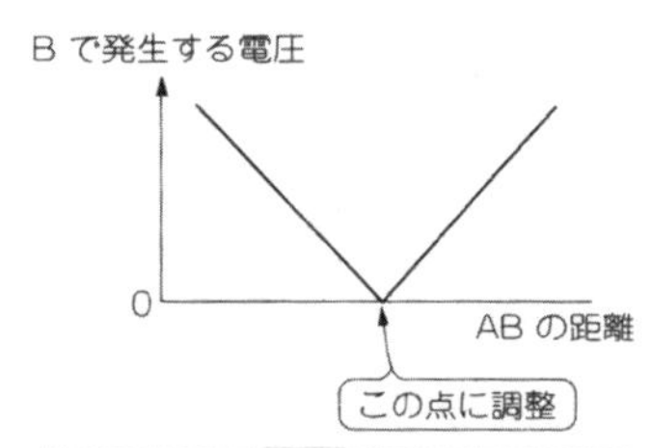

しかし，実際にはこの信号出力の振幅はごくわずかで，金属がないときのセンサ漏れ信号と区別することが困難なくらいです．このため高感度のロックイン・アンプを使用し，金属がない状態のときPSDの出力が0になるよう，参照信号の位相を調整しています．金属が接近したとき，位相の微小変化をPSDの出力変化として捕らえます．

このように金属探知器は，センサの伝達関数の微小変化をロックイン・アンプで検出しています．また金属の大きさや種類によって，センサ出力の振幅と位相の変化(ベクトルの変化)の軌跡は異なります．この軌跡によって異物の種類やその量の判定を行うことも可能です．

● 渦流探傷器への応用

金属探知器と似た装置に，製鉄所などで使用される渦流探傷器があります．金属の傷の有無を自動検査する装置です．

コイルに金属を入れると透磁率の変化(このとき金属にはうず電流が発生する)により，インピーダンスが変化します．また金属の傷の有無によって，このインピーダンスがごく

〈図 10-22〉 渦流探傷器

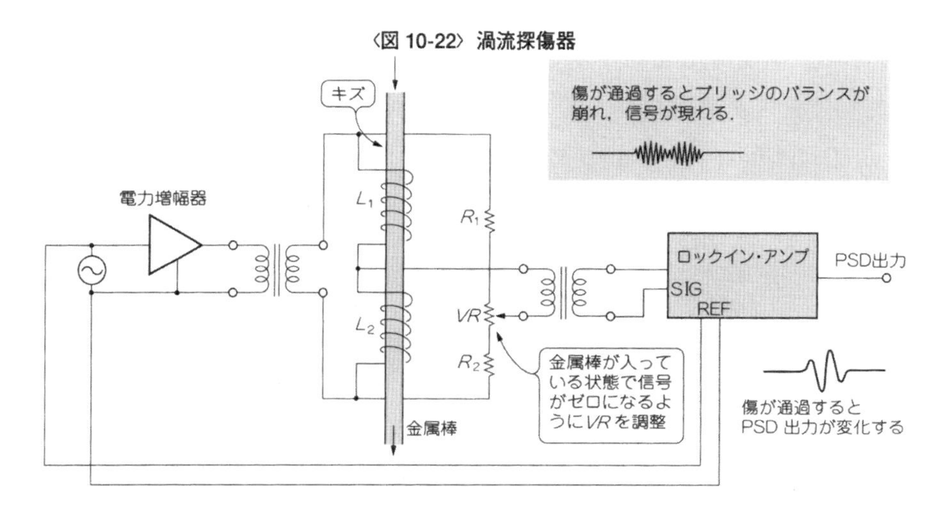

微小ですが異なります．これを検出して探傷器を構成します．

図 10-22 が渦流探傷器のブロック図です．センサである二つのコイルのインピーダンスが等しいときにはブリッジが平衡し，出力には信号が現れません．いずれか片方に傷のある金属が通過すると，インピーダンスの平衡がくずれて出力に信号が現れます．

このコイルには連続した金属棒が通過していくので，傷のある部分が通過すると 2 回信号が出力されることになります．しかし，実際には金属探知器と同じように，信号出力の振幅はごくわずかで，ブリッジの漏れ信号と区別することが困難です．したがって傷がないときの PSD の出力が 0 になるように位相を調整し，傷が通過したときの位相の微小変化を捕らえます．

渦流探傷器も，伝達関数の微小変化をロックイン・アンプで検出していることになります．

● *LCR* メータへの応用

LCR(または *LCZ*)メータは汎用の計測器ですが，受動素子の検査や選別作業に使用されています．

原理的には**図 10-23** に示すようにブリッジ網を構成し，

① ブリッジを平衡状態に調整してインピーダンスを計測する方法

② 被計測体に交流信号を加え，被計測体の電圧と電流のベクトルを計測し，演算を行って *LCR* の値を求める方法

〈図 10-23〉 ブリッジ方式の *LCR* メータ

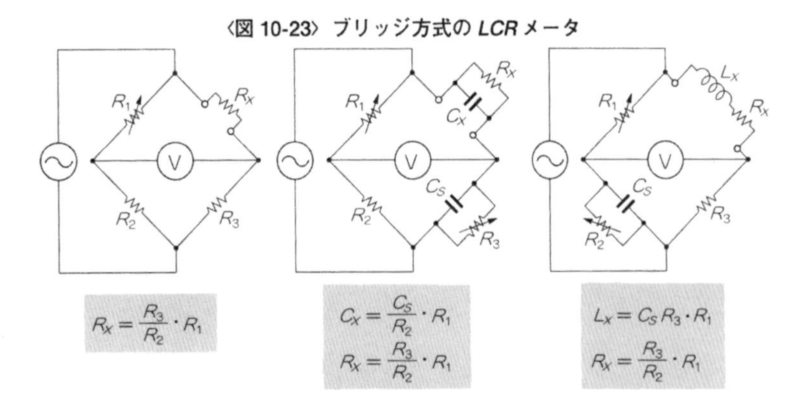

〈図 10-24〉 *LCR* メータのブロック・ダイアグラム

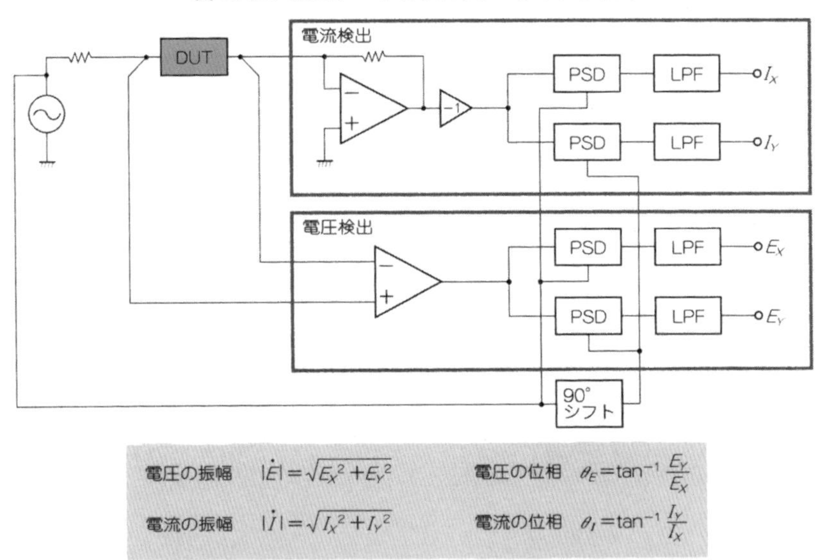

とに2分されますが，現在では操作性の良さから主に後者②が使用されています．

図 10-24 が *LCR* メータの原理図です．被計測体に正弦波信号を加え，電流入力アンプで被計測体の電流を検出して，差動アンプで被計測体の電圧を検出しています．

検出した電流信号と電圧信号はそれぞれ PSD で同期検波し，極座標のベクトル成分に変換します．得られた電圧と電流のベクトル成分から，インピーダンスやアドミタンスの

〈図 10-25〉
***LCR* の計算**

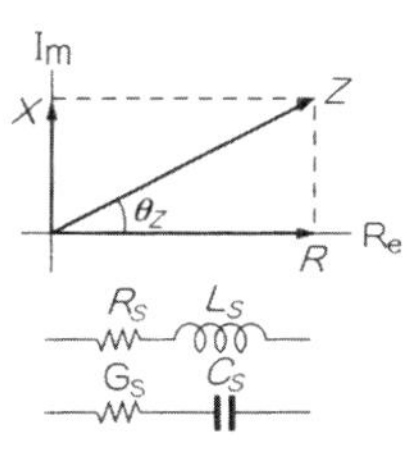

$$|\dot{Z}| = \frac{|\dot{E}|}{|\dot{I}|} \qquad \theta_Z = \theta_E - \theta_I$$

レジスタンス：$R = |\dot{Z}|\cos\theta_Z$

リアクタンス：$X = |\dot{Z}|\sin\theta_Z$

$$\dot{Z} = R_S + j\omega L_S,\ R_S = |Z|\cos\theta_Z,\ L_S = \frac{|\dot{Z}|\sin\theta_Z}{\omega}$$

$$\dot{Z} = \frac{1}{G_S} - j\frac{1}{\omega C_S},\ G_S = \frac{1}{|\dot{Z}|\cos\theta_Z},\ C_S = \frac{1}{\omega|\dot{Z}|\sin\theta_Z}$$

(**a**) 直列等価回路の場合はインピーダンス Z から計算する

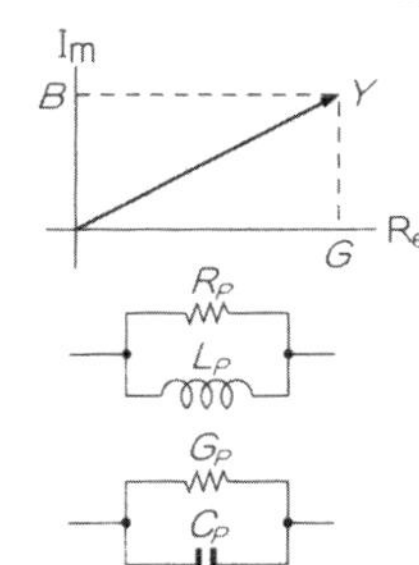

$$|\dot{Y}| = \frac{|\dot{I}|}{|\dot{E}|} \qquad \theta_y = \theta_I - \theta_E$$

コンダクタンス：$G = |\dot{Y}|\cos\theta_y$

サセプタンス：$B = |\dot{Y}|\sin\theta_y$

$$\dot{Y} = \frac{1}{R_P} - j\frac{1}{\omega L_P},\ R_P = \frac{1}{|Y|\cos\theta_y},\ L_P = \frac{1}{\omega|Y|\sin\theta_y}$$

$$\dot{Y} = G_P + j\omega C_P,\ G_P = |Y|\cos\theta_y,\ C_P = \frac{|Y|\sin\theta_y}{\omega}$$

(**b**) 並列等価回路の場合はアドミタンス Y から計算する

ベクトルを求め，**図 10-25** に示す演算で *LCR* の値を求めます．

このように *LCR* メータも，同期検波回路(PSD)のベクトル検出機能を利用しており，ロックイン・アンプの原理を応用した製品ということができます．

ただし，実際の *LCR* メータでは回路を工夫して，被計測体の電流または電圧が一定になるように発振器出力を自動調整しています．そしてインピーダンスまたはアドミタンスを，電圧のベクトルや電流のベクトルから求められるようにしたり，電圧信号と電流信号を一つの PSD 回路で切り替えながら計測したりしています．

さらに最近ではディジタル演算が手軽に行えるようになったため，検出した交流の電圧信号と電流信号を直接ディジタル信号に変換し，PSD の部分を DSP でディジタル演算するなど，さまざまな方法が行われています．

● ケミカル・インピーダンス測定への応用

メッキや腐食などの化学変化は表面の観測だけでは定量的に計測することができません．そこで試料に微小な電流を流し，その電気インピーダンスを計測して化学変化を定量

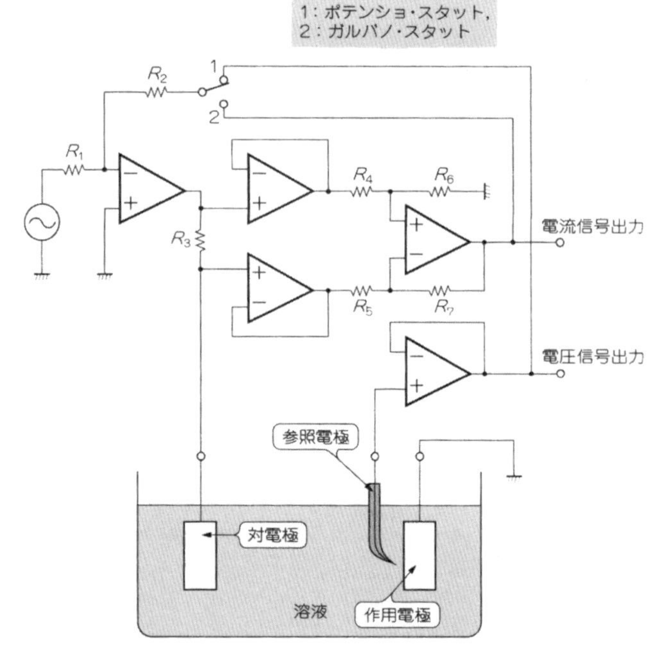

〈図 10-26〉
ケミカル・インピーダンスと駆動装置

的に表すのがケミカル・インピーダンスと呼ばれるものです．

ケミカル・インピーダンスの測定は，**図 10-26** に示すように電解液中に二つの電極…作用電極(Working Electrode)と対電極(Counter Electrode)，そして作用電極付近の溶液の電圧を検出するために参照電極(Reference Electrode)を使用します(乾電池など参照電極が使用できない場合もある)．

作用電極の表面(界面)は電荷移動反応の起こる場所で，ここのインピーダンスを計測することによって，物性や反応(腐食やメッキなどの進行状態)を知ることができます．下記の分野で広く用いられています．

① 腐食・防食・メッキ材料の研究

② 細胞・体液・皮膚・生体膜の研究

③ 各種電池・電解コンデンサ・高分子誘電材料の評価

ケミカル・インピーダンスは試料のインピーダンスにより，**図 10-26** に示した駆動装置を使用します．試料を一定電圧で計測する場合は参照電極の検出電圧で帰還をかけ(**ポテンショ・スタット**と呼ぶ)，一定電流で計測する場合は検出電流で帰還をかけます(**ガルバノ・スタット**と呼ぶ)．

〈図 10-27〉 ケミカル・インピーダンスの等価回路

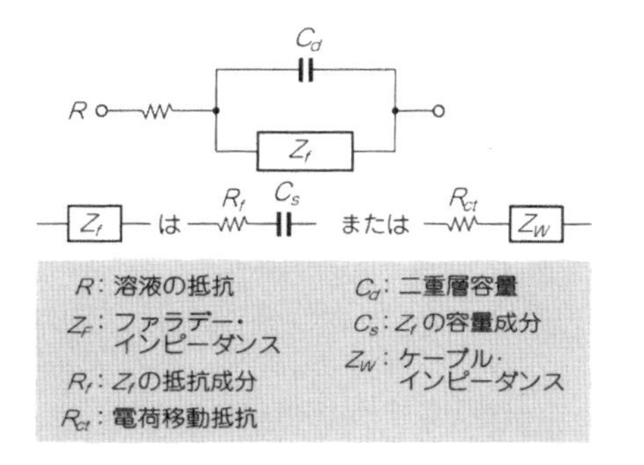

〈図 10-28〉 Cole-Cole プロット

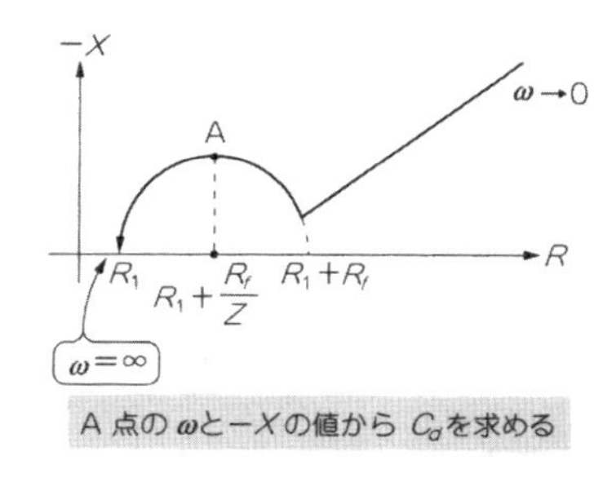

電解液と電極が接触する電気化学系のインピーダンスは，

① 電解液の抵抗 $R\,\Omega$，

② 界面の空間電荷による電気二重層の容量 C_d，

③ 酸化還元反応が起こるときの電荷や物質の移動によるインピーダンス Z_f（ファラデー・インピーダンス）

から構成され，電気的な等価回路は**図 10-27** のようになります．

このように，ケミカル・インピーダンスは抵抗とコンデンサによる等価回路です．複数の周波数によって計測を行い，各周波数における実数成分 R を X 軸，虚数成分 X を Y 軸とした**図 10-28** に示すような **Cole-Cole プロット**と呼ばれる図表を作成し，ケミカル・インピーダンスの各パラメータを表すことができます．

一般的なインピーダンス・チャートでは，C は負の虚数成分として X 軸の下側に書かれますが，Cole-Cole プロットでは対象が抵抗とコンデンサだけなので，C は X 軸の上側に書き，第 1 象限だけで表します．

ロックイン・アンプで計測する場合はポテンショ・スタット接続です．試料の電圧を一定に制御し，試料からの検出電流信号をロックイン・アンプの入力信号として振幅と位相からインピーダンスを求めます．

ケミカル・インピーダンスは複数の周波数について計測を行うため，ロックイン・アンプのディジタル版ともいえる**周波数分析器**(Frequency Response Analyzer)で計測を行うと，周波数スイープも行えて，より便利になります．

● 電子ビーム計測への応用

トランスを製作する際に使用するコア材は，磁束の飽和によって**図 10-29** に示す ***B-H* 特性**となっています(実際のコアにはヒステリシスが存在するがここでは省略).

B-H 特性を測定するには**図 10-29** に示すようにトランスに交流を流しておき，さらに直流を重畳すると2次側には2次高調波が生じます(この図では理解しやすいように，駆動する交流を三角波で説明しているが正弦波でも同様の現象となる).

〈図 10-29〉
トランスに直流を重畳すると 2 次高調波が発生

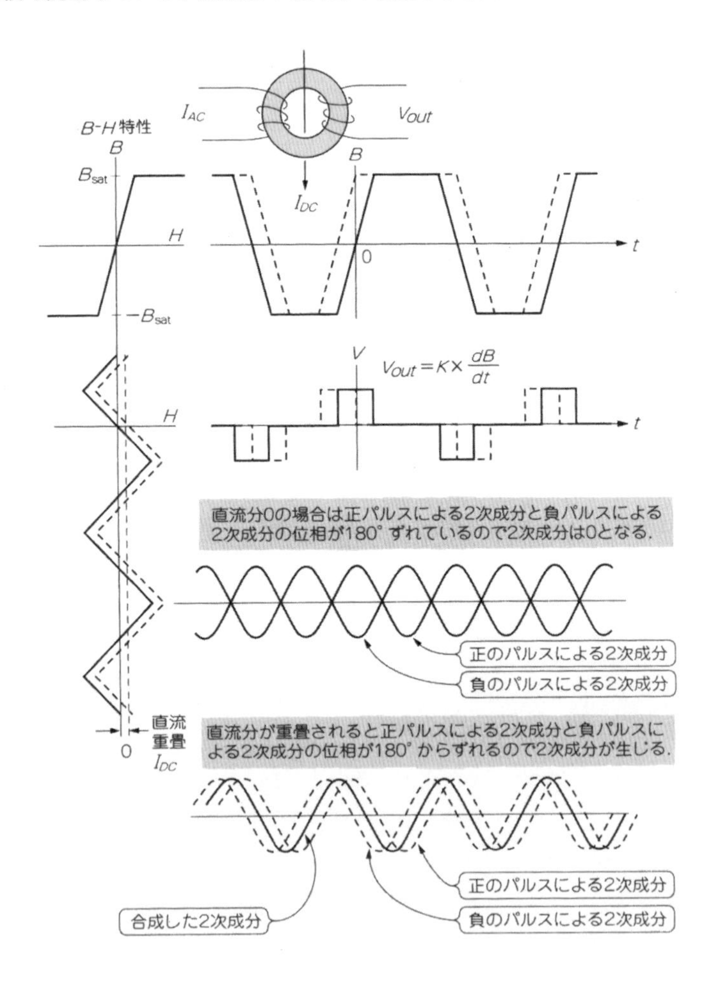

〈図 10-30〉 トランスとロックイン・アンプによる電子ビームの計測

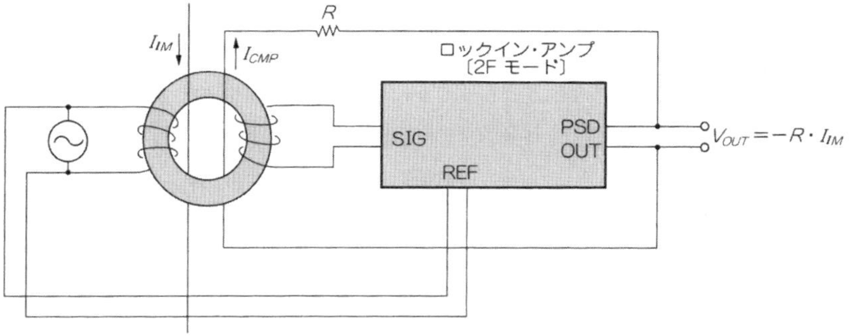

ロックイン・アンプの入力信号の 2 次高調波が常に 0 になるように制御するので $I_{IM}=I_{CMP}$となる．したがってトロイダル・トランスを通過する電子ビームの量を計測することができる．

この原理を応用して，**図 10-30** のようにロックイン・アンプの 2F モードで 2 次高調波を検出します．それをトランスに逆方向の直流としてフィードバックすると，この系は 2 次高調波が生じないようにロックイン・アンプが常に補正することになります．したがって，流れた直流とロックイン・アンプによる補正直流電流は等しいものとなり，ロックイン・アンプ出力を計測することにより電流計測が可能になります．

ロックイン・アンプはフィードバック・ループの一部となっているため，2 次の遅れ要素があると系が不安定になってしまいます．そのため，PSD の後の LPF(ローパス・フィルタ)は 6 dB/oct で使用し，ロックイン・アンプで 90°以上の遅れが生じないようにします．

このような応用をフィルタとダイオードなどの検波回路で行おうとしても，通常の検波回路では正負の情報が得られないために動作しません．同期検波回路(PSD)ならではの特性が，ここでは活かされています．

導体を流れる直流電流のときはこのように複雑なシステムは不要ですが，電子や陽子，イオンなどの電子ビームを計測する場合には有用な方法となっています．

◆ 参考・引用*文献 ◆

(1) 遠坂俊昭；『計測のためのアナログ回路設計』，1997年11月，CQ出版㈱
(2) ウィリアムズ；『電子フィルタ』，マグロウヒル社
(3) 柳沢健監訳・金井元 ほか訳；『アナログフィルタの設計』，㈱産業報知センター
(4) 今田悟／深谷武彦；『実用アナログ・フィルタ設計法』，CQ出版㈱
(5) 黒田徹；「実験トランジスタ・アンプ設計講座」，『ラジオ技術』，1993年8月号～1996年9月号，ラジオ技術社
(6) 梶井謙一；『通信型受信機の解説と実際』，CQ出版㈱
(7) Rick Downs；A low noise, low distortion design for antialiasing and anti-imaging filters, Application bulletin, Burr Brown
(8)* 鈴木道夫；「ハイテク機器をささえるトランス」，『ラジオ技術』，1993年4月号～1993年7月号
(9)* 町 好雄；『電源回路設計の基礎』，エレクトロニクス文庫(17)，オーム社
(10) LI771/LI772 入力トランス取扱説明書，㈱エヌエフ回路設計ブロック
(11) トランジスタ用オーディオトランス・カタログ，山水電気㈱
(12) オーディオトランス・カタログ，㈱タムラ製作所
(13) 出力トランス・カタログ，ラックス㈱
(14)* ノイズフィルタトランス取扱説明書，㈱エヌエフ回路設計ブロック
(15) TDKのノイズ対策部品と世界のノイズ規格，TDK㈱
(16) EMI対策用部品&トランス・チョークコイル，富士電気化学㈱
(17)* 遠坂俊昭；「アイソレーションの意義と実践技法」，『プロセッサ』，1985年6月号，技術評論社
(18) LI575取扱説明書，㈱エヌエフ回路設計ブロック
(19)* 5610取扱説明書，㈱エヌエフ回路設計ブロック
(20)* 微少信号測定器，㈱エヌエフ回路設計ブロック
(21) 武藤義一ほか編，『分析機器要覧』，科学新聞社
(22) 『分析機器総覧1995』，日本分析機器工業会
(23) 『化学総説 16 電子分光』，日本化学会編，学会出版センター
(24) 沢田嗣郎；光音響分光法とその応用-PAS，学会出版センター
(25) 『超伝導 パリティ別冊 No.1』，丸善㈱
(26) 飯田文夫；『トランジスタ技術』，1982年4月号，pp.296-307，CQ出版㈱

(27) 野田竜三；『トランジスタ技術』，1984年4月号，pp.387-396，CQ出版㈱

(28) 安藤正典；『インターフェース』，1991年1月号，pp.156-173，CQ出版㈱

(29) 藤嶋　昭ほか；『電気化学測定法』，技報堂出版㈱

(30)* 渡辺伸一ほか；Application of amophous core to dc beam monitor, 6th Accelerator Sciences and Technologies

(31)* フィルムコンデンサ総合カタログ，松下電器産業㈱

(32)* インダクタトランス総合カタログ，松下電器産業㈱

(33)* 積層セラミックコンデンサ，㈱村田製作所

(34)* 高精度ポリスタレインフィルムコンデンサ，双信電機㈱

(35)* マイカコンデンサ，双信電機㈱

(36)* KOA'97カタログ，KOA㈱

索　引

【マ 行】

【ヤ 行】

【ラ 行】

【欧 文】

【数 字】

本書は印刷物からスキャナによる読み取りを行い印刷しました．諸々の事情により装丁が異なり，印刷が必ずしも明瞭でなかったり，左右頁にズレが生じていることがあります．また，一般書籍最終版を概ねそのまま再現していることから，記載事項や文章に現代とは異なる表現が含まれている場合があります．事情ご賢察のうえ，ご了承くださいますようお願い申し上げます．

■モアレについて — モアレは，印刷物をスキャニングした場合に多く発生する斑紋です．印刷物はすでに網点パターン（ハーフトーンパターン）によって分解されておりますが，その印刷物に，明るい領域と暗い領域を網点パターンに変換するしくみのスキャニングを施すことで，双方の網点パターンが重なってしまい干渉し合うために発生する現象です．本書にはこのモアレ現象が散見されますが，諸々の事情で解消することができません．ご理解とご了承をいただきますようお願い申し上げます．

●本書記載の社名，製品名について — 本書に記載されている社名および製品名は，一般に開発メーカーの登録商標または商標です．なお，本文中では ™，®，© の各表示を明記していません．

●本書掲載記事の利用についてのご注意 — 本書掲載記事は著作権法により保護され，また産業財産権が確立されている場合があります．したがって，記事として掲載された技術情報をもとに製品化をするには，著作権者および産業財産権者の許可が必要です．また，掲載された技術情報を利用することにより発生した損害などに関して，CQ出版社および著作権者ならびに産業財産権者は責任を負いかねますのでご了承ください．

●本書に関するご質問について — 文章，数式などの記述上の不明点についてのご質問は，必ず往復はがきか返信用封筒を同封した封書でお願いいたします．ご質問は著者に回送し直接回答していただきますので，多少時間がかかります．また，本書の記載範囲を越えるご質問には応じられませんので，ご了承ください．

●本書の複製等について — 本書のコピー，スキャン，デジタル化等の無断複製は著作権法上での例外を除き禁じられています．本書を代行業者等の第三者に依頼してスキャンやデジタル化することは，たとえ個人や家庭内の利用でも認められておりません．

JCOPY 〈出版者著作権管理機構委託出版物〉
本書の全部または一部を無断で複写複製（コピー）することは，著作権法上での例外を除き，禁じられています．本書からの複製を希望される場合は，出版者著作権管理機構（TEL：03-5244-5088）にご連絡ください．

計測のためのフィルタ回路設計 ［オンデマンド版］

1998年 9月1日 初版発行
2015年 7月1日 第11版発行
2022年 9月1日 オンデマンド版発行

© 遠坂 俊昭 199
（無断転載を禁じます

著　者　遠　坂　俊　昭
発行人　櫻　田　洋　一
発行所　CQ出版株式会社
〒112-8619　東京都文京区千石4-29-1
電話　編集　03-5395-212
　　　販売　03-5395-214
振替　00100-7-1066

ISBN978-4-7898-5305-7
乱丁・落丁本はご面倒でも小社宛てにお送りください．
送料小社負担にてお取り替えいたします．
本体価格は表紙に表示してあります．

表紙デザイン　アイドマ・スタジオ
印刷・製本　大日本印刷株式会社
Printed in Japa